U0255920

国家示范性高职院校建设项目成果

机械原理与机械零件

主　编　张景学

副主编　宁　煜

参　编　朱凤芹　何克祥

　　　　王小爱　魏　静

主　审　王保民

机械工业出版社

本书是根据目前高等职业院校机械类专业机械原理与机械零件（机械设计基础）课程教学改革的实际需要，并结合多年来的教学实践经验编写而成的。

全书分为六篇共十六章。第一篇机器与机构组成认识，包括认识机器、平面机构运动简图及自由度；第二篇常用机构的分析与设计，包括平面连杆机构、凸轮机构、间歇机构；第三篇常用机械传动的分析与设计，包括机械传动系统概述、带传动、链传动、齿轮传动、蜗杆传动、轮系；第四篇常用机械连接的分析与设计，包括螺纹联接和螺旋传动、键联接和销联接；第五篇轴系结构的分析与设计，包括轴系零部件的基本知识、轴系的结构设计及强度计算；第六篇机械的平衡与调速。各章后均附有一定数量的实训和设计训练题。

本书主要作为高等职业院校机械类专业用教材，也可供其他相关专业的师生参考。

本教材的配套教材《机械原理与机械零件活页练习册》（张景学主编）同时出版，书号为 ISBN 978 - 7 - 111 - 43535 - 8。

图书在版编目（CIP）数据

机械原理与机械零件/张景学主编. —北京：机械工业出版社，2011（2023.2 重印）
国家示范性高职院校建设项目成果
ISBN 978 - 7 - 111 - 34602 - 9

Ⅰ.①机… Ⅱ.①张… Ⅲ.①机构学 - 高等职业教育 - 教材
②机械元件 - 高等职业教育 - 教材 Ⅳ.①TH111②TH13

中国版本图书馆 CIP 数据核字（2011）第 149738 号

机械工业出版社（北京市百万庄大街 22 号　邮政编码 100037）
策划编辑：郑　丹　王海峰
责任编辑：王英杰　王海峰　王德艳
版式设计：张世琴　责任校对：任秀丽　责任印制：常天培
北京机工印刷厂有限公司印刷
2023 年 2 月第 1 版·第 15 次印刷
184mm×260mm · 17 印张 · 417 千字
标准书号：ISBN 978 - 7 - 111 - 34602 - 9
定价：49.80 元

电话服务　　　　　　　　网络服务
客服电话：010 - 88361066　机　工　官　网：www.cmpbook.com
　　　　　010 - 88379833　机　工　官　博：weibo.com/cmp1952
　　　　　010 - 68326294　金　书　网：www.golden-book.com
封底无防伪标均为盗版　机工教育服务网：www.cmpedu.com

前　言

2007 年，国家开始实施 100 所示范性高等职业院校的建设，高等职业教育的改革全面展开。围绕提高学生的职业素质和核心职业能力这一中心，各高职院校都在专业和课程改革方面进行了有益的探索和实践。本书即为国家示范院校建设中央财政支持建设专业的建设成果之一，也是国家精品建设专业、国家教改试点专业——机械制造与自动化专业的核心教材之一。

本书从培养学生的初步设计能力出发，重点介绍了常用机构、常用机械传动及通用零件设计的基本知识、基本理论和基本方法。在内容取舍上，遵照少而精的原则，既保证了后续课程的需要，又满足了学生今后实际工作及后续发展的需要；对齿轮传动等部分的内容作了进一步的删减，但在各章设计例题方面有所加强。在内容编排上，根据课程自身的知识体系特点，分为六篇十六章；另外，为了使学生对机械设计过程有一个总体认识，篇章顺序基本上按照一个简单机械传动系统的设计程序来排列；而每一章的内容结构为设计案例导入、相关知识介绍、设计案例分析、实训与设计训练。

本书适用于高职院校机械类专业使用。既可用于实训室环境下的授课、实验、设计训练一体化教学，也可用于传统教室环境下的授课、实验、设计训练单独集中教学。在教学实施过程中，建议在每一章开课初就布置设计训练任务，以使案例教学与任务驱动教学两种方法相得益彰。

参加本书编写的人员为：朱凤芹（第三、四、五章），何克祥（第七、八章），宁煜（第十四、十五章），王小爱（第二、十、十一章），魏静（第十二、十三章），张景学（第一、六、九、十六章）。本书由张景学任主编，宁煜任副主编。付兴娥参加了编写组的内部校稿工作，魏静对全书的例题进行了验算。

本书承陕西理工学院王保民教授审阅，提出了宝贵意见，在此表示衷心感谢！

由于编者水平所限，书中定有不当及疏漏之处，敬请各位教师和广大读者批评指正。

编　者

目　　录

第四篇　常用机械连接的分析与设计

第五篇　轴系结构的分析与设计

第六篇　机械的平衡与调速

第一篇 机器与机构组成认识

1）了解机器与机构的组成。
2）能够读懂和绘制简单机械系统的运动简图。
3）能够计算平面机构的自由度，并判断其运动的确定性。

第一章 认 识 机 器

第一节 机器及其组成

一、机器的概念

人类为了满足生活及生产的需要，设计和制造了各种各样的机器，如洗衣机、汽车、内燃机、机床、复印机等等。机器的种类很多，用途各不相同，但它们却有着共同的特征。

图 1-1 所示为单缸四冲程内燃机，它由缸体 1、活塞 2、连杆 3、曲轴 4、齿轮 5 和 6、凸轮 7 和 9、进气阀顶杆 8、排气阀顶杆 10 等组成。燃气推动活塞 2 作往复移动，经连杆 3 转换为曲轴 4 的连续转动。曲轴 4 在输出运动的同时，又通过齿轮 5、6 的啮合（传动比为 2）带动凸轮 7、9 转动，凸轮迫使顶杆 8、10 往复移动，从而控制进、排气阀的启闭。这样，活塞往复四个冲程，曲轴转两周，进、排气阀各启闭一次，依此循环，就把燃料燃烧产生的热能转换为曲轴转动的机械能。

图 1-2 所示为牛头刨床的主体结构，它由电动机 1、小齿轮 2、大齿轮（曲柄）3、滑块 4 和 6、导杆 5、滑枕 7、工作台 8、丝杠 9、床身 10 等部分组成。电动机 1 经带传动和变速器（图中未表示）、齿轮 2 和 3 减速后使曲柄转动，再通过滑块 4 和 6、导杆 5 带动滑枕 7 和刨刀往复移动，从而实现了刨削运动。另一路则通过曲柄、连杆、摇杆、棘轮等（图中未表示）驱动丝杠 9 转动，使工作台

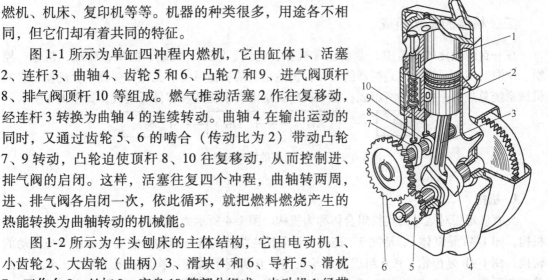

图 1-1　内燃机

1—缸体　2—活塞　3—连杆

4—曲轴　5、6—齿轮

7、9—凸轮　8—进气

阀顶杆　10—排气阀顶杆

8（螺母）间歇移动，从而实现了横向进给运动。刨削运动与进给运动相互配合，实现了工件的刨削加工。

由以上两例可以看出，机器具有下列特征：

（1）结构特征　它们是人为实物的组合体。

（2）运动特征　各实物间具有确定的相对运动。

（3）功能特征　可传递或变换能量、物料和信息，以代替或减轻人的劳动。

可见，机器是根据某种使用要求而设计的一种执行机械运动的装置，可用来传递或变换能量、物料和信息。

根据用途的不同，机器可分为以下四类。

（1）动力机器　如电动机、内燃机、发电机、空气压缩机等，用来实现机械能与其他形式能量间的转换。

（2）加工机器　如金属加工机床、纺织机、轧钢机、包装机等，主要用来改变物料的形状、尺寸、性质和状态。

（3）运输机器　如汽车、火车、轮船、飞机等，主要用来搬运人和物料。

（4）信息机器　如摄像机、复印机、印刷机、打印机、绘图机等，主要用来获取或处理信息。

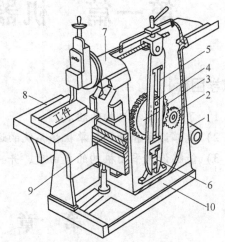

图 1-2　牛头刨床

1—电动机　2—小齿轮　3—大齿轮
4、6—滑块　5—导杆　7—滑枕
8—工作台　9—丝杠　10—床身

二、机器的结构组成

在一台现代化的机器中，常会包含机械、电气、液压、气动、润滑、冷却、信号、控制、检测等多个系统，但是机器的主体，仍然是它的机械系统。无论分解哪一台机器，它的机械系统总是由一些机构所组成；每个机构又是由若干构件和零件所组成，如图 1-3 所示。

图 1-3　机器的结构组成

1. 机构

具有确定相对运动的实物组合体称为机构。图 1-4 所示为单缸四冲程内燃机包含的四个机构，图 1-4a 是缸体 1、活塞 2、连杆 3 和曲轴 4 组成的连杆机构，它实现了移动与转动的转换；图 1-4b 是齿轮 5 和 6 组成的齿轮机构，它实现了减速和换向；图 1-4c、d 分别是凸轮 7 和顶杆 9、凸轮 8 和顶杆 10 组成的凸轮机构，它们实现了转动与移动的转换。

可见，机构具有机器的前两个特征，其主要功用是传递或转换运动和动力。故仅从结构和运动的观点来看，机器与机构并无区别，机器是一个比较复杂的机构而已。通常，我们把机器和机构统称为机械。在各种机械中广泛使用的一些机构称为常用机构，如连杆机构、齿轮机构和凸轮机构等。

2. 构件

机构中每一个独立运动的实物称为构件。如在图 1-4a 所示的内燃机连杆机构中，缸体 1、活塞 2、连杆 3 和曲轴 4 都是构件。从运动的角度看，构件是运动的最小单元。所以，机构是具有确定相对运动的构件组合体。

3. 零件

若将构件进行拆分，拆到不能再拆的最小单元就是零件。图 1-5a 所示为内燃机的连杆构件，图 1-5b 是连杆的分解图。连杆包含连杆体 1、轴瓦 2、连杆盖 3、螺栓 4、销 5、轴套 6 等多个零件，这些零件之间为静连接，不能产生相对

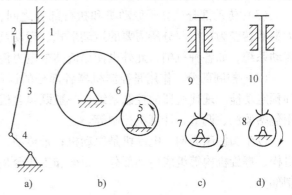

图 1-4 单缸四冲程内燃机包含的机构

运动。从制造的角度看，零件是制造的最小单元。所以，构件是零件的刚性组合体，它至少包含一个零件。

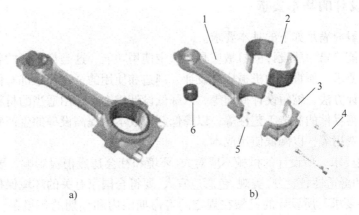

图 1-5 内燃机连杆包含的零件
1—连杆体 2—轴瓦 3—连杆盖 4—螺栓 5—销 6—轴套

在各种机械中广泛使用的零件称为通用零件，如螺栓、齿轮、轴等。只在特定类型机械中使用的零件称为专用零件，如内燃机中的活塞、曲轴等。另外，把由一组协同工作的零件所组成的独立制造或独立装配的组合体称为部件，如滚动轴承、离合器、减速器等。

三、机器的功能组成

机器的种类很多，形式各异，但就其功能而言，任何一部完整的机器主要由四个部分组成，如图 1-6 所示。

（1）原动机部分 是机器动力的来源，常用的原动机有电动机和内燃机两大类，此外还有液压缸或气动缸等。

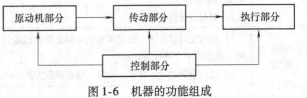

图 1-6 机器的功能组成

（2）执行部分　处于整个传动路线的终端，是直接完成机器功能的部分。一部机器可以只有一个执行部分，也可以有几个执行部分。

（3）传动部分　介于原动机和执行部分之间，作用是把原动机的运动形式、运动及动力参数转变为执行部分所需要的运动形式、运动及动力参数。机器的传动部分主要使用机械传动系统，如各种机构，此外也使用流体或电力传动系统。

（4）控制部分　作用是控制机器各部分的运动，使操作者能随时实现或终止机器的各种预定功能。现代机器的控制系统，一般既包含机械控制系统，又包含电子控制系统，其作用包括监测、调节、计算机控制等。

以牛头刨床为例，电动机是原动机；带传动、变速器、导杆机构、曲柄摇杆机构、棘轮机构、螺旋机构等组成传动部分；刀架和工作台是执行部分；电气开关、各种手柄等组成控制部分。

第二节　机械设计的基本要求及一般过程

一、机械设计的基本要求

机械设计一般应满足如下的基本要求。

（1）使用功能要求　所设计的机械应具备预定使用功能，这是最主要的要求。

（2）经济性要求　所设计的机械应在设计、制造和使用的全过程中都有低的成本。为此应采用恰当的设计方法，缩短设计周期等，以降低设计成本；选用适当的材料，减小设备的尺寸、重量，改善零件的制造工艺性等，以降低制造成本；提高设备的生产率，降低其运行中的消耗和管理费用等，以降低使用成本。

（3）社会性要求　所设计的机械不应对人、环境和社会造成消极影响。要考虑操作者的方便性、安全性和舒适性，造型应美观，色彩应宜人，要符合国家有关的环境保护等法规。

（4）可靠性要求　所设计的机械在规定的寿命期限内和预期的环境条件下，正常工作的概率要高，故障率要低。

二、机械设计的一般过程

机械设计一般要经过表1-1所示的几个阶段。

表1-1　机械设计的一般过程

设计阶段	设计工作内容	应完成的报告或图样
计划阶段	1）根据市场需求或受用户委托，或由上级下达，提出设计任务 2）进行可行性研究，重大问题应召开相关方面的专家参加论证会 3）编制设计任务书	1）提出可行性论证报告 2）提出设计任务书。任务书应尽可能详细具体，它是以后设计、评审、验收的依据 3）签定技术经济合同
方案设计阶段	1）根据设计任务书，通过调查研究和必要的试验分析，提出若干个可行的方案 2）经过分析对比、评价、决策，确定最佳方案	提出最佳方案的原理图和机构运动简图

（续）

设计阶段	设计工作内容	应完成的报告或图样
技术设计阶段	1）运动学、动力学、工作能力的分析与设计 2）绘制总装配图、部件装配图和零件图 3）编制各种技术文件	1）提出全套完整的设计图样，包括外购件明细表 2）提出设计计算说明书 3）提出使用维护说明书
试制试验阶段	通过试制、试验发现问题，加以改进	1）提出试制、试验报告 2）提出改进措施
投产以后	1）收集用户反馈意见，研究使用中发现的问题，进行改进 2）收集市场变化情况	1）对原机型提出改进措施 2）提出设计新型号的建议

实训与练习

1-1　常用机构和通用零件感性认识

在实验室参观常用机构陈列柜、通用零件陈列柜和教学插齿机。通过观察，了解常用机构和通用零件的类型及应用，建立对机构和零件的感性认识。

1-2　机器组成感性认识

在校办工厂参观万能工具磨床的装配过程。通过观察和技术人员的讲解，了解万能工具磨床的用途、组成及工作原理，认识原动机部分、传动部分、执行部分和控制部分在机器中的作用，获得机器、机构、构件和零部件的真实感受。

1-3　机器组成创意描述

用创意性的语言、图形或符号，与人体等进行关联对比，表示出机器、机构、构件、零件之间的关系，原动机、传动部分、执行部分、控制部分的关系。

第二章　平面机构运动简图及自由度

【案例导入】

图 2-1 所示为一简易冲床的初步设计方案。设计者的意图是：运动由凸轮 1 输入，凸轮绕轴 O 连续转动，推动杠杆 2 绕轴 A 往复摆动，杠杆通过铰链 B 带动冲头 3 沿铅垂线往复移动，从而实现对工件的冲压加工。试绘出该机构的运动简图，分析其能否实现设计意图。若不能，提出改进方案。

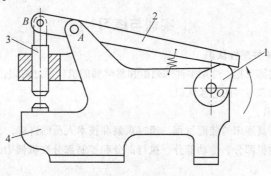

图 2-1　简易冲床
1—凸轮　2—杠杆　3—冲头　4—床身

【初步分析】

机器依靠构件的运动来工作，故其要实现预期的功能，各构件之间应具有确定的相对运动规律。此方案中，当凸轮 1 绕轴 O 转动时，由于连接的约束作用，铰链 B 的中心既要随杠杆 2 绕轴 A 转动，又要随冲头 3 沿铅垂线移动，存在运动干涉。因此，该机构无法运动，也就不能实现设计意图。

在机构中，若其所有构件均在同一平面或相互平行的平面中运动，称为平面机构，否则称为空间机构。本章主要讨论平面机构的组成、运动简图及其具有确定运动的条件。

第一节　平面机构的组成

一、构件

如前所述，任何机构都是由若干个构件组合而成的。

二、运动副

机构中的每个构件都以一定的方式与其他构件相互连接，但是这种连接不是固定连接，而是能产生一定相对运动的活动连接。这种由两个构件组成的活动连接称为运动副。而两构件上构成运动副的接触表面称为运动副元素。

根据组成运动副两构件之间相对运动的不同，运动副可分为平面运动副和空间运动副。根据运动副两元素接触情况的不同，运动副可分为低副和高副。

1. 平面低副

两运动副元素为面接触的运动副称为低副。根据组成低副两构件之间相对运动形式的不同，低副又可分为转动副和移动副两种。

（1）转动副　两构件间只能产生相对转动的运动副称为转动副，又称回转副或铰链，如图 2-2a 所示。

（2）移动副　两构件间只能产生相对移动的运动副称为移动副，如图 2-2b 所示。

2. 平面高副

两运动副元素为点或线接触的运动副统称为高副，如图 2-3a 中的车轮与钢轨、图 2-3b 中的凸轮与从动件（即构件 2）、图 2-3c 中的齿轮啮合等分别在接触点 A 处组成高副。

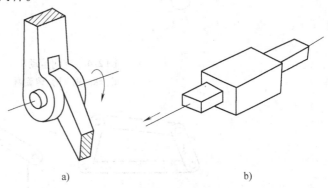

图 2-2　平面低副
a）转动副　b）移动副

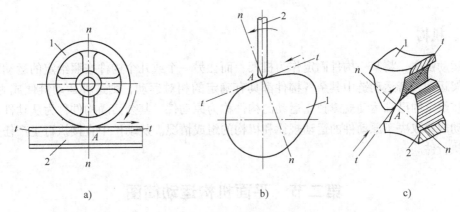

图 2-3　平面高副

除上述平面运动副之外，机械中常见的空间运动副有球面副（见图 2-4a）和螺旋副（见图 2-4b）。

三、运动链

多个构件通过运动副的连接而组成的可动系统称为运动链。运动链分为闭链（见图 2-5a）和开链（见图 2-5b）两种类型。传统机械多采用闭链；生产线上的机械手和机器人多采用开链。

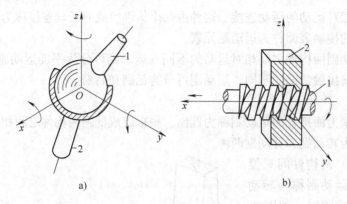

图 2-4 空间运动副

a）球面副 b）螺旋副

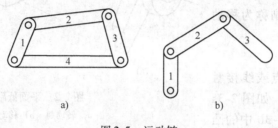

图 2-5 运动链

a）闭链 b）开链

四、机构

在运动链中，将某一构件固定作为机架，而让另一个或几个构件按照给定的运动规律相对于机架运动，若运动链中其余各构件都具有确定的相对运动，则这种运动链便成为机构。机构中按给定的已知运动规律独立运动的构件称为原动件，其余活动构件称为从动件。从动件的运动规律取决于原动件的运动规律和机构的组成情况。从动件中直接执行生产任务的构件称为执行件。

第二节 平面机构运动简图

一、机构运动简图的概念

表示机构组成和各构件间真实运动关系的简单图形称为机构运动简图。借助机构运动简图，可以方便地分析现有机械或设计新机械。

把一个实际机构抽象为运动简图，其总的原则是保证机构的运动特性不变。由机构的组成可知，一个机构的运动情况主要与六个因素有关，即原动件的运动规律、构件数目、运动副的类型、运动副的数目、构件的运动尺寸（即构件上各运动副之间的相对位置尺寸）和机架，而与构件的外形、截面尺寸、运动副的具体构造等因素无关。为此，在绘制机构运动简图时，只需表示出该六个因素即可，而其余因素均可忽略。

二、运动副及构件的表示方法

机构运动简图是一种工程语言，运动副和构件的符号应符合国家标准。常用平面运动副的符号见表 2-1；一般构件的表示方法见表 2-2；常用机构运动简图的符号见表 2-3。

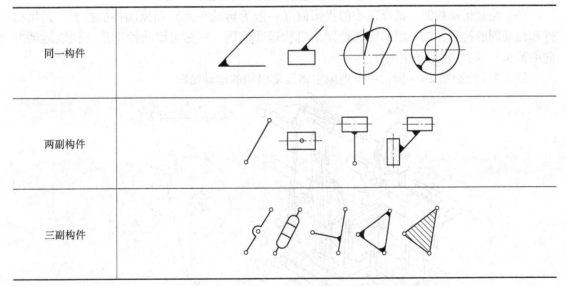

表 2-1　常用平面运动副的符号

表 2-2　一般构件的表示方法

表 2-3　常用机构运动简图的符号

（续）

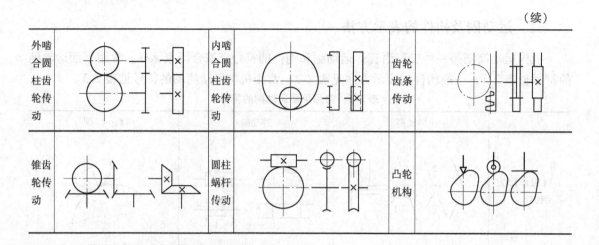

外啮合圆柱齿轮传动		内啮合圆柱齿轮传动		齿轮齿条传动	
锥齿轮传动		圆柱蜗杆传动		凸轮机构	

三、机构运动简图的绘制步骤

绘制给定机构的运动简图，一般遵循以下三个步骤。

（1）分析机构组成　首先找出机架、原动件和执行件，然后由原动件开始，沿着运动传递路线，依次分析各构件间的连接方式及相对运动形式，从而确定构件的数目、运动副的类型及数目。

（2）测量运动尺寸　逐一测量各构件上运动副之间的位置尺寸。

（3）绘制运动简图　选择适当的投影面（一般为运动平面）和原动件的位置，采用构件和运动副的符号，按一定的比例绘制出机构运动简图，并标出原动件符号（代表运动方向的箭头）、构件及运动副编号。

例2-1　绘制图2-6a所示牛头刨床主体运动机构的运动简图。

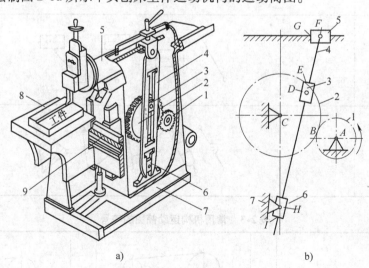

a)　　　　　　　b)

图2-6　牛头刨床

1、2—齿轮　3、6—滑块　4—导杆　5—滑枕　7—床身　8—工件　9—丝杠

解　（1）分析机构组成　牛头刨床主体运动机构的机架是床身7，原动件是齿轮1，执

行件是滑枕5。从运动传递顺序可以看出，它由齿轮1和2、滑块3和6、导杆4、滑枕5和床身7共7个构件组成。齿轮1与机架7之间构成转动副，齿轮1、2之间构成高副，齿轮2与滑块3之间构成转动副，滑块3与导杆4之间构成移动副，导杆4与滑枕5之间构成转动副，滑枕5与机架7之间构成移动副，导杆4与滑块6之间构成移动副，滑块6与机架7之间构成转动副，故本机构共有5个转动副、3个移动副和1个高副。

（2）测量运动尺寸 逐一测量各构件上运动副之间的位置尺寸。

（3）绘制运动简图 选择机构的运动平面为投影面，按比例作出其运动简图，如图2-6b所示。

机械设计中，未严格按比例绘制、仅用于定性分析的机构运动简图，称为机构示意图。

第三节 平面机构的自由度

为了使所设计的机构能够运动，并具有确定的运动规律，必须研究机构的自由度和机构具有确定运动的条件。

一、平面机构自由度计算

1. 构件的自由度

如图2-7所示，设有任意两个构件，构件2固定于平面坐标系 Oxy 上，当两构件尚未通过运动副连接之前，构件1相对于构件2能产生3个独立的运动，即沿 x 轴和 y 轴的移动以及绕任一垂直于 Oxy 平面的轴线的转动。这种两构件间可能产生的独立的相对运动数目称为构件的自由度。显然，一个作平面运动的自由构件具有3个自由度。

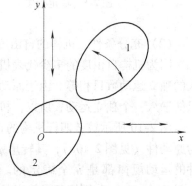

图2-7 构件的自由度

2. 运动副的约束

当两构件通过运动副连接之后，它们之间的某些相对运动会受到限制。运动副的这种对相对运动的限制作用称为约束，所限制的运动数目称为约束数。至于运动副限制了哪些相对运动，则取决于运动副的类型。

如图2-2a所示，当两构件组成转动副时，限制了两个相对移动，保留了一个相对转动；如图2-2b所示，当两构件组成移动副时，限制了一个相对移动和一个相对转动，保留了一个相对移动。由此可见，一个平面低副引入2个约束，保留了1个自由度。

如图2-3所示，当两构件组成平面高副时，限制了沿接触点 A 处公法线 n-n 方向上的相对移动，保留了沿公切线 t-t 方向上的相对移动和绕 A 点的相对转动。由此可见，一个平面高副只引入1个约束，保留了2个自由度。

3. 机构的自由度

机构中的所有活动构件相对于机架所能发生的独立运动的总数目，称为机构的自由度。

设一个平面机构共有 n 个活动构件（不能包括机架）、P_L 个低副和 P_H 个高副。如上所述，一个平面自由构件具有3个自由度，那么，n 个活动构件尚未通过运动副连接之前共有 $3n$ 个自由度。由于一个低副引入2个约束，一个高副引入1个约束，那么它们共引入（$2P_L$

+P_H）个约束。于是，该机构的自由度为

$$F = 3n - 2P_L - P_H \qquad (2-1)$$

例 2-2 计算图 2-6b 所示牛头刨床主体运动机构的自由度。

解 该机构的活动构件数 $n=6$，低副数 $P_L=8$，高副数 $P_H=1$，则机构的自由度为

$$F = 3n - 2P_L - P_H = 3 \times 6 - 2 \times 8 - 1 = 1$$

二、机构具有确定运动的条件

（1）**必要条件** 机构的自由度必须大于零。

若机构的自由度等于或小于零，表示机构无独立的相对运动，即不能动。图 2-8 所示铰链三杆机构的自由度 $F = 3n - 2P_L - P_H = 3 \times 2 - 2 \times 3 - 0 = 0$；图 2-9 所示铰链四杆机构的自由度 $F = 3n - 2P_L - P_H = 3 \times 3 - 2 \times 5 - 0 = -1$。显然，该两机构中各构件之间均不能发生相对运动。此时，它们不再称为机构，而分别称为稳定桁架和超稳定桁架。

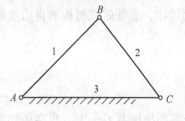

图 2-8 稳定桁架

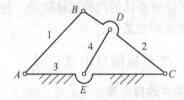

图 2-9 超稳定桁架

（2）**充分条件** 机构的自由度必须等于原动件的个数。

因为机构自由度的多少代表机构能够发生的独立运动数目，所以它应与机构原动件所输入的独立运动数目相等。由于原动件通常都是与机架通过低副相连的，因此一个原动件一般只能输入一个独立运动，所以，机构的自由度必须等于原动件的个数。

图 2-10 所示铰链四杆机构的自由度 $F = 3n - 2P_L - P_H = 3 \times 3 - 2 \times 4 - 0 = 1$。若构件 1 作为原动件（见图 2-10a），其转角 $\varphi_1(t)$ 按某一给定的规律变化时，不难看出，此时其余构件的运动规律都是完全确定的。但若构件 1、3 同时为原动件（见图 2-10b），其转角 $\varphi_1(t)$、$\varphi_3(t)$ 分别按各自给定的规律变化时，机构将从薄弱处破坏。

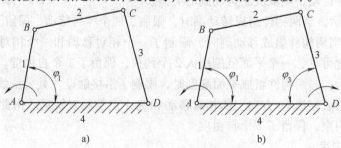

a)   b)

图 2-10 铰链四杆机构

图 2-11 所示铰链五杆机构的自由度 $F = 3n - 2P_L - P_H = 3 \times 4 - 2 \times 5 - 0 = 2$。若构件 1 作为原动件（见图 2-11a），其转角 $\varphi_1(t)$ 按某一给定的规律变化时，此时构件 2、3、4 的运

动规律并不确定。例如，当构件1处于图示位置 *AB* 时，构件2、3、4可以处于 *BCDE* 位置，也可以处于 *BC'D'E* 位置，或其他位置。但是，如果让构件1、4同时为原动件（见图2-11b），当其转角 $\varphi_1(t)$、$\varphi_4(t)$ 分别按各自给定的规律变化时，这时其余构件的运动规律都是完全确定的。

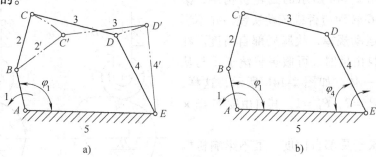

图2-11 铰链五杆机构

综上所述，机构具有确定运动的条件是：机构的自由度大于零，且等于原动件的个数。

三、计算平面机构自由度的注意事项

应用式（2-1）计算机构的自由度，还需注意以下事项：

1. 复合铰链

两个以上的构件在同一处以同轴线转动副相连接，构成了两个以上的转动副称为复合铰链。图2-12a所示为三个构件构成的复合铰链，直观看只有一个转动副，但从其俯视图（见图2-12b）看，这三个构件实际组成了轴线重合的两个转动副。以此类推，*m* 个构件在某处构成复合铰链时，其转动副的数目应等于（*m* - 1）个转动副。

在图2-13所示摇筛机构中，*C* 处是由三个构件组成的复合铰链，具有两个转动副。因此，该机构 $n = 5$，$P_L = 7$，$P_H = 0$，其自由度 $F = 3 \times 5 - 2 \times 7 - 0 = 1$。

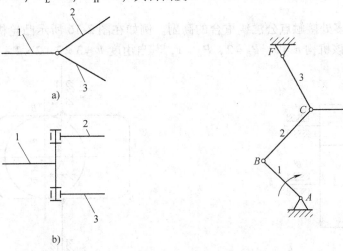

图2-12 复合铰链   图2-13 摇筛机构

2. 局部自由度

在有些机构中，某些构件所产生的局部运动，并不影响其他构件的相对运动，这种局部运动的自由度称为局部自由度。在计算整个机构的自由度时，应将局部自由度除去。

例如，在图2-14a所示的凸轮机构中，滚子3绕其轴线 C 转动与否或转动快慢，并不影响从动件2的运动规律，故属局部自由度。在计算该机构的自由度时，可假想将滚子3与从动件2固结为一体，如图2-14b所示，这样，该机构 $n=2$，$P_L=2$，$P_H=1$，其自由度 $F=3\times2-2\times2-1=1$。

机构中的滚子局部自由度，虽不影响机构的运动关系，但可以将高副接触处的滑动摩擦转变为滚动摩擦，起到了减少摩擦和磨损的作用。

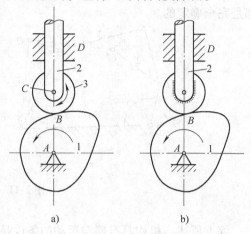

图2-14 凸轮机构

3. 虚约束

在一些特定的几何条件或结构条件下，机构中的某些运动副所引入的约束对机构的运动实际上不起约束作用，这类约束称为虚约束，在计算机构的自由度时应将虚约束除去。虚约束常出现在下列场合：

1）两构件间构成多个具有相同作用的运动副。此时，只有一个运动副起约束作用，而其余运动副所引入的约束均为虚约束，故在计算机构自由度时只算一个运动副。具体又可分为以下三种情况。

①两构件间构成多个轴线重合的转动副。例如在图2-15所示齿轮机构中，转动副 A 和 A'、B 和 B' 只能各算一个，因此，该机构 $n=2$，$P_L=2$，$P_H=1$，其自由度 $F=3\times2-2\times2-1=1$。

②两构件间构成多个导路平行或重合的移动副。例如在图2-16所示凸轮机构中，移动副 C 和 C' 只能算一个。

③两构件间构成多处接触点公法线重合的高副。例如在图2-16所示凸轮机构中，高副 B 和 B' 只能算一个。该机构 $n=2$，$P_L=2$，$P_H=1$，其自由度 $F=3\times2-2\times2-1=1$。

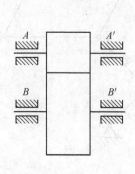

图2-15 齿轮机构

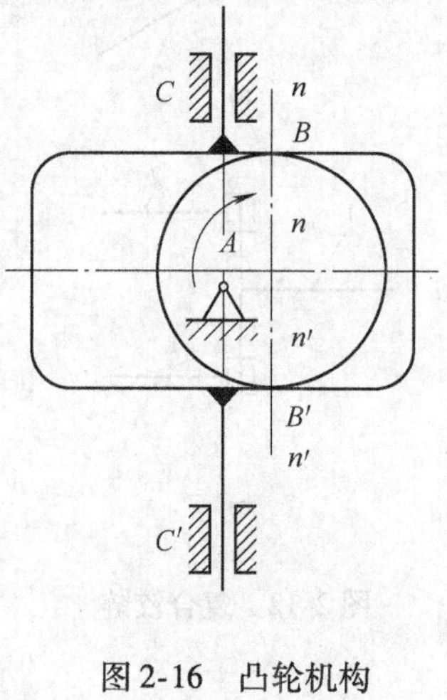

图2-16 凸轮机构

2）机构中存在的某些重复部分所引入的约束均为虚约束。

例如，在图 2-17 所示的定轴轮系中，采用了完全相同的三个中间轮 2、2′和 2″来共同传递载荷，而实际上只需使用一个中间轮就能满足运动要求，另外两个中间轮则引入了虚约束，因此，在计算机构的自由度时应先将重复部分去掉。该机构 $n = 3$，$P_L = 3$（O 处为复合铰链），$P_H = 2$，其自由度 $F = 3 \times 3 - 2 \times 3 - 2 = 1$。

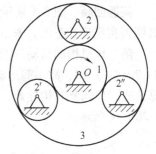

图 2-17 定轴轮系

3）机构在运动过程中，如两构件上某两点之间的距离始终保持不变，那么若用一构件将该两点用转动副连接起来，则因此而带入的约束必为虚约束。

例如，在图 2-18a 所示的平形四边形机构中，连杆 2 作平动，其上各点轨迹均为圆心在机架 AD 上、半径为 AB 的圆弧。图中所示机架 AD 上的 F 点即为连杆 2 上 E 点的圆心（$EF /\!/ AB$，且 $EF = AB$）。显然，在机构运动过程中，E、F 两点间的距离将始终保持不变。现若用一构件 5 将 E、F 两点用转动副连接起来（见图 2-18b），显然，构件 5 对该机构的运动并不产生任何影响，机构仍能运动，构件 5 引入的约束为虚约束。因此，在计算图 2-18b 所示机构的自由度时，应将构件 5 及其 E 和 F 两个转动副去掉，即 $F = 3 \times 3 - 2 \times 4 - 0 = 1$。

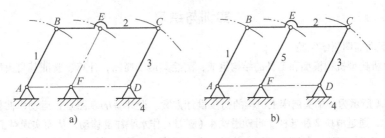

图 2-18 平形四边形机构

虚约束虽对机构运动不起作用，但是它可以改善构件的受力情况，提高构件的刚度和强度，增强机构工作的可靠性和稳定性，故其在机构中被广泛采用。应当指出，虚约束是在特定的几何条件下形成的，当不能满足特定的几何条件时，虚约束就会成为实际有效的约束而影响机构运动。为此，对于存在虚约束的机构，在制造时应规定较高的精度要求。故从简化结构、便于加工和装配，以及保证机构运转灵活的角度出发，若无特殊要求，应尽量减少机构中的虚约束。

例 2-3 计算图 2-19 所示大筛机构的自由度，并判定其运动的确定性。

解 该机构中 C 处为三个构件组成的复合铰链，E 或 E' 处为虚约束，F 处为滚子局部自由度。注意到这些事项后，该机构 $n = 7$，$P_L = 9$，$P_H = 1$，自由度为 $F = 3 \times 7 - 2 \times 9 - 1 = 2$。因其原动件数也是 2，与机构的自由度相等，故该机构具有确定的相对运动。

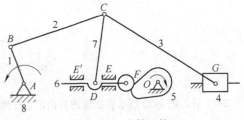

图 2-19 大筛机构

【案例分析】

问题回顾 图 2-1 所示为一简易冲床的初步设计方案。试绘出该机构的运动简图，分析其能否实现设计意图。若不能，提出改进方案。

解 该机构的运动简图如图 2-20a 所示。因其 $n = 3$，$P_L = 4$，$P_H = 1$，自由度为 $F = 3 \times 3 - 2 \times 4 - 1 = 0$，故不能运动，也就无法实现设计意图。根据机构运动确定条件及自由度计算公式，应调整其构件数、运动副的类型及数目，使机构的自由度为 1。改进参考方案如图 2-20b、c 所示。

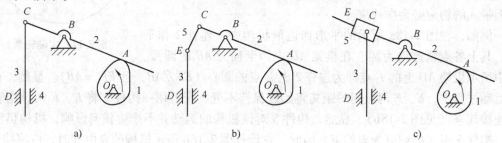

图 2-20 简易冲床机构

实训与练习

2-1 机构运动简图测绘实验

在实验室分析典型机构模型和工具的结构组成，测绘其运动简图，计算、验证其自由度和运动确定条件。

2-2 图 2-21 所示为一牛头刨床主机构的初步设计方案。设计者的意图是：运动由曲柄 1 输入，曲柄绕轴 A 连续转动，通过滑块 2 和导杆 3 带动滑枕 4（刨刀）作水平往复移动，从而实现对工件的刨削加工。试分析其能否实现设计意图。如不能，提出改进方案（要求与图 2-6b 所示的方案不同）。

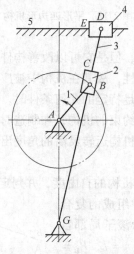

图 2-21 牛头刨床主机构

2-3 计算图 2-22 所示各机构的自由度，并指出复合铰链、局部自由度和虚约束，判断其运动的确定性。

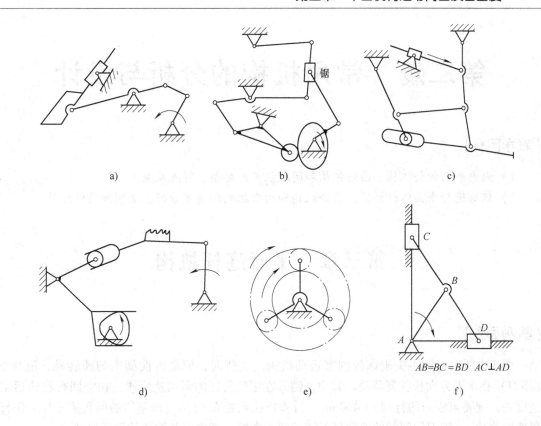

a)　　　　　b)　　　　　c)

d)　　　　　e)　　　　　f)

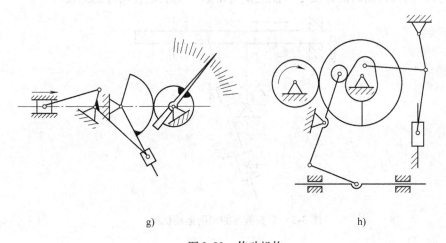

g)　　　　　　　　h)

图 2-22　传动机构

a) 推土机铲斗机构　b) 弓锯机机构　c) 堵高炉出铁口的泥炮机构　d) 缝纫机送布机构

e) 差动轮系　f) 椭圆仪机构　g) 仪表机构　h) 带推料功能的冲床机构

第二篇　常用机构的分析与设计

第三章　平面连杆机构

【案例导入】

　　图3-1所示为一牛头刨床的刨削运动机构。工作时，原动件曲柄1匀速转动，滑枕5（刨刀）在水平方向作往复移动。其中，刨刀在刨削行程的运动速度慢，在空回行程的运动速度快。现要求刨刀的行程 $s=400\text{mm}$，行程速比系数 $K=1.4$（即刨刀的回程速度与工作行程速度之比），刨刀切削时的速度尽可能近似为常数。试确定各构件的运动尺寸。

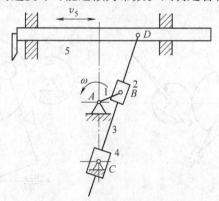

图3-1　牛头刨床的刨削运动机构

【初步分析】

　　平面连杆机构有三个特征，即：运动副全为平面低副；包含连杆构件；构件多呈杆状。图3-1所示的牛头刨床刨削运动机构和图3-2所示内燃机中的曲柄滑块机构，都是典型的平面连杆机构。

　　平面连杆机构的优点是：运动副元素为平面或圆柱面，承载能力大，制造容易；运动形式多样，能实现多种运动规律和轨迹。缺点是：构件数较多，低副中存在间隙，运动累积误差大；惯性力不易平衡；设计较难，不易精确实现复杂的运动规律。

作为平面连杆机构的一个应用实例，此牛头刨床刨削运动机构具有慢进、快退的运动特性，可缩短非工作时间，提高生产率，很好地满足了使用要求。

最简单的平面连杆机构由四个构件组成，称为平面四杆机构，其应用非常广泛，而且是组成多杆机构的基础。本章着重介绍平面四杆机构的类型、特性及其设计方法。

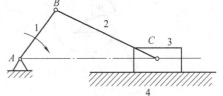

图 3-2　内燃机的曲柄滑块机构

第一节　平面四杆机构的类型及应用

一、铰链四杆机构的基本形式

在平面四杆机构中，若各运动副都是转动副，则称其为铰链四杆机构，如图 3-3 所示。

在此机构中，构件 4 为机架，构件 1、3 与机架直接相连称为连架杆，构件 2 与机架间接相连称为连杆。机构工作时，连架杆作定轴转动，连杆作平面复杂运动。能作整周转动的连架杆称为曲柄，只能在一定角度范围内摆动的连架杆称为摇杆。按两连架杆中曲柄与摇杆的存在情况，铰链四杆机构可分为三种基本形式。

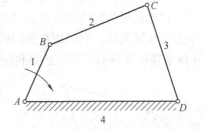

图 3-3　铰链四杆机构

1. 曲柄摇杆机构

在铰链四杆机构中，若两个连架杆之一为曲柄，另一为摇杆，称为曲柄摇杆机构，如图 3-4 所示。在此机构中，连架杆 1 为曲柄，其可绕固定铰链中心 A 作整周转动，故活动铰链中心 B 的轨迹为圆；连架杆 3 为摇杆，其只能绕固定铰链中心 D 来回摆动，故活动铰链中心 C 的轨迹为一段圆弧。

曲柄摇杆机构的传动特点是可实现曲柄转动与摇杆摆动的相互转换。图 3-5 所示为雷达天线俯仰角调整机构，主动曲柄 1 转动后通过连杆 2 使摇杆 3（即天线）绕 D 点摆动，从而调整天线的俯仰角以对准通信卫星。图 3-6 所示为缝纫机踏板机构，主动摇杆 3（即踏板）上下摆动后通过连杆 2 使曲柄 1（大带轮）连续转动，从而驱动缝纫机工作。图 3-7 所示为揉面机机构，通过主动曲柄 1 的连续回转运动带动连杆 2 完成封闭轨迹的揉面搅拌运动。

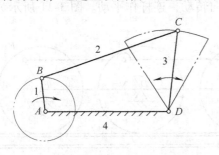

图 3-4　曲柄摇杆机构

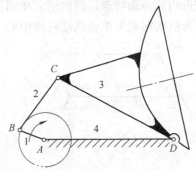

图 3-5　雷达天线俯仰机构

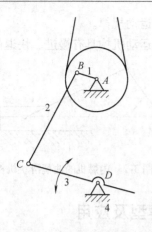

图 3-6　缝纫机踏板机构

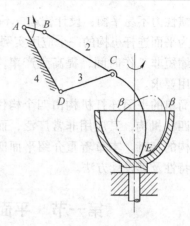

图 3-7　揉面机机构

2. 双曲柄机构

在铰链四杆机构中，若两个连架杆均为曲柄，称为双曲柄机构，如图 3-8 所示。

双曲柄机构的传动特点是当主动曲柄匀速转动时，从动曲柄一般作变速转动。图 3-9 所示为惯性筛机构，它利用双曲柄机构 *ABCD* 中从动曲柄 3 的变速转动，通过连杆 5 带动筛子 6 作变速往复移动，从而达到利用惯性筛分物料的目的。

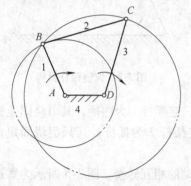

图 3-8　双曲柄机构

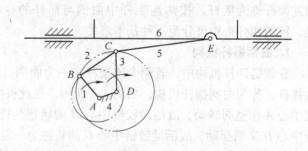

图 3-9　惯性筛机构

在双曲柄机构中，若相对的两杆平行且长度相等，称为平行四边形机构，如图 3-10 所示。该机构的传动特点是两曲柄以相同的角速度同向转动，连杆作平动。图 3-11 所示为平行四边形机构在机车车轮联动机构中的应用。

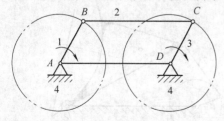

图 3-10　平行四边形机构

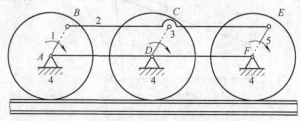

图 3-11　机车车轮联动机构

在双曲柄机构中，若两相对杆的长度分别相等，但不平行，称为反平行四边形机构，如图 3-12 所示。该机构当以其长边为机架时，两曲柄的转动方向相反，图 3-13 所示车门启闭机构就利用了这个特性，它可使两扇车门（AE 和 DF）同时开启或关闭；当以其短边为机架时，两曲柄的转向相同，其性能与一般的双曲柄机构相似。

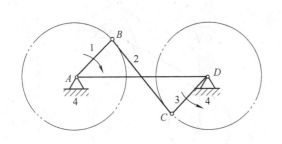

图 3-12　反平行四边形机构

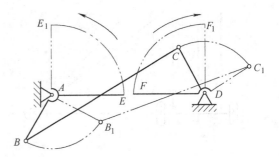

图 3-13　车门启闭机构

3. 双摇杆机构

在铰链四杆机构中，若两个连架杆均为摇杆，称为双摇杆机构，如图 3-14 所示。

双摇杆机构的传动特点是将一种摆动转换成另一种摆动，两摇杆的摆角一般不同。图 3-15 所示摇头风扇的摇头机构 ABCD 即为一双摇杆机构，它利用装在电动机轴上的蜗杆驱动蜗轮（即连杆 BC）回转，以达到使风扇随摇杆 AB 的摆动而摇头的目的。在图 3-16 所示的汽车前轮转向机构中，ABCD 为一双摇杆机构，其两摇杆 AB 和 CD 分别与左、右前轮固连，且长度相等，该机构也称为等腰梯形机构；在该机构的作用下，汽车转弯时，两前轮的摆角不同，其轴线与后轮轴线近似汇交于一点 O，以保证各轮相对于路面近似为纯滚动，以减小轮胎与路面之间的磨损。在图 3-17 所示的飞机起落架机构中，ABCD 为一双摇杆机构，图中实线为起落架放下的位置，细双点画线为收起的位置，此时整个起落架机构藏于机身中。

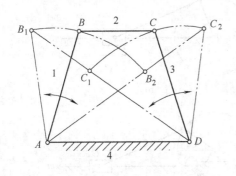

图 3-14　双摇杆机构

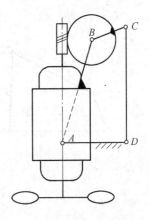

图 3-15　风扇摇头机构

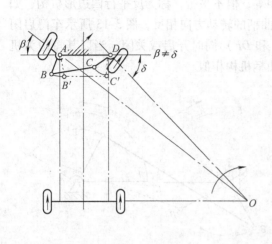

图 3-16 汽车转向机构

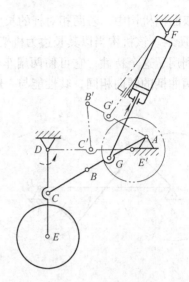

图 3-17 飞机起落架机构

二、铰链四杆机构的演化形式

在实际机器中，还广泛应用着其他各种形式的四杆机构。这些四杆机构可认为是由铰链四杆机构通过不同的方法演化而来的。

1. 含有一个移动副的四杆机构

（1）曲柄滑块机构　在图 3-18a 所示的曲柄摇杆机构中，摇杆 3 上 C 点的轨迹为以 D 为圆心、CD 为半径的一段圆弧 mm。当摇杆长度 CD 越大时，圆弧 mm 就越平直；当摇杆无限长时，圆弧 mm 变为一条直线。于是，转动副 D 演化成移动副，摇杆演化成作往复直线运动的滑块，机构演化成曲柄滑块机构。其中，当滑块移动的导路 m—m 通过曲柄的转动中心 A 时，称为对心曲柄滑块机构（见图 3-18b）；当滑块移动的导路 m—m 不通过曲柄的转动中心 A 时，称为偏置曲柄滑块机构（见图 3-18c），偏置的距离 e 称为偏距。

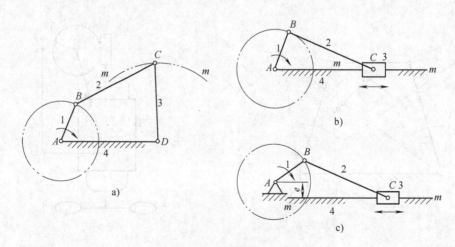

图 3-18 曲柄滑块机构

曲柄滑块机构的传动特点是可以实现曲柄连续转动和滑块往复移动之间的相互转换，其在内燃机、冲床、空压机等机械中得到广泛的应用。图 3-19 所示为螺纹搓丝机构，曲柄 1 连续转动，带动活动搓丝板 3 往复移动，置于固定搓丝板 4 和活动搓丝板 3 之间的工件 5 的表面就被搓出螺纹。图 3-20 所示为一曲柄压力机，带轮带动曲柄 1 转动，通过连杆 2 使冲头 3 上下往复运动，实现对工件的压力加工。

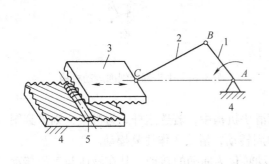

图 3-19　螺纹搓丝机构

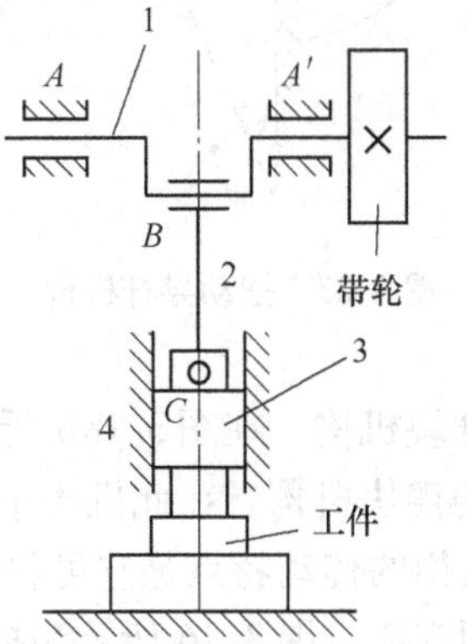

图 3-20　曲柄压力机

（2）转动导杆机构　在图 3-18b 所示的对心曲柄滑块机构中，若选曲柄 1 为机架，则得到图 3-21 所示的曲柄转动导杆机构，简称转动导杆机构。在此机构中，两连架杆 2、4 均作整周转动，其中，构件 2 称为曲柄，构件 4 为滑块 3 提供导轨作用，称为导杆。

转动导杆机构的传动特点是当曲柄匀速转动时，导杆作变速转动。图 3-22 所示为插床插刀运动机构，利用转动导杆机构 ABC 中导杆 4 的变速运动，使插刀 6 在切削行程运动慢，在空回行程运动快（称为急回特性），以缩短非工作时间，提高生产率。

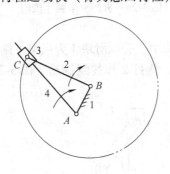

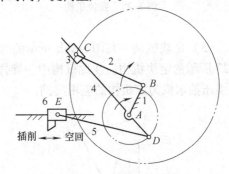

图 3-21　转动导杆机构

图 3-22　插床插刀运动机构

（3）摆动导杆机构　在图 3-21 所示的转动导杆机构中，若使机架长度大于曲柄长度，即 $\overline{AB} > \overline{BC}$，则得到图 3-23 所示的摆动导杆机构。在此机构中，构件 2 可整周转动，而导杆 4 只能往复摆动。摆动导杆机构的传动特点是当曲柄匀速转动时，导杆作变速摆动，且传力性能良好。图 3-24 所示为摆动导杆机构 ABC 在牛头刨床刨削运动机构中的应用，该机构也具有急回特性。

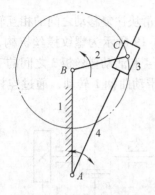

图 3-23 摆动导杆机构

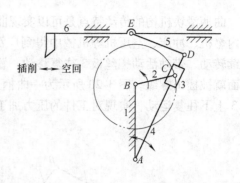

图 3-24 牛头刨床刨削运动机构

（4）摇块机构 在图 3-18b 所示的对心曲柄滑块机构中，若选连杆 2 为机架，则得到图 3-25 所示的摇块机构。在此机构中，构件 1 作整周转动，滑块 3 作往复摆动。

摇块机构的传动特点是它可将导杆的相对移动转化为曲柄的转动，其在液压与气压传动系统中应用广泛。图 3-26 所示为摇块机构在自卸卡车翻斗机构中的应用，其中摇块 3 为液压缸，利用压力油推动活塞使车厢翻转卸料。

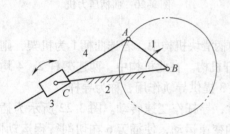

图 3-25 摇块机构

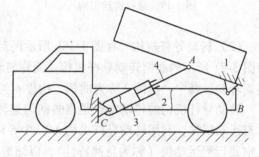

图 3-26 自卸卡车翻斗机构

（5）定块机构 在图 3-18b 所示的对心曲柄滑块机构中，若选滑块 3 为机架，则得到图 3-27 所示的定块机构。在此机构中，导杆 4 作往复移动，构件 2 作往复摆动。图 3-28 所示的手压抽水机为该机构的应用实例。

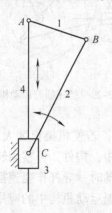

图 3-27 定块机构

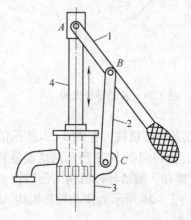

图 3-28 手压抽水机

2. 含有两个移动副的四杆机构

将铰链四杆机构中的两个转动副同时转化为移动副，然后再取不同的构件为机架，即可得到不同形式含有两个移动副的四杆机构。下面列举其中两种机构及其应用。

图 3-29 所示为正弦机构，其移动导杆 3 的位移 $s = a\sin\varphi$。图 3-30 所示为正弦机构在缝纫机跳针机构中的应用。图 3-31 所示为双滑块机构，图 3-32 所示为其在椭圆仪机构中的应用，连杆 1 上各点可描绘出不同的椭圆。

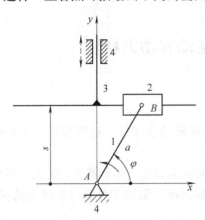

图 3-29 正弦机构

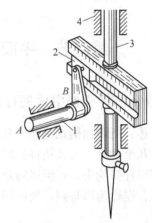

图 3-30 缝纫机跳针机构

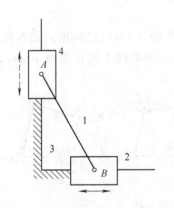

图 3-31 双滑块机构

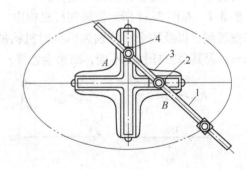

图 3-32 椭圆仪机构

3. 偏心轮机构

在图 3-33a 所示的曲柄摇杆机构中，如将转动副 B 的半径逐渐扩大（见图 3-33b）直到超过曲柄的长度，就得到了图 3-33c 所示的偏心轮机构。同理也可将图 3-18b 所示的曲柄滑块机构演化为图 3-33d 所示的机构，此时偏心轮 1 即为曲柄，偏心轮的几何中心即为转动副 B 的中心，而偏心距 e（轮的几何中心 B 点至回转中心 A 点的距离）等于曲柄长度。该机构的运动特性与原机构完全相同，但其机械结构的承载能力大大提高。它常用于冲床、剪床、鄂式破碎机、压印机及柱塞油泵等设备中。

由以上分析可见，铰链四杆机构可以通过改变构件的形状和长度、选不同的构件作为机架、扩大转动副等途径，演变成为其他形式的四杆机构，以满足不同的工作要求。

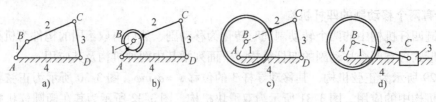

图 3-33　偏心轮机构

第二节　平面四杆机构的运动和动力特性

一、铰链四杆机构中曲柄存在的条件

如前所述，所谓曲柄就是相对机架能作 $360°$ 整周回转的连架杆。铰链四杆机构是否有曲柄以及有几个曲柄，与各构件长度间的关系及机架有关。

在铰链四杆机构中，若组成转动副的两构件能相对整周转动，则称其为周转副，不能作整周转动者，则称为摆转副。铰链四杆机构是否存在周转副，取决于各构件长度间的关系，可判别如下。

如果最短杆与最长杆长度之和小于或等于其他两杆长度之和，则最短杆两端的转动副同为周转副，其他的转动副为摆转副；如果最短杆与最长杆长度之和大于其他两杆长度之和，则该机构不存在周转副，全部为摆转副。

例 3-1　在图 3-34 所示铰链四杆机构中，各构件的长度（mm）已标出，试判别其周转副和摆转副，以及四个杆分别为机架时机构的基本类型。若将杆 1 的长度由 70mm 增大到 100mm，而其余三杆长度不变，结果会怎样？

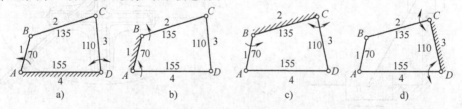

图 3-34　铰链四杆机构基本类型的判别

解　（1）判别周转副和摆转副　因为最短杆 1 的长度（70mm）与最长杆 4 的长度（155mm）之和（225mm）小于其余两杆长度（2 杆 135mm、3 杆 110mm）之和（245mm），所以最短杆 1 两端的转动副 A 和 B 是周转副，而转动副 C 和 D 是摆转副。

（2）判别机构的基本类型　当杆 4 为机架时（见图 3-34a），因为 A 是周转副，D 是摆转副，所以该机构是以杆 1 为曲柄、杆 3 为摇杆的曲柄摇杆机构；当杆 1 为机架时（见图 3-34b），因为 A 和 B 都是周转副，所以该机构是以 2 和 4 为曲柄的双曲柄机构；当杆 2 为机架时（见图 3-34c），因为 B 是周转副，C 是摆转副，所以该机构是以杆 1 为曲柄、杆 3 为摇杆的曲柄摇杆机构；当杆 3 为机架时（见图 3-34d），因为 C 和 D 都是摆转副，所以该机构是以杆 2 和 4 为摇杆的双摇杆机构。

（3）杆1的长度为100mm时的判别 因为此时最短杆1的长度（100mm）与最长杆4的长度（155mm）之和（255mm）大于其余两杆长度（2杆135mm、3杆110mm）之和（245mm），不存在周转副，转动副 A、B、C、D 全为摆转副，故不论那个杆作机架均为双摇杆机构。

综上分析，铰链四杆机构中曲柄存在的条件为：

1）杆长条件（必要条件）：最短杆长度 + 最长杆长度 ≤ 其他两杆长度之和。

2）机架条件（充分条件）：最短杆或其邻杆为机架。

二、急回运动特性

在图 3-35 所示的曲柄摇杆机构中，曲柄 AB 为原动件，它以等角速度 ω_1 顺时针转动。当曲柄与连杆在 AB_1C_1 位置共线时（称为展开共线），摇杆处于右极限位置 C_1D；当曲柄与连杆在 AB_2C_2 位置共线时（称为重叠共线），摇杆处于左极限位置 C_2D。机构所处的 AB_1C_1D 和 AB_2C_2D 这两个位置称为极位，摇杆两个极位 C_1D、C_2D 之间的夹角 ψ 称为摆角，与此对应，曲柄两个位置 AB_1、AB_2 之间所夹的锐角 θ 称为极位夹角。

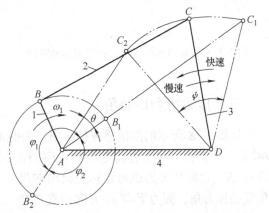

图 3-35 曲柄摇杆机构的急回运动特性

由图 3-35 可知，当机构从极位 AB_1C_1D 运动到另一极位 AB_2C_2D 时（曲柄顺时针转动），曲柄转过的角度为 $\varphi_2 = 180° - \theta$，摇杆转过的角度为 ψ，所用时间为 $t_2 = \varphi_2/\omega_1$，摇杆的平均角速度为 $\omega_{m2} = \psi/t_2$；当机构从极位 AB_2C_2D 运动回极位 AB_1C_1D 时，曲柄转过的角度为 $\varphi_1 = 180° + \theta$，摇杆转过的角度仍为 ψ，所用时间为 $t_1 = \varphi_1/\omega_1$，摇杆的平均角速度为 $\omega_{m1} = \psi/t_1$；因为 $\varphi_2 < \varphi_1$，所以 $t_2 < t_1$，$\omega_{m2} > \omega_{m1}$，即摇杆往复摆动的平均角速度不同，一快一慢，这一运动特性称为急回运动特性。在工程实际中，插床、刨床此类往复式工作机器利用机构的急回特性，在慢速行程工作，在快速行程空回，可以缩短非工作时间，提高劳动生产率。

机构急回运动的程度可用行程速比系数 K 来衡量，即

$$K = \frac{\omega_{m2}}{\omega_{m1}} = \frac{\psi/t_2}{\psi/t_1} = \frac{t_1}{t_2} = \frac{\varphi_1/\omega_1}{\varphi_2/\omega_1} = \frac{\varphi_1}{\varphi_2} = \frac{180° + \theta}{180° - \theta} \quad (3-1)$$

上式表明，当 $\theta = 0$ 时，$K = 1$，机构无急回特性；当 $\theta \neq 0$ 时，机构具有急回特性，θ 角越大，K 值越大，急回特性越显著，但机构传动的平稳性将变差，通常取 $K = 1.2 \sim 2.0$。θ 角的大小与各构件的长度有关，设计时，通常要预选 K 值，求出 θ，因此，由式（3-1）可求得

$$\theta = 180° \times \frac{K-1}{K+1} \quad (3-2)$$

在平面四杆机构中，除曲柄摇杆机构外，偏置曲柄滑块机构（见图3-36）、摆动导杆机构（见图3-37）等机构的极位夹角 $\theta \neq 0$，故也具有急回特性。

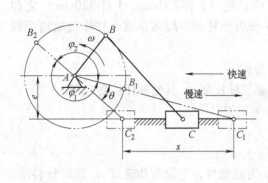

图 3-36 偏置曲柄滑块机构的急回运动特性

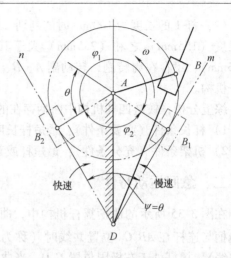

图 3-37 摆动导杆机构的急回运动特性

三、压力角和传动角

在图 3-38 所示的曲柄摇杆机构中，曲柄 *AB* 为原动件，如果不计质量和摩擦力，则连杆 *BC* 是二力构件。曲柄通过连杆作用于摇杆上点 *C* 的力 *F* 沿着 *BC* 的方向，此力 *F* 与点 *C* 速度 v_C 方向之间所夹的锐角 α 称为机构在此位置的压力角，而力 *F* 与 v_C 方向的垂直方向（即 *CD* 方向）之间所夹的锐角 γ 称为机构在此位置的传动角，显然，α 和 γ 互为余角。

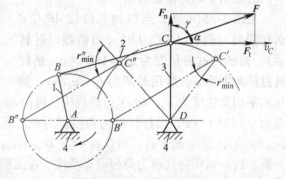

图 3-38 曲柄摇杆机构的压力角和传动角

由图 3-38 可知，力 *F* 在速度 v_C 方向的分力为 $F_t = F\cos\alpha = F\sin\gamma$，力 *F* 在 v_C 方向的垂直方向的分力为 $F_n = F\sin\alpha = F\cos\gamma$，其中，分力 F_t 对 *D* 点有力矩作用，是使摇杆转动的有用分力；而分力 F_n 对 *D* 点无力矩作用，仅使运动副压紧，增加了摩擦，是有害分力。可见，传动角 γ 越大（压力角 α 越小），有用分力 F_t 越大，有害分力 F_n 越小，对机构的传力越有利。由于传动角 γ 是连杆与摇杆所夹的锐角，便于观察，故通常用传动角 γ 的大小及其变化情况来衡量机构传力性能的好坏。

一般机构在运转时，其传动角的大小是变化的。为了保证机构具有良好的传力性能，应限制其最小传动角 γ_{min} 不得小于某一许用传动角 $[\gamma]$，即 $\gamma_{min} \geq [\gamma]$，一

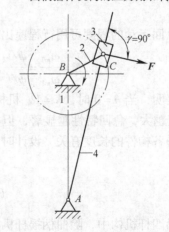

图 3-39 摆动导杆机构的传动角

般取 ［γ］=40°～50°。机构的最小传动角位置可通过运动分析确定。对于曲柄摇杆机构，当曲柄 AB 转到与机架 AD 内共线 AB′ 位置和外共线 AB″ 位置时，对应的传动角 γ′$_{min}$ 和 γ″$_{min}$ 中较小者为机构的最小传动角 γ$_{min}$。在图 3-39 所示的摆动导杆机构中，由于滑块 3 对从动导杆 4 的作用力 F 始终垂直于导杆，且与导杆在该点速度方向始终一致，因此，传动角恒等于 90°，从传力的观点看，该机构具有良好的传力性能。

四、死点位置

在图 3-40 所示的曲柄摇杆机构中，若以摇杆 CD 为主动件，而曲柄为从动件，则当连杆与曲柄两次共线时（即 AB_1C_1D 和 AB_2C_2D 位置）机构的传动角 γ＝0，这时摇杆 CD 通过连杆作用于从动曲柄 AB 上的力恰好通过其回转中心 A，此力对 A 点不产生力矩，所以出现了不能使曲柄转动的"顶死"现象或转向不确定现象。机构的这种位置称为死点位置。由此可见，四杆机构中是否存在死点位置，决定于从动件是否与连杆共线，或机构的传动角 γ 是否会为零。如图 3-36 所示的曲柄滑块机构、图 3-37 所示的摆动导杆机构，若分别以滑块或导杆为原动件时，两机构的极限位置即为其死点位置。

对于传动机构来说，机构有死点是不利的，必须采取适当的措施，使机构能顺利地通过死点而正常工作。如可以在曲柄上安装飞轮，借助惯性作用使机构冲过死点；也可采用将两组以上的相同的机构并联使用，而使各组机构的死点位置相互错开排列的方法。

在工程实践中，也常利用机构的死点来满足一些特定的工作要求。如图 3-41 所示的钻床夹具，用力 F 压下手柄 2，工件 5 即被夹紧，此时连杆 BC 与从动件 CD 共线；外力 F 撤除后，在夹紧反力 F_N 的作用下，因机构处于死点位置，夹具并不会自动松开而仍保持夹紧状态；当需要取出工件时，抬起手柄松开夹具即可。又如图 3-17 所示的飞机起落架机构，着陆时机轮放下，连杆 CB 与从动件 BA 共线，机构处于死点位置，故机轮着地时产生的巨大冲击力不会使从动件反转，从而保持着支撑状态。

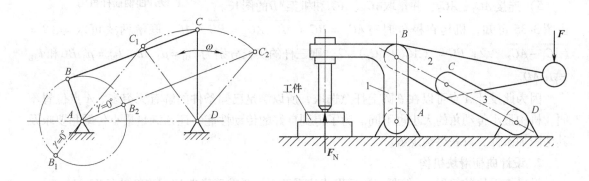

图 3-40 曲柄摇杆机构的死点位置　　　　图 3-41 钻床夹具

第三节　平面四杆机构的设计

平面四杆机构设计的基本任务是根据给定的运动要求等，确定各构件的长度。四杆机构设计的方法有图解法、实验法和解析法。图解法直观、概念清楚，但精度低，常用于解决一些简单的设计问题；实验法，亦称试凑法，实用，但烦琐、效率低，常用于解决一些复杂的设计问题，或者用于机构的初步设计；解析法，以计算机为工具，高效、精确，是目前主要的设计方法。本节主要介绍按给定的行程速比系数或连杆位置设计四杆机构的图解法。

一、按给定的行程速比系数 K 设计四杆机构

设计具有急回特性的四杆机构，一般是根据运动要求选定行程速比系数，然后根据机构极位的几何特点，结合其他辅助条件来确定构件的长度。

1. 设计曲柄摇杆机构

设已知摇杆长度 l_{CD}、摇杆摆角 ψ 和行程速比系数 K，要求确定其余三杆的长度。

根据已知条件，参考图 3-35 所示曲柄摇杆机构的极位图，可知本设计的关键是确定曲柄转动中心 A 的位置，设计步骤如下：

1）求出极位夹角 $\theta = 180° \times \dfrac{K-1}{K+1}$。

2）如图 3-42 所示，选定比例尺 μ_L，任选一点作为摇杆的摆动中心 D，根据摇杆长度 l_{CD} 和摆角 ψ 按比例作出摇杆的两个极位 C_1D 和 C_2D。

3）连接 C_2C_1，并作 C_2M 垂直于 C_2C_1，再作 $\angle C_2C_1N = 90° - \theta$，得 C_1N 与 C_2M 相交于 P 点，则 $\angle C_1PC_2 = \theta$。作出直角 $\triangle PC_1C_2$ 的外接圆（圆心 O 在斜边 PC_1 的中点），因为同圆弧上的圆周角相等，此圆上（弧 C_1C_2 除外）的任意一点 A 满足 $\angle C_1AC_2 = \theta$，称此圆为极位夹角圆或 θ 圆。

4）在 θ 圆上（弧 C_1C_2 和弧 EF 除外）选择一点作为曲柄的固定铰链 A 的位置。

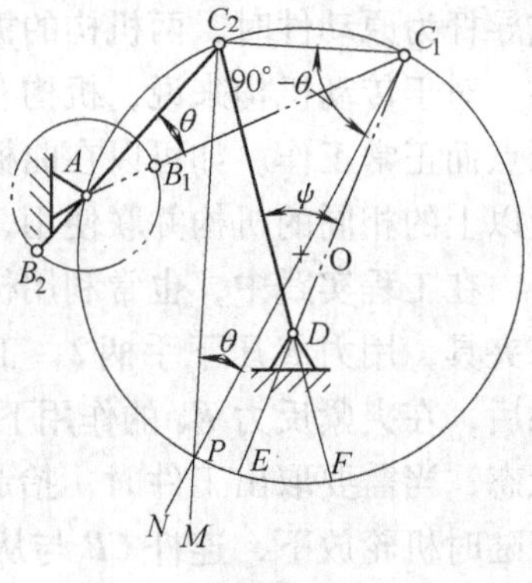

5）连接 AC_1、AC_2，并量取 $\overline{AC_1}$、$\overline{AC_2}$ 和机架 $\overline{AD}$ 的图长。

图 3-42　按行程速比系数
设计曲柄摇杆机构

由图 3-35 可知，机构在极位时有 $\overline{AC_1} = \overline{BC} + \overline{AB}$，$\overline{AC_2} = \overline{BC} - \overline{AB}$，联解两式可求得 $\overline{AB} = (\overline{AC_1} - \overline{AC_2})/2$，$\overline{BC} = (\overline{AC_1} + \overline{AC_2})/2$。则三杆的实长分别为 $l_{AB} = \mu_L \overline{AB}$、$l_{BC} = \mu_L \overline{BC}$ 和 $l_{AD} = \mu_L \overline{AD}$。

因为此设计 A 点可以在 θ 圆上任意选取，所以满足已知条件的解有无穷多。A 点位置不同，机构最小传动角的大小也不同。为了得到良好的传动性能，还须满足最小传动角要求及其他附加条件，以获得确定解。

2. 设计曲柄滑块机构

设已知滑块的行程 s、偏距 e 和行程速比系数 K，要求确定曲柄和连杆的长度。

因曲柄滑块机构是由曲柄摇杆机构演化而来的，故其设计方法与曲柄摇杆机构基本相同。参考图 3-36 所示曲滑块机构的极位图，设计步骤如下：

1）求出极位夹角 $\theta = 180° \times \dfrac{K-1}{K+1}$。

2）如图 3-43 所示，选定比例尺 μ_L，任画一水平线 m-m 作为滑块移动的导路，并根据滑块行程 s 按比例在导路上作出滑块两极位 C_1 和 C_2 点。

3）连接 C_2C_1，并分别过 C_2、C_1 作 $\angle C_2C_1O = \angle C_1C_2O = 90° - \theta$，得 C_1O 与 C_2O 的交点 O，则 $\angle C_2OC_1 = 2\theta$。以 O 为圆心过 C_2、C_1 作圆，因圆周角等于圆心角的一半，故该圆上任一点 A（弧 C_1C_2 除外）满足 $\angle C_1AC_2 = \theta$。（也可仿图 3-42 中的方法作 θ 圆）

4）根据偏距 e 作滑块导路的平行线，其与 θ 圆的交点即为曲柄的固定铰链 A 的位置。

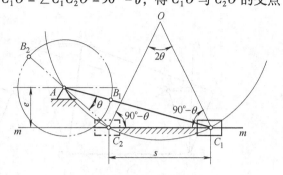

图 3-43　按行程速比系数
设计曲柄滑块机构

5）连接 AC_1、AC_2，并量取其图长，则 $\overline{AB} = (\overline{AC_1} - \overline{AC_2})/2$，$\overline{BC} = (\overline{AC_1} + \overline{AC_2})/2$，两杆实长分别为 $l_{AB} = \mu_L \overline{AB}$ 和 $l_{BC} = \mu_L \overline{BC}$。该设计有唯一解。

3. 摆动导杆机构

设已知机架长度 l_{AD}、行程速比系数 K，要求确定曲柄的长度。

参考图 3-37 所示摆动导杆机构的极位图，设计步骤如下：

1）求出极位夹角 $\theta = 180° \times \dfrac{K-1}{K+1}$。

2）如图 3-44 所示，选定比例尺 μ_L，根据机架长度 l_{AD} 按比例定出 A 点和 D 点。

3）因导杆摆角 ψ 等于极位夹角 θ，故作 $\angle ADm = \angle ADn = \theta/2$，再作 AB_1（或 AB_2）垂直于 Dm（或 Dn），则 AB 就是曲柄，其实长为 $l_{AB} = \mu_L \overline{AB}$。该设计有唯一解。

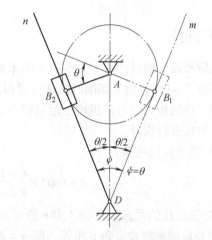

图 3-44　按行程速比系数设计摆动导杆机构

二、按给定连杆位置设计四杆机构

1. 按给定连杆的两个位置设计

如图 3-45a 所示，设已知一铰链四杆机构中连杆 BC 的长度及其两个位置 B_1C_1、B_2C_2，要求确定其余三杆的长度。

该设计的关键问题是确定固定铰链 A 和 D 的位置，当 A、D 位置确定后，各杆长度即完全确定。由于 B 点的轨迹是以 A 为圆心的圆弧，C 点的轨迹是以 D 为圆心的圆弧，所以 A 点必在 B_1B_2 的垂直平分线 b_{12} 上，D 点必在 C_1C_2 的垂直平分线 c_{12} 上。显然，只给定连杆两个位置，将有无穷多解。实际设计时，可根据结构条件或其他辅助条件（如固定铰链安装范围、许用传动角大小、曲柄存在与否）获得确定解。

2. 按给定连杆的三个位置设计

如图 3-45b 所示，设已知一铰链四杆机构中连杆 BC 的长度及其三个位置 B_1C_1、B_2C_2、B_3C_3，要求确定其余三杆的长度。

如图 3-45b 所示，因为三点可定一圆，因此 A、D 的位置完全确定，此时有唯一解。

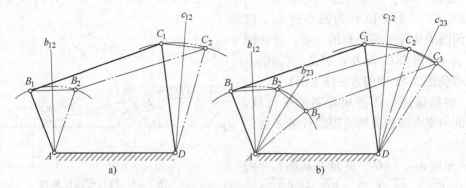

图 3-45 按给定连杆位置设计四杆机构

【案例分析】

问题回顾 设计图 3-1 所示牛头刨床刨削运动机构。要求刨刀的行程 $s = 400\text{mm}$，行程速比系数 $K = 1.4$，刨刀切削时的速度尽可能近似为常数。

解 该机构为一六杆机构，但与图 3-37 所示摆动导杆机构相近，故仿照摆动导杆机构的设计方法进行设计。

1) 求出极位夹角

$$\theta = 180° \times \frac{K-1}{K+1} = 180° \times \frac{1.4-1}{1.4+1} = 30°$$

2) 选定比例尺 μ_L，如图 3-46a 所示，画一铅垂线作为机架 AC 的位置。因为导杆 CD 的摆角 ψ 与机构的极位夹角 θ 相等，即 $\psi = \theta$，据此作出导杆的两极限位置 CD_1、CD_2，并作等腰三角形 CD_1D_2，使 $\overline{D_1D_2} = s$，量取或计算可得滑枕的高度 $H = 746.4\text{mm}$，导杆的最小长度 $l_{CD_1} = 772.7\text{mm}$。

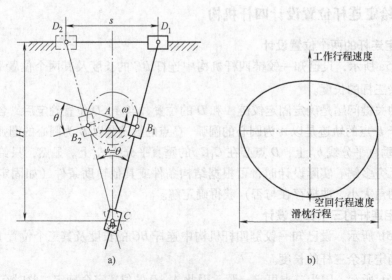

图 3-46 牛头刨床的刨削运动机构设计

3）根据 H 大小初选机架 $l_{AC}=430\text{mm}$，按比例定出 A 点的位置，并过 A 点作 $AB_1\perp CD_1$、$AB_2\perp CD_2$，即可得到曲柄的长度 $l_{AB}=111.3\text{mm}$。

4）进一步分析可知，刨刀的速度变化如图 3-46b 所示。其工作行程的速度小，且变化平缓，而空回行程的速度大，且数值变化较大。在实际刨床中，曲柄长度 l_{AB} 一般是可调的，以改变刨刀行程的大小，当然行程速比系数 K 也就随之改变了。

实训与练习

3-1　平面四杆机构的组装与工作特性验证实验

1）在实验室用杆件组装出铰链四杆机构的三种基本形式，并验证：周转副存在条件；曲柄存在条件；基本类型的判别方法。

2）在实验室的机构搭接台架上，组装曲柄摇杆机构、曲柄滑块机构、摆动导杆机构等典型四杆机构，在电动机驱动下使其缓慢运转，观察并验证其急回运动特性、传动角的变化及死点位置等；改变构件长度，观察以上特性的变化。

3）测绘所组装机构的运动简图，作出极限位置和最小传动角位置，求出速比系数。

3-2　设计一曲柄压力机中的曲柄滑块机构。设冲头的行程为 $s=100\text{mm}$，行程速比系数 $K=1.3$，许用传动角 $[\gamma]=45°$。试选择机构形式，确定构件的运动尺寸。

3-3　加热炉炉门启闭机构设计

图 3-47a 所示为一加热炉炉门关闭（图中实线所示）和开启（图中双点画线所示）时的位置示意图。炉门开启时，温度较低的一面朝上，温度高的一面则朝下。试设计一平面连杆机构作为炉门的启闭机构（见图 3-47b），以实现炉门的手动关闭和开启。由于炉门和炉体自身结构的限制，活动铰链初定在炉门上的 B、C 两点位置，固定铰链初定在炉体 OO 线上。

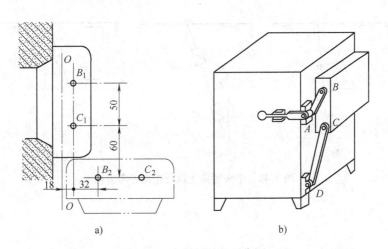

a)　　　　　　　　　　　b)

图 3-47　加热炉炉门示意图

3-4　牛头刨床横向进给机构中的曲柄摇杆机构设计

如图 3-48 所示，牛头刨床横向进给系统由曲柄摇杆机构、可换向棘轮机构和螺旋机构组成。曲柄 1 连续转动，通过连杆 2 使摇杆 3 往复摆动。摇杆逆时针摆动时（刨刀空回行程），棘爪 4 推动棘轮 5 和丝杠 6 转过一个角度，使螺母 7 和工作台 8 移动一个导程；摇杆 3 顺时针摆动时（刨刀切削行程），棘爪 4 在棘轮 5 齿顶上滑过，棘轮不动，工作台 6 保持静止。调节曲柄 AB 的长度可改变摇杆的摆角，从而控制最大进给量。

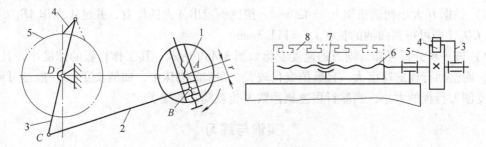

图 3-48　牛头刨床横向进给系统

假设已初定摇杆长度 $l_{CD} = 150\text{mm}$，摇杆的最小摆角 $\psi_{\min} = 30°$，最大摆角 $\psi_{\max} = 50°$，行程速比系数 $K = 1.2$，许用传动角 $[\gamma] = 40°$。试确定曲柄的最小长度和最大长度、连杆和机架的长度。

3-5　牛头刨床主执行机构的设计

设已知刨刀的行程 $s = 400\text{mm}$；为提高生产效率，刨刀往复运动时应具有急回特性，行程速比系数 $K = 1.4$；机构应具有良好的传力性能。试选择机构的形式（参考方案见图 3-49），并确定各构件的运动尺寸。

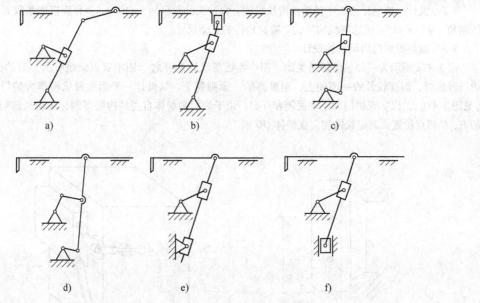

图 3-49　牛头刨床主执行机构参考方案

第四章 凸轮机构

【案例导入】

图 4-1 所示为一压力机的冲压机构和送料机构的运动示意图。冲压机构是由曲柄 1、连杆 2、冲头 3 和机架 6 组成的对心曲柄滑块机构;送料机构是由凸轮 4、从动件 5 和机架 6 组成的凸轮机构。当冲头 3 下行时,凸轮 4 通过从动件 5 将料仓中的坯料 7 推送到待冲压位置,同时将前一个成品推走;当冲头 3 上行时,从动件 5 在弹簧恢复力的作用下返回原位,准备下一次送料。依次循环,自动完成冲压和送料动作。现设推送坯料的最大距离为 100mm,试设计该送料凸轮机构。

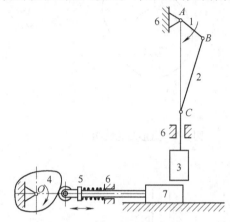

图 4-1 压力机运动示意图

【初步分析】

在该压力机中,为了实现自动冲压和送料动作,冲头 3 和从动件 5 之间有运动协调要求,这主要靠曲柄与凸轮之间的运动联系以及凸轮廓线的形状来满足。

凸轮机构由凸轮、从动件、机架三个基本构件组成。其主要优点是只要适当地设计凸轮的轮廓曲线,就可以使从动件获得各种预期的运动规律,而且结构简单紧凑。主要缺点是凸轮与从动件之间为点、线高副接触,易磨损。因此,凸轮机构广泛应用于各种机械,特别是以传递运动为主的自动机械和自动控制装置中。本章主要介绍凸轮机构的类型、从动件的常用运动规律以及凸轮廓线的设计。

第一节 凸轮机构的类型和应用

凸轮机构的类型繁多,其分类方法如下:

1. 按凸轮形状分类

(1) 盘形凸轮 如图 4-2 所示,凸轮 1 呈盘状,绕固定轴线转动,具有变化的向径。它是凸轮的基本形式,结构简单,应用最广。图 4-3 所示为一内燃机的配气凸轮机构,当凸轮 1 回转时,其轮廓迫使从动件 2(即气阀)上下移动,从而使阀门有规律地开启和关闭。

(2) 移动凸轮 如图 4-4 所示,凸轮呈板状,做往复直线移动,它可以看成是转轴在无穷远处的盘形凸轮的一部分。图 4-5 是利用靠模法车削手柄的移动凸轮机构,凸轮 1 作为靠模被固定在床身上,从动件滚轮 2 在弹簧作用下与凸轮轮廓紧密接触,当拖板 3 横向移动时，和从动件相连的刀尖便走出与凸轮轮廓相同的轨迹，因而切削出手柄的外形。

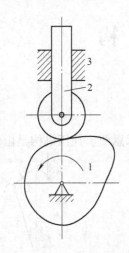

图4-2　盘形凸轮机构

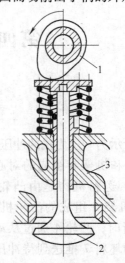

图4-3　内燃机配气机构

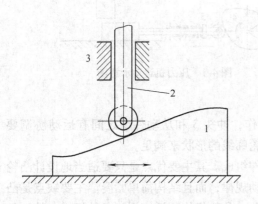

图4-4　移动凸轮机构

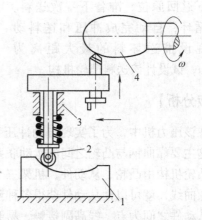

图4-5　靠模车削机构

（3）圆柱凸轮　如图4-6所示，凸轮呈圆柱状，绕固定轴线转动，并且具有曲线凹槽，它可以看成是将移动凸轮卷在圆柱体上形成的。圆柱凸轮机构是一种空间凸轮机构。图4-7所示为一自动车床的进给机构。当圆柱凸轮1等速转动时，其凹槽的侧面迫使从动件2绕轴O按一定规律往复摆动，再通过扇形齿轮与齿条的啮合传动，使刀架3按一定规律运动。

2. 按从动件的端部形状分类

（1）尖顶从动件　如图4-8a、d所示，它的结构最简单，但因尖顶与凸轮是点接触，易磨损，故只适用于低速和轻载场合，如仪表等机构中。

（2）滚子从动件　如图4-8b、e所示，从动件的端部装有可自由回转的滚子，以减小摩擦和磨损。它能传递较大的力，应用较广泛。

（3）平底从动件　如图4-8c、f所示，从动件的端部为一平面，它与凸轮的接触区易形成油膜，润滑好，且机构的传动角恒等于90°，故传动平稳，效率高，常用于高速场合。

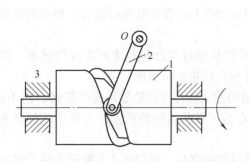

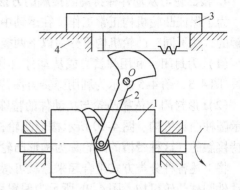

图 4-6　圆柱凸轮机构　　　　　　　　图 4-7　自动车床进刀机构

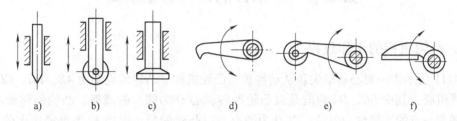

图 4-8　从动件的端部形状

3. 按从动件的运动形式分类

（1）移动从动件　如图 4-8a、b、c 所示，从动件做往复移动。若其导路轴线通过凸轮的回转中心，称为对心移动从动件盘形凸轮机构（见图 4-9a），否则称为偏置移动从动件盘形凸轮机构（见图 4-9b），偏距用 e 表示。

（2）摆动从动件　如图 4-8d、e、f 所示，从动件做往复摆动。图 4-6 所示圆柱凸轮机构为滚子摆动从动件。

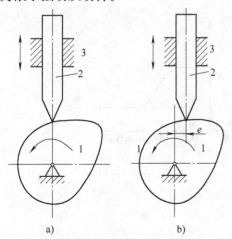

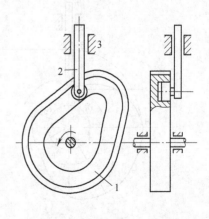

图 4-9　移动从动件盘形凸轮机构　　　　　图 4-10　槽形凸轮机构

4. 按凸轮与从动件保持高副接触的方法分类

为了保证凸轮机构正常工作，在运动中必须使从动件与凸轮始终保持接触。根据其保持接触的方法不同，凸轮机构可分为以下两类：

（1）力封闭　利用弹簧力或从动件自身重力等使从动件与凸轮轮廓始终保持接触。图4-1、图4-3、图4-5所示为利用弹簧力保持从动件与凸轮轮廓接触的实例。

（2）形封闭　依靠凸轮与从动件的特殊几何结构使从动件与凸轮始终保持接触。图4-6所示圆柱凸轮机构、图4-10所示槽形凸轮机构，均是依靠凸轮凹槽两侧面与滚子的配合来保持接触的，这种带槽的凸轮称为槽形凸轮。

将上述各种分类方式组合起来，就可得到凸轮机构的名称。例如图4-6所示为滚子摆动从动件圆柱凸轮机构。图4-9b所示为偏置移动尖顶从动件盘形凸轮机构。

第二节　从动件的常用运动规律

一、凸轮机构的工作过程

图4-11所示为一对心移动尖顶从动件盘形凸轮机构。凸轮的轮廓由 AB、BC、CD 及 DA 四段曲线组成，其中 BC、DA 两段是以凸轮回转轴心 O 为圆心的圆弧。凸轮回转轴心 O 与轮廓上任意一点的连线称为向径，以 O 为圆心，以凸轮的最小向径 r_b 为半径所作的圆称为基圆，r_b 称为基圆半径。从动件与凸轮在 A 点接触时，凸轮上 A 点的向径最小，从动件处于最低位置。当凸轮以等角速度 ω 顺时针转动、从动件与凸轮在 AB 段接触时，凸轮的向径将由最小变为最大，从动件将由最低位置 A 被推到最高位置 B'，从动件的这一运动过程称为推程，而相应的凸轮转角 δ_t 称为推程运动角，距离 $\overline{AB'}$ 即为从动件的最大位移，称为升程或行程，用 h 表示。凸轮继续转动，当从动件与凸轮在 BC 段接触时，由于凸轮的最大向径保持不变，所以从动件将处于最高位置而静止不动，这一过程称为远休止，与之相应的凸轮转角 δ_s 称为远休止角。而后，当从动件与凸轮在 CD 段接触时，凸轮的向径由最大变为最

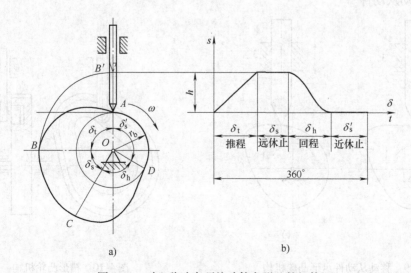

a)　　　　　　　　　　　　b)

图4-11　对心移动尖顶从动件盘形凸轮机构

小，从动件由最高位置又回到最低位置，从动件的这一运动过程称为回程，相应的凸轮转角 δ_{h} 称为回程运动角。最后，当从动件与凸轮在 DA 段接触时，由于 DA 段凸轮的最小向径保持不变，所以从动件将处于最低位置而静止不动，此一过程称为近休止，与之相应的凸轮转角 δ'_{s} 称为近休止角。凸轮再继续转动时，从动件又重复上述过程。

所谓从动件的运动规律，是指从动件在运动时，其位移 s、速度 v、加速度 a 随时间 t 或凸轮转角 δ 的变化规律。从动件的运动规律可以用运动方程或运动线图表示，例如图 4-11b 所示即为从动件的位移 s 随凸轮转角 δ 变化的运动线图。

从以上分析可知，从动件的运动规律与凸轮廓线的形状是相互对应的。设计凸轮机构时，首先应根据工作要求确定从动件的运动规律，然后按照这一运动规律设计凸轮的轮廓曲线。

二、从动件的常用运动规律

凸轮机构中，从动件的运动规律是由机器的工作要求决定的，要求不同，从动件的运动规律则不同。以下介绍三种常用的运动规律。

1. 等速运动规律

当凸轮以等角速度 ω 转动时，从动件在推程或回程中作等速运动，称之为等速运动规律。图 4-12 所示为从动件在推程中作等速移动时，其位移、速度和加速度随时间变化的曲线。

由图 4-12 可见，从动件在运动起始和终止位置时，由于速度突然改变，其瞬时加速度趋于无穷大，因而产生无穷大的惯性力（实际上由于材料存在弹性变形，惯性力不可能达到无穷大），使凸轮机构受到强烈冲击，这种冲击称为刚性冲击。因此，等速运动规律只适用于低速、轻载场合。在实际应用时，为了避免刚性冲击，常将这种运动规律的运动开始和终止的两小段加以修正，使速度逐渐增高和逐渐降低。

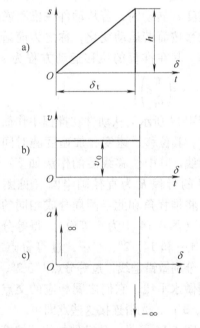

图 4-12　等速运动线图

2. 等加速等减速运动规律

当凸轮以等角速度 ω 转动时，从动件在推程或回程的前半行程中作等加速运动，在后半行程中作等减速运动，称之为等加速等减速运动规律。通常两加速度的绝对值相等。图 4-13 所示为从动件在推程中作等加速等减速运动时，其位移、速度和加速度随时间变化的曲线。

由物理学可知，初速度为零的物体作等加速运动时，其位移曲线为一抛物线，方程为 $s = at^2/2$。故当时间为 $1:2:3\cdots$ 时，其对应位移之比为 $1:4:9\cdots$。因此，等加速段抛物线可按如下方法画出：将前半推程角 $\delta_{\mathrm{t}}/2$ 和前半行程 $h/2$ 分成相同的若干等份（图 4-13 中为 3 等份），得等分点 1、2、3 和 1'、2'、3'；再将原点 O 分别与等分点 1'、2'、3' 相连，并过等分点1、2、3分别作铅垂线，该两组直线对应相交，光滑连接这些交点即可。等减速段的位移线图也是一段抛物线，它与等加速段抛物线相对 O' 中心对称，开口相反，利用对称关系即可作出。

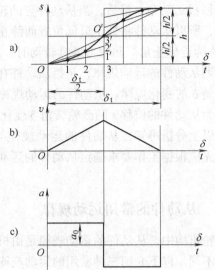

由图4-13可见，其速度线图为一连续的折线，而加速度在运动起始位置、行程中点和终止位置存在有限突变，必引起惯性力的突变而产生冲击，这种由有限惯性力引起的冲击称为柔性冲击。因此，等加速等减速运动规律适用于中、低速场合。

3. 简谐运动规律

当一质点在圆周上作匀速运动时，该点在这个圆直径上的投影所构成的运动，称为简谐运动。在凸轮机构中，当凸轮以等角速度 ω 转动时，若从动件在推程或回程的位移按简谐运动变化，称之为简谐运动规律。其在推程的位移运动方程为 $s = h/2\left[1 - \cos\left(\dfrac{\pi}{\delta_t}\delta\right)\right]$。

图4-14所示为从动件在推程中作简谐移动时，其位移、速度和加速度随时间变化的曲线。其中位移线图的作法如下：以从动件的行程 h 为直径画半圆（见图4-14a），将推程角和此半圆周分成相同的若干等份（图4-14中为6等份），得等分点1、2、3…和 $1''$、$2''$、$3''$…；过等分点1、2、3…分别做铅垂线，过等分点 $1''$、$2''$、$3''$…分别做水平线，它们之间相应的交点为 $1'$、$2'$、$3'$…，光滑连接这些点即可。

图4-13　等加速等减速运动线图

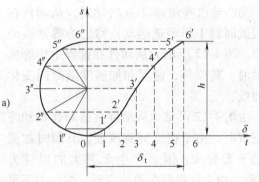

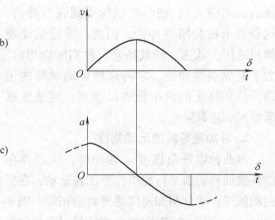

由图4-14可见，从动件的位移按简谐运动变化时，其速度按正弦曲线变化，其加速度按余弦曲线变化，故该规律又称为余弦加速度运动规律。从动件在运动起始和终止位置的加速度存在有限突变，会产生柔性冲击，故简谐运动规律也适用于中速场合。但当从动件作无停歇的升—降—

图4-14　简谐运动线图

升连续往复运动时，其加速度按余弦曲线连续变化，此时可用于较高速度的传动。

除以上三种运动规律外，从动件的常用运动规律还有摆线运动规律、复杂多项式运动规律及改进运动规律等。这些运动规律的方程式均可从设计手册中查取。

第三节 凸轮廓线的设计

根据工作要求，合理地选择从动件的运动规律、凸轮机构的形式、凸轮的基圆半径等基本尺寸和转向后，就可以进行凸轮廓线设计了。凸轮廓线设计的方法有图解法和解析法。图解法比较直观，概念清晰，但作图误差大，适用精度要求较低的凸轮。解析法是列出凸轮廓线方程，通过计算求得廓线上一系列点的坐标值。解析法适宜在计算机上进行，并在数控机床上加工凸轮轮廓。这两种设计方法的基本原理相同，本章主要介绍图解法。

一、凸轮廓线设计的基本原理

当凸轮机构工作时，凸轮和从动件都是运动的，而绘制凸轮廓线时，应使凸轮相对图纸静止。如图 4-15a 所示为一对心移动尖顶从动件盘形凸轮机构，当凸轮以等角速度 ω 绕轴心 O 逆时针转动时，将推动从动件运动。图 4-15b 所示为凸轮回转 φ 角时，推杆上升至位移 s 的瞬时位置。假设给整个凸轮机构附加一个与凸轮角速度 ω 大小相等、方向相反的公共角速度 "$-\omega$"，使其绕凸轮轴心 O 转动。根据相对运动原理可知，这时凸轮与推杆之间的相对运动关系不变，但此时凸轮将静止不动，而从动件连同原机架一起将以 "$-\omega$" 的角速度绕 O 点转动，同时又按原定运动规律相对于机架导路作往复移动。由图 4-15c 可见，推杆在复合运动中，其尖顶始终与凸轮轮廓线接触，故从动件尖顶的运动轨迹就是该凸轮的廓线。

由以上分析可知，设计凸轮廓线时，可假定凸轮静止不动，使从动件连同其导路相对于凸轮作反转运动，同时又在其导路内作预期的往复移动，这种设计凸轮廓线的方法称为 "反转法"。根据这一原理便可作出凸轮廓线。

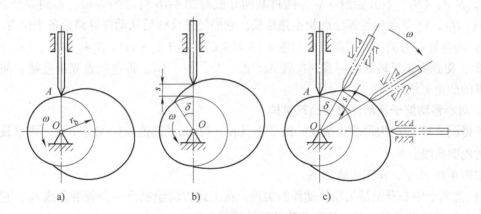

图 4-15 凸轮廓线设计的反转法原理

二、用图解法设计凸轮廓线

1. 对心移动尖顶从动件盘形凸轮机构

设已知凸轮顺时针等速转动，基圆半径 $r_b = 50\text{mm}$，从动件的运动规律如下表所示。要求设计该凸轮廓线。

凸轮转角 δ	0～90°	90°～150°	150°～240°	240°～360°
从动件运动规律	等速上升45mm	停止不动	等加速等减速返回	停止不动

该凸轮廓线设计步骤如下：

1）如图 4-16 所示，选取长度比例尺 $\mu_L=1:3$，角度比例尺 $\mu_\delta=4°/mm$，按给定的运动规律绘制从动件的位移线图，并将推程和回程段的横坐标各分成若干等份（图 4-16 中为各6 等份），得等分点 1、2、…、13，对应的位移为 $11'$、$22'$、…、$1313'$。

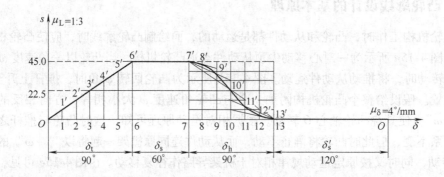

图 4-16　从动件位移线图

2）如图 4-17 所示，按同一长度比例尺，以 r_b 为半径画出基圆，此基圆与从动件导路的交点 A_0 便是从动件尖顶的起始位置。

3）从 A_0（B_0）点开始沿 $-\omega$ 方向将基圆分成与图 4-16 对应的等份，得到等分点 B_1、B_2、…、B_{13}，将 O 点与各等分点相连并延长，它们便是反转后从动件导路的各个位置。

4）沿各导路方向从基圆起量取与图 4-16 对应的位移 $\overline{B_1A_1}=11'$、$\overline{B_2A_2}=22'$、…、$\overline{B_{13}A_{13}}=1313'$，得到尖顶反转后的一系列位置 A_0、A_1、A_2、…、A_{13}。将这些点光滑连接，便得到所要求的凸轮廓线。

2. 对心移动滚子从动件盘形凸轮机构

若将图 4-17 中的尖顶改为滚子，滚子半径 $r_T=12mm$，其他条件保持不变，要求设计该凸轮的轮廓曲线。

如图 4-18 所示，作图步骤如下：

1）把滚子中心看做是尖顶从动件的尖顶，按上述方法绘制出一条轮廓曲线 β_0，它是滚子中心在反转运动中的轨迹，称为凸轮的理论廓线。

2）以理论廓线 β_0 上各点为圆心，以滚子半径 r_T 为半径作一系列滚子圆，再作这些滚子圆的包络线 β，它与滚子直接接触，称为凸轮的实际廓线。该方法称为包络法。

从以上作图过程可知，滚子从动件凸轮机构中，凸轮的基圆半径是指其理论廓线的最小向径，如图 4-18 所示的 r_b。理论廓线 β_0 与实际廓线 β 是法向等距曲线，它们之间的法向距离为滚子半径 r_T。

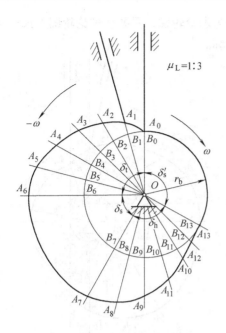

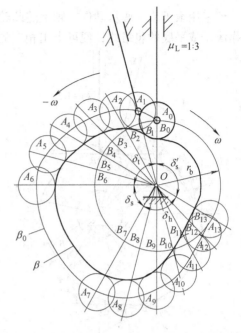

图 4-17 对心移动尖顶从动件
盘形凸轮廓线设计

图 4-18 对心移动滚子从动件
盘形凸轮廓线设计

3. 对心移动平底从动件盘形凸轮机构

若将图 4-17 中的尖顶改为平底（平底与导路垂直），其他条件保持不变，要求设计该凸轮廓线。

如图 4-19 所示，根据反转法，作图步骤如下：

1）将平底与导路中心线的交点 A_0 视为尖顶从动件的尖顶，按设计尖顶从动件凸轮廓线的方法，作出理论廓线上的一系列点 A_1、A_2、$\cdots$、A_{13}。

2）过 A_0、A_1、A_2、$\cdots$、A_{13} 各点作出与径向线垂直的平底直线（为保证凸轮廓线上任意一点都能与平底相切，平底要画的足够的长），然后作这些平底的包络线，即得到凸轮的实际轮廓线。

4. 偏置移动尖顶从动件盘形凸轮机构

若将图 4-17 中的对心移动从动件改为偏置移动从动件，凸轮转轴 O 在左，从动件导路在右，偏距 $e = 15\text{mm}$，其他条件保持不变，要求设计该凸轮廓线。

如图 4-20 所示，根据反转法，作图步骤如下：

1）根据基圆半径 r_b、偏距 e 分别画出基圆和从动件导路，两者的交点 A_0 便是从动件尖顶的起始位置。

2）按反转法作出基圆上的等分点 B_1、B_2、$\cdots$、B_{13}。

3）以 O 为圆心、偏距 e 为半径作圆，该圆称为偏距圆。

4）过基圆上各分点 B_1、B_2、$\cdots$、B_{13} 作偏距圆的切线，这些切线即为从动件导路在反转过程中的位置。沿各导路方向从基圆起量取与图 4-16 对应的位移 $\overline{B_1A_1} = 11'$、$\overline{B_2A_2} = 22'$、$\cdots$、$\overline{B_{13}A_{13}} = 1313'$，得到尖顶反转后的一系列位置 A_0、A_1、A_2、$\cdots$、A_{13}。将这些点光滑连接，便得到所要求的凸轮廓线。

若采用滚子或平底从动件，则上述凸轮廓线即为理论轮廓，只要在理论轮廓上选一系列点作滚子或平底的包络线，便可求出相应的实际轮廓。

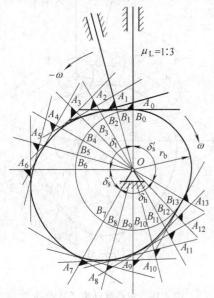
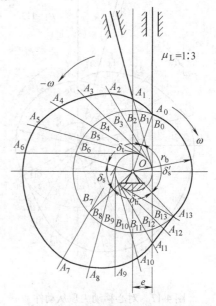

图 4-19　对心移动平底从动件　　　　　　　图 4-20　偏置移动尖顶从动件
　　　　盘形凸轮廓线设计　　　　　　　　　　　　盘形凸轮廓线设计

5. 摆动尖顶从动件盘形凸轮机构

设已知凸轮基圆半径 $r_b = 30\text{mm}$，凸轮轴心与从动件轴心的中心距为 $l_{OA} = 75\text{mm}$，摆动从动件的长度为 $l_{AB} = 60\text{mm}$。凸轮逆时针等速转动，从动件的运动规律如下表所示。要求设计该凸轮廓线。

凸轮转角 δ	0 ~ 180°	180° ~ 300°	300° ~ 360°
从动件运动规律	简谐上摆30°	等加速等减速返回	停止不动

设给整个机构附加一公共角速度 $-\omega_1$，结果凸轮不动而摆动从动件一方面随机架以角速度 $-\omega_1$ 绕凸轮轴心 O 回转，同时又绕 A 摆动。该凸轮廓线设计步骤如下：

1）如图 4-21a 所示，选取凸轮转角比例尺 $\mu_\delta = 5°/\text{mm}$、从动件摆角比例尺 $\mu_\varphi = 2°/\text{mm}$，按给定的运动规律绘制从动件的角位移线图。将推程和回程段的横坐标分成适当等份（图 4-21中为 10 等份），量出各等分点对应的位移，并按比例尺 μ_δ 将其换算为角度列入表中备用。

2）如图 4-21b 所示，选取长度比例尺 $\mu_L = 1:3$，以 O 为圆心，以 r_b、l_{OA} 为半径分别作出基圆和中心圆。以 A_0 为圆心，以摆杆长度 l_{AB} 为半径作圆弧交基圆于 B_0 点，连接 A_0B_0 即为摆杆的起始位置，角 $\varphi_0 = \angle OA_0B_0 = 26°$，称为摆杆的起始角。自 A_0 开始沿 $-\omega_1$ 方向将中心圆的圆周分为与横坐标相对应的等份，得到径向线 OA_1、OA_2、…、OA_{10}，这些线即为机架 OA_0 在反转过程中依次所占的位置。

3）根据图 4-21a 表中所列各等分点的角位移，画出摆杆的一系列位置 A_1B_1、A_2B_2、…、$A_{10}B_{10}$，使 $\angle OA_1B_1 = \varphi_0 + \varphi_1 = 28°$、$\angle OA_2B_2 = \varphi_0 + \varphi_2 = 31°$、…、$\angle OA_{10}B_{10} = \varphi_0 = 26°$，得到 B_0、B_1、B_2、…、B_{10} 点，将这些点光滑连接，便得到凸轮的廓线。

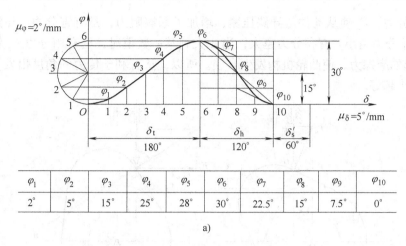

φ_1	φ_2	φ_3	φ_4	φ_5	φ_6	φ_7	φ_8	φ_9	φ_{10}
2°	5°	15°	25°	28°	30°	22.5°	15°	7.5°	0°

a)

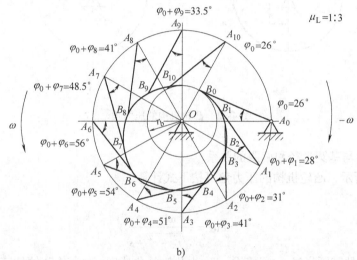

b)

图 4-21　摆动尖顶从动件盘形凸轮廓线设计

若采用滚子或平底从动件,则上述凸轮廓线即为理论轮廓,只要在理论轮廓上选一系列点作滚子或平底的包络线,便可求出相应的实际轮廓。

第四节　凸轮机构基本尺寸的确定

凸轮机构的基本尺寸包括基圆半径、滚子半径、偏距和平底长度等,确定它们的大小要考虑机构的传力性能、外廓尺寸等多种因素。

一、凸轮机构的压力角

(1)压力角与自锁　在图 4-22 所示的偏置移动尖顶从动件盘形凸轮机构中,凸轮与从动件在 B 点接触。当不考虑摩擦时,凸轮作用在从动件上的驱动力 F_n,将沿着接触点 B 处凸轮廓线的法线 n-n 方向,力 F_n 与从动件速度 v 之间所夹的锐角 α,称为凸轮机构的压力角。将 F_n 分解为水平分力 F_x 和垂直分力 F_y,$F_x = F_n\sin\alpha$,$F_y = F_n\cos\alpha$。F_y 推动从动件运动，是有用分力，F_x 使从动件与导路压紧，增加了摩擦阻力，是有害分力。显然，压力角 α 越大，有用分力越小，有害分力越大，当 α 大到某一数值时，则有用分力 F_y 将小于有害分力 F_x 引起的摩擦力，使凸轮机构发生自锁。所以，从有利于传力的角度出发，凸轮机构的压力角越小越好。

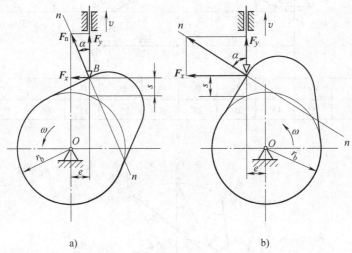

图 4-22   凸轮机构的压力角

（2）压力角与基圆半径和偏距的关系

如图 4-22 所示，凸轮机构的压力角可按下式计算

$$\tan\alpha = \frac{\dfrac{v}{\omega} \mp e}{\sqrt{r_b^2 - e^2} + s} \tag{4-1}$$

式中，r_b 为凸轮的基圆半径；e 为偏距；ω 为凸轮的角速度；v 为从动件的速度；s 为从动件的位移。分子中偏距 e 前面的符号 $\mp$ 规定为：若凸轮逆时针方向转动，则当从动件导路偏在右侧时（见图 4-22a），推程取 – 号，回程取 + 号；偏在左侧时（见图 4-22b），推程取 + 号，回程取 – 号。若凸轮顺时针方向转动，则符号的取法与上述相反。其中，推程中偏距 e 前取 – 号时，称为正偏置；取 + 号时则称为负偏置。可总结为"逆右顺左为正偏，逆左顺右为负偏"。

当从动件的运动规律给定后，对应于凸轮某一转角 δ 的 v、ω、s 均为定值。由式（4-1）可知，增大基圆半径可减小压力角，改善机构的传力性能，但凸轮的外廓尺寸也将增大；采用正偏置可减小推程的压力角，但会增大回程的压力角，故偏距取值不能太大。

综上所述，为了避免自锁，并使机构具有良好的传力性能，但又不致凸轮的尺寸过大，应合理地限制压力角的大小。一般来说，凸轮廓线上不同点处的压力角是不同的，应限制其最大压力角 α_{max} 不得超过某一许用压力角 $[\alpha]$，即 $\alpha_{max} \leqslant [\alpha]$。通常规定：在推程时，对于移动从动件 $[\alpha] = 30°$，对摆动从动件 $[\alpha] = 35° \sim 45°$；在回程时 $[\alpha] = 70° \sim 80°$。

凸轮机构的最大压力角 α_{max} 一般出现在理论廓线上较陡或从动件速度较大的轮廓附近。在用作图法校核压力角时，可在此处选若干个点，然后按反转法作出这些点的压力角，检验其是否满足要求。如果最大压力角超过了许用值，则应适当加大凸轮的基圆半径，重新设计凸轮廓线。若不便加大凸轮尺寸时，可用偏置的办法重新设计凸轮廓线。

二、滚子半径与平底长度的选择

1. 滚子半径的选择

当采用滚子从动件时，若滚子半径选择不当，从动件将不能准确地实现预期的运动规律，称此现象为运动失真。凸轮理论廓线形状一定时，滚子半径对实际廓线形状的影响，通常用实际廓线的最小曲率半径来反映。如图 4-23a、b、c 所示，凸轮理论廓线 β_0 为同一段外凸的曲线，设它的最小曲率半径为 ρ_{0min}，滚子半径为 r_T，则凸轮实际廓线 β 上的最小曲率半径为 $\rho_{min}=\rho_{0min}-r_T$。当 $r_T<\rho_{0min}$，$\rho_{min}>0$，实际廓线 β 为一光滑曲线（见图 4-23a）；当 $r_T=\rho_{0min}$，$\rho_{min}=0$，实际廓线变尖（见图 4-23b）；当 $r_T>\rho_{0min}$，$\rho_{min}<0$，实际廓线出现了交叉现象（见图 4-23c）。由于实际廓线的尖点部分在工作中容易被磨掉，而廓线的交叉部分在加工时将被直接切削掉，所以这两种情况都会导致从动件不能准确地实现预期的运动规律，从而造成运动失真。

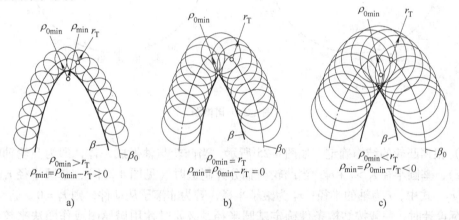

图 4-23　滚子半径对实际廓线的影响

因此，为了避免运动失真，必须保证 $\rho_{min}>0$，亦即 $r_T<\rho_{0min}$，一般取 $r_T \leqslant 0.8\rho_{0min}$。另一方面，滚子的尺寸还受其强度、结构的限制，因而也不能做得太小，通常取滚子半径 $r_T=(0.1\sim0.5)r_b$，其中 r_b 为凸轮的基圆半径。当出现矛盾时，可增大基圆的半径，重新设计凸轮廓线。

若凸轮理论廓线上某段为内凹的曲线时，其对应的实际廓线上的最小曲率半径 $\rho_{min}=\rho_{0min}+r_T>0$，无论滚子半径如何变化，实际廓线都是光滑连续的。

2. 平底长度的选择

对于平底从动件，必须选取足够的平底长度，以保证平底始终能与凸轮轮廓相切。在用作图法设计时，平底的最小长度可通过观察测量得到。

三、凸轮基圆半径的确定

基圆半径 r_b 是凸轮机构的主要参数，其大小对凸轮机构的传力性能、外廓尺寸、强度及从动件运动规律的准确实现等都有重要影响。确定基圆半径的大小，有下面两种方法：

（1）根据诺模图确定　工程上，根据基圆半径与压力角的关系，借助计算机求出了最大压力角与基圆半径的对应关系，并绘制成了诺模图。图 4-24 所示为用于对心移动滚子从动件盘形凸轮机构的诺模图。例如，当要求凸轮转过推程运动角 $\delta = 45°$ 时，从动件按简谐运动规律上升，其升程 $h = 14\text{mm}$，并限定凸轮机构的最大压力角等于许用压力角，$\alpha_{max} = 30°$，可利用图 4-24b 给出的诺模图定出凸轮的基圆半径 r_b。方法是把图中 $\alpha_{max} = 30°$ 和 $\delta = 45°$ 的两点以直线相连，交简谐运动规律的标尺（h/r_b 线）于 0.35 处。于是根据 $h/r_b = 0.35$ 和 $h = 14\text{mm}$，即可求得凸轮的基圆半径 $r_b = 40\text{mm}$。

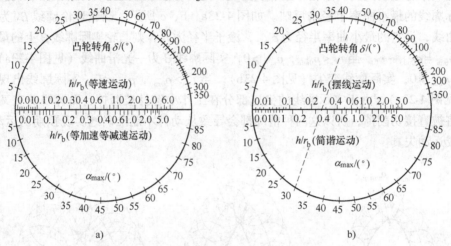

图 4-24　诺模图

（2）根据凸轮的结构确定　如图 4-25 所示，当凸轮与轴做成一体，即为凸轮轴时（见图 4-25a），基圆半径 $r_b > r + r_T$；当凸轮与轴分开制造时（见图 4-25b），基圆半径 $r_b \geqslant (1.6 \sim 2)r + r_T$。式中，$r$ 为轴的半径；r_T 为滚子半径，若为非滚子从动件，则 $r_T = 0$。

实际设计时，一般按结构条件确定基圆半径，必要时才用诺模图或作图法来校核压力角。

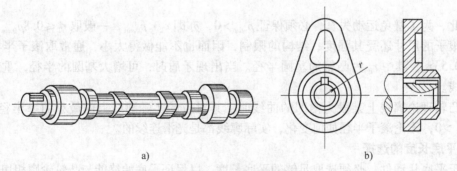

图 4-25　凸轮的结构

【案例分析】

问题回顾　设计图 4-1 所示压力机中的送料凸轮机构。已知从动件的行程为 100mm，要求选择凸轮机构的类型、选择从动件的运动规律；选择基本尺寸；设计凸轮廓线。

解 （1）选择凸轮机构的类型 因为推力不大，速度不高，故选择对心移动滚子从动件盘形凸轮机构。并采用弹簧力来保持从动件与凸轮的接触。

（2）选择从动件的运动规律 考虑到送料机构只对从动件的工作行程有要求，而对运动规律无特别要求，工作速度又低。故推程和回程的运动规律的选择有很大的灵活性，是否有休止过程均可。这里在推程和回程均选择等速运动规律（也可选择简谐运动规律），推程角和回程角均为180°，不需要远休止，也不需要近休止。

（3）选择凸轮机构的基本尺寸 根据推程角 $\delta_t = 180°$、行程 $h = 100\text{mm}$、等速运动规律、最大压力角 $\alpha_{max} = 30°$，查图4-24a诺模图，得凸轮的基圆半径 $r_b = 50\text{mm}$。考虑滚子的结构，初选滚子的半径 $r_T = 12.5\text{mm}$。

（4）绘制从动件的位移曲线图 如图4-26a所示。

（5）绘制凸轮廓线 按前述方法，绘制凸轮的理论廓线和实际廓线，如图4-26b所示。可以看出，凸轮的实际廓线是光滑连续的，说明所选滚子半径合适。

需要说明的是，为了协调工作，该压力机冲头与凸轮机构中的从动件的运动周期应相同。在冲头下行与坯料接触之前，送料机构应将坯料提前送到待冲压位置，也就是说，冲头和从动件并不是同时到达各自极限位置的。这点主要靠调整凸轮在轴上的安装角来保证。

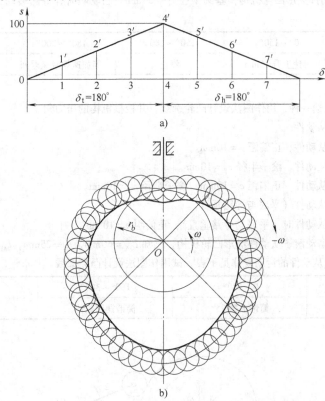

图4-26 送料凸轮廓线设计

实训与练习

4-1 图4-27所示为一对心移动滚子从动件盘形凸轮机构，凸轮的实际廓线是一半径为 R、圆心为 C 的圆盘。要求在图上画出：凸轮的理论廓线；凸轮的基圆 r_b；从动件的行程 h；当前位置从动件的位移 s 和压

力角 α；凸轮从图示位置继续转过 60°时从动件的位移 s' 和压力角 α'。

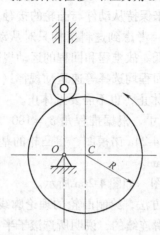

图 4-27　对心移动滚子从动件盘形凸轮机构

4-2　有一移动从动件盘形凸轮机构，基圆半径 $r_b = 30$mm。凸轮顺时针等速转动，从动件的运动规律见下表。

凸轮转角 δ	0°~150°	150°~180°	180°~300°	300°~360°
从动件运动规律	等速上升 16mm	停止	等加速等减速返回	停止

在以下从动件中任选一种，用作图法设计凸轮廓线，并校核机构的压力角。

1）对心移动尖顶从动件。

2）偏置移动尖顶从动件，正偏距 $e = 10$mm。

3）对心移动滚子从动件，滚子半径 $r_T = 10$mm。

4）偏置移动滚子从动件，正偏距 $e = 10$mm，滚子半径 $r_T = 10$mm。

5）对心移动平底从动件（平底与导路垂直）。

6）偏置移动平底从动件时（平底与导路垂直），正偏距 $e = 10$mm。

4-3　图 4-28 所示摆动滚子从动件盘形凸轮机构，已知 $l_{OA} = 60$mm，$r_b = 25$mm，$l_{AB} = 50$mm，$r_T = 8$mm。凸轮逆时针等速转动，从动件的运动规律见下表。试用作图法设计凸轮廓线。

凸轮转角 δ	0~180°	180°~300°	300°~360°
从动件运动规律	简谐上摆 25°	简谐摆回原位	停止不动

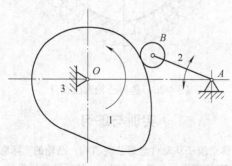

图 4-28　摆动滚子从动件盘形凸轮机构

4-4 专用多头钻床中的进给凸轮机构设计

图 4-29a 所示为一专用三头钻床进给机构的运动示意图；图 4-29b 所示为该钻床加工的零件图。工作时，三个钻头 4 作旋转运动，凸轮 1 驱动工作台 2 和工件 3 向上作轴向进给运动，一次将三个孔全部钻出。工作台的运动规律是：工作台从最低位置快速接近钻头（这段用时 1.5s）；然后提前 3mm 以慢速进给开始钻削台阶上的一个孔，在钻到一定深度时（这段用时 7.8s），另外两个孔以更慢的速度开始进入钻削，直到钻通并越程 3mm（这段用时 9.8s）；钻削完成后，工作台快速退回原位，并停止运动（这段用时 2.5s）；完成零件的拆卸和第二个零件的安装（这段用时 3s），依次循环。设计要求：选择凸轮机构的类型；选择从动件的运动规律；绘制从动件的位移线图和速度线图；确定基圆等基本参数；绘制凸轮廓线，并验证压力角。

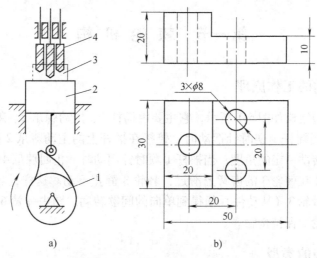

图 4-29 专用三头钻床进给机构

第五章 间歇机构

在机构中,若主动件连续运动,而从动件周期性地时而运动时而停歇,则称此机构为间歇运动机构。间歇运动机构广泛地应用于自动机械之中,其类型很多,本章将简要介绍几种常用间歇机构的工作原理、运动特点及其应用。

第一节 棘 轮 机 构

一、棘轮机构的工作原理

棘轮机构的典型结构如图5-1所示,它主要由摇杆1、主动棘爪2、棘轮3、止回棘爪4和机架5等组成。当摇杆1逆时针摆动时,铰接在摇杆上的主动棘爪2插入棘轮3的齿槽内,推动棘轮同步转动一定的角度;当摇杆1顺时针摆动时,止回棘爪4阻止棘轮3反向转动,此时主动棘爪2在棘轮3的齿背上滑过,棘轮3静止不动。这样,当摇杆1(主动件)连续往复摆动时,棘轮3(从动件)便得到单向的间歇转动。图中弹簧6用来使主动棘爪2和止回棘爪4与棘轮3保持接触。

二、棘轮机构的类型

根据工作原理,棘轮机构可分为啮合式棘轮机构和摩擦式棘轮机构两大类。

1. 啮合式棘轮机构

啮合式棘轮机构的工作原理为啮合原理。按啮合方式,它有外啮合(见图5-1)和内啮合(见图5-2)两种形式。按从动件不同的间歇运动方式,它又有以下的形式:

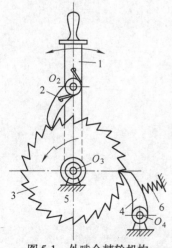

图5-1 外啮合棘轮机构
1—摇杆 2—主动棘爪 3—棘轮
4—止回棘爪 5—机架 6—弹簧

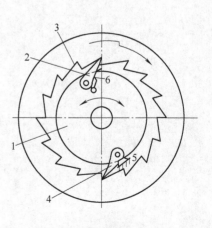

图5-2 内啮合棘轮机构
1—摆盘 2、4—棘爪 3—棘轮
5—机架 6—片弹簧

（1）单向间歇转动　如图5-1、图5-2所示，从动件均作单向间歇转动。

（2）单向间歇移动　如图5-3所示，当主动件1往复摆动时，棘爪2推动棘齿条3作单向间歇移动。

（3）双动式棘轮机构　如图5-4所示，主动摇杆1上装有两个主动棘爪2和2′，摇杆1绕O_1轴来回摆动都能使棘轮3沿同一方向间歇转动，摇杆往复摆动一次，棘轮间歇转动两次。

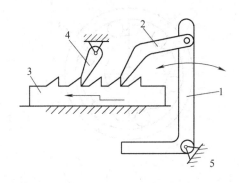

图5-3　移动棘轮机构
1—主动件　2、4—棘爪　3—棘齿条　5—机架

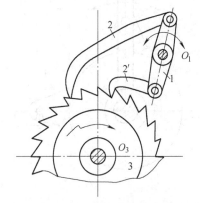

图5-4　双动式棘轮机构
1—主动摇杆　2、2′—主动棘爪　3—棘轮

（4）双向式棘轮机构　如图5-5所示，在图5-5a所示机构中，当棘爪2在实线位置AB时，摇杆1往复摆动，棘轮3逆时针单向间歇转动；当棘爪2绕A轴翻转到双点画线位置AB'时，摇杆1往复摆动，棘轮3顺时针单向间歇转动。在图5-5b所示机构中，当摇杆1往复摆动时，棘爪2与棘轮3右侧齿面接触，棘轮3逆时针单向间歇转动；用手柄提起棘爪2，直至定位销脱出，再将手柄转动180°后放下，使定位销插入另一定位孔，当摇杆1往复摆动时，棘爪2与棘轮3左侧齿面接触，棘轮3将顺时针单向间歇转动。若提起棘爪2转动90°时放下手柄，棘爪将悬空，与棘轮脱离接触，这时当摇杆往复摆动时棘轮保持不动。在双向式棘轮机构中，棘轮一般采用对称齿形。

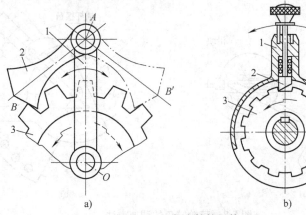

图5-5　双向式棘轮机构
1—摇杆　2—棘爪　3—棘轮

2. 摩擦式棘轮机构

摩擦式棘轮机构的工作原理为摩擦原理。图5-6 所示外接摩擦棘轮机构，当摇杆1往复摆动时，主动棘爪2靠摩擦力驱动棘轮3逆时针单向间歇转动，止回棘爪4靠摩擦力阻止棘轮反转。图5-7 所示为内接摩擦棘轮机构。该类机构棘轮的转角可以无级调节，噪声小，但棘爪与棘轮的接触面间容易发生相对滑动，故运动的可靠性和准确性较差。

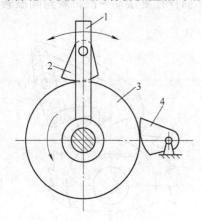

图5-6　外接摩擦棘轮机构
1—摇杆　2—主动棘爪
3—棘轮　4—止回棘爪

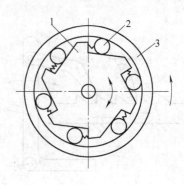

图5-7　内接摩擦棘轮机构
1—星轮　2—滚子　3—外环

三、棘轮转角的调节方法

当需要调节棘轮每次转过的角度时，可采用以下两种方法：

（1）改变摇杆的摆角　图5-8a 所示为由曲柄摇杆机构 *ABCD* 驱动的棘轮机构。通过螺旋调节曲柄 *AB* 或摇杆 *CD* 的长度，可改变摇杆的摆角，从而改变棘轮转角的大小。

（2）在棘轮上安装遮板　图5-8b 所示的棘轮机构，摇杆1 的摆角不变，但在棘轮3 上安装了遮板4，改变插销6 在定位孔中的位置，即可调节摇杆摆程范围内露出的棘齿数，从而改变棘轮3 转角的大小。

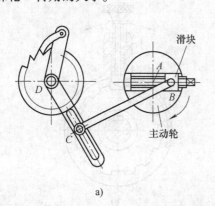

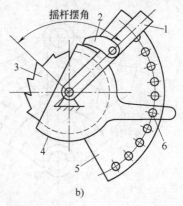

a)　　　　　　　　　　　　b)

图5-8　棘轮转角的调节方法
1—摇杆　2—棘爪　3—棘轮　4—遮板　5—机架　6—插销

四、棘轮机构的特点及应用

啮合式棘轮机构具有结构简单，制造方便，运动可靠，棘轮的转角可调等优点。其缺点是传力小，工作时有较大的冲击和噪声，而且运动精度低。因此，它适用于低速和轻载场合，通常用来实现间歇式送进、制动、超越和转位分度等要求。

图5-9所示为牛头刨床的横向进给机构。它由曲柄摇杆机构（构件1、2、3）、带遮板的可换向棘轮机构（构件4、5）和螺旋机构（构件6、7）串联组成。曲柄1每转动一周，摇杆3往复摆动一次，棘轮5和丝杠6间歇转动一个角度，工作台7间歇横向移动一个很小的距离。通过改变棘爪4在摇杆中的位置，可实现正、反向进给和空进给；通过调节曲柄长度和遮板位置，可以改变进给量的大小，以满足不同的工艺要求。

图5-10所示为自行车后轴上的超越离合机构。后链轮1即是内齿棘轮，它用滚动轴承支承在后轮轮毂2上，两者可相对转动；轮毂2上铰接着两个棘爪4，棘爪用弹簧丝压在棘轮的内齿上。当链轮比后轮转的快时（顺时针），棘轮通过棘爪带动后轮同步转动，即脚蹬的快，后轮就转的快。当链轮比后轮转的慢时，如自行车下坡或脚不蹬时，后轮由于惯性仍按原转向转动，此时，棘爪4将沿棘轮齿背滑过，后轮与后链轮脱开，从而实现了从动件转速超越主动件转速的作用。按此原理工作的离合器称为超越离合器。如图5-7所示内接摩擦棘轮机构即可作为超越离合器使用。

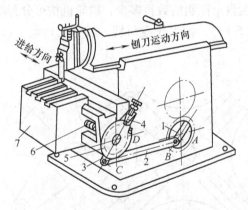

图5-9 牛头刨床横向进给机构
1—曲柄 2—连杆 3—摇杆 4—棘爪
5—棘轮 6—丝杠 7—工作台

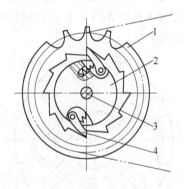

图5-10 自行车超越离合机构
1—后链轮 2—后轮轮毂 3—轴 4—棘爪

第二节 槽 轮 机 构

一、槽轮机构的工作原理

槽轮机构的典型结构如图5-11所示，它由主动拨盘1、从动槽轮2和机架组成。拨盘1匀速转动，当拨盘上的圆销A未进入槽轮的径向槽时，由于槽轮的内凹锁止弧 *efg* 被拨盘的外凸锁止弧 *abc* 卡住，故槽轮不动。图5-11a所示为圆销A刚进入槽轮径向槽时的位置，此时锁止弧 *efg* 也刚被松开，此后，槽轮受圆销A的驱动而转动。当圆销A在另一边离开径向槽时（见图 5-11b），锁止弧 *efg* 又被卡住，槽轮又静止不动，直至圆销 *A* 再次进入槽轮的另一个径向槽时，又重复上述运动。所以，当拨盘连续转动时，槽轮作时动、时停的间歇转动。

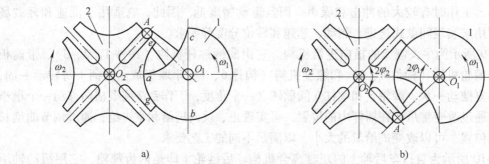

图 5-11　外槽轮机构

1—拨盘　2—槽轮

二、槽轮机构的类型

按结构特点，槽轮机构可分为外槽轮机构（见图 5-11）和内槽轮机构（见图 5-12），前者槽轮与拨盘的转向相反，后者则转向相同。按拨盘上圆销的数目多少，槽轮机构可分为单销槽轮机构（见图 5-11）和多销槽轮机构（见图 5-13），前者拨盘每转一转槽轮运动一次，后者则运动多次。

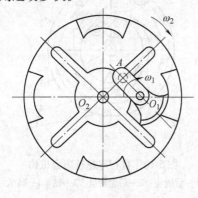

图 5-12　内槽轮机构

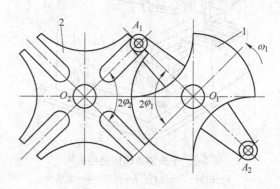

图 5-13　双销槽轮机构

三、槽轮机构的运动系数

在图 5-13 所示槽轮机构中，设拨盘上均匀分布的拨销数为 k，槽轮上均匀分布的径向槽数为 z。当主动拨盘 1 回转一周时，槽轮 2 运动的总时间 t_d 与主动拨盘转一周的总时间 t 之比，称为槽轮机构的运动系数，以 τ 表示。由图 5-13 可见

$$\tau = \frac{t_d}{t} = \frac{k 2\varphi_1}{2\pi}$$

为了使槽轮 2 在开始和终止转动时的瞬时速度为零，以避免圆销与槽发生刚性撞击，圆

销进入或脱出径向槽的瞬时，径向槽的中心线 O_2A 应与 O_1A 相互垂直。如此，由图 5-13 可知

$$2\varphi_1 = \pi - 2\varphi_2 = \pi - \frac{2\pi}{z}$$

故

$$\tau = \frac{t_d}{t} = \frac{k2\varphi_1}{2\pi} = \frac{k(z-2)}{2z} \tag{5-1}$$

由于槽轮是间歇转动，故 τ 应大于零，且小于 1。即

$$0 < \frac{k(z-2)}{2z} < 1 \tag{5-2}$$

由式（5-2）可得槽数 z 与圆销数 k 之间的关系为

槽数 z	3	4	5	≥6
圆销数 k	1 ~ 5	1 ~ 3	1 ~ 3	1 ~ 2

四、槽轮机构的特点及应用

槽轮机构具有结构简单、工作可靠和运动较平稳等优点；其缺点是槽轮的转角大小不能调节，且存在柔性冲击。因此，槽轮机构适用于速度不高的场合，常用于机床的间歇转位和分度机构中。图 5-14 所示为槽轮机构在转塔车床刀架转位机构中的应用，拨盘 1 转一周，通过槽轮 2 使刀架 3 转动一次，从而将下道工序所需要的刀具转到工作位置上。图 5-15 所示为槽轮机构在电影放映机卷片机构中的应用，拨盘 1 连续转动，通过槽轮 2 使电影胶片间歇地移动，因人具有视觉暂留机能，故看到的画面正好连续。

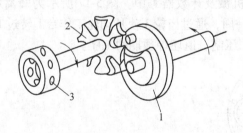

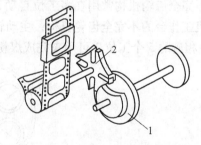

图 5-14 转塔车床刀架转位机构　　　　图 5-15 电影放映机卷片机构
1—拨盘　2—槽轮　3—刀架　　　　　　　1—拨盘　2—槽轮

第三节　不完全齿轮机构

一、不完全齿轮机构的工作原理

如图 5-16a、b 所示，不完全齿轮机构是由齿轮机构演化而成的间歇机构，它由主动轮 1、从动轮 2 和机架组成。主动轮上只有一个或几个齿，从动轮的齿数则是主动轮齿数的整数倍。在主动轮连续转动过程中，当两轮轮齿相啮合时，从动轮转动；当两轮轮齿脱离啮合、它们的凹凸锁止弧相配合时，从动轮则静止不动，如此循环，便实现了从动轮的间歇转

动。在图 5-16a、b 所示的不完全齿轮机构中，当主动轮连续转动一周时，从动轮每次分别转过 1/8 周和 1/4 周。

不完全齿轮机构可分外啮合（见图 5-16）和内啮合两种形式。图 5-16c 所示为不完全齿条机构，当主动轮 1 转一周时，齿条 2 往复移动一次。除不完全圆柱齿轮机构外，还有不完全锥齿轮机构。

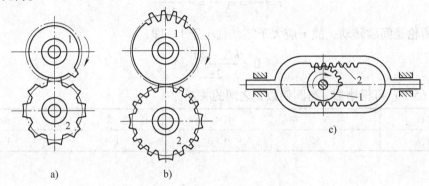

图 5-16　不完全齿轮机构

二、不完全齿轮机构的特点和应用

不完全齿轮机构的优点是结构简单，制造方便，工作可靠，设计灵活，从动轮的运动时间和静止时间的比例可在较大范围内变化。缺点是从动轮在进入和脱离啮合时，存在严重的刚性冲击，故一般只宜用于低速、轻载的场合。

不完全齿轮机构常用在多工位自动、半自动机械及计数器等中。图 5-17 所示为蜂窝煤压制机工作台的不完全齿轮机构，主动轮 4 每转一周，通过齿轮 3 使从动轮工作台 1 转过 1/5 周，相应的 5 个工位 2 可用来完成煤粉的填装、压制、退坯等预期的工序。

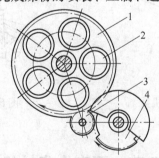

图 5-17　蜂窝煤压制机机构
1—工作台　2—工位（共 5 个）　3—齿轮　4—主动轮

第四节　凸轮间歇机构

一、凸轮间歇机构的工作原理

图 5-18 所示为圆柱凸轮间歇机构，它由凸轮 1、转盘 2 及机架组成。转盘 2 端面上装有

沿圆周均匀分布的若干滚子3。当主动凸轮1按图5-18所示方向运动时，转盘上的滚子A开始进入凸轮沟槽的升程段，凸轮推动转盘转动，而前一个滚子B则正好与凸轮沟槽脱开。当滚子A进入凸轮沟槽的休止段时，后一个滚子C（图5-18中未示出）与凸轮沟槽的休止段在另一侧接触，凸轮继续转动而转盘不动实现了间歇。当滚子C进入凸轮升程时，间歇动作结束，下一次转位开始。图5-19所示为蜗杆凸轮间歇机构，该机构可以通过调整凸轮与转盘中心距来消除滚子与凸轮接触面间的间隙。

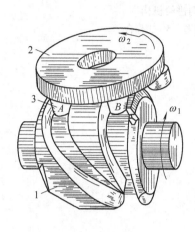

图5-18 圆柱凸轮间歇机构

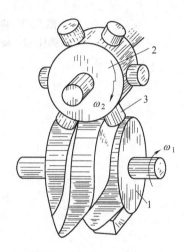

图5-19 蜗杆凸轮间歇机构

二、凸轮间歇机构的特点与应用

凸轮间歇机构的优点是：凸轮廓线设计灵活，可使转盘实现任何运动规律；传动可靠、平稳；转盘停歇时，一般依靠凸轮轮廓定位，无需附加定位装置。缺点是：凸轮加工比较复杂，装配与调整要求较高。凸轮间歇机构常用于需要间歇转位和步进动作的机械中，如多工位立式半自动机床、轻工包装机等。

实训与练习

5-1 间歇机构的感性认识

1）在实验室参观间歇机构陈列柜；观察教学插齿机的运动，理解棘轮机构在其径向进给机构中的作用；使用手动打包机打包，体会棘轮机构在其中的作用。

2）在校办工厂观察牛头刨床的工作情况，重点观察工作台横向进给机构的组成、运动原理及其进给方向和进给量的调节方法。观察、了解其他多工位机床的分度转位运动及原理。

5-2 已知一单圆销外啮合四槽槽轮机构，当拨销转动一周时槽轮的停歇时间为30s，求槽轮机构的运动系数、槽轮的运动时间及拨盘的转速。

5-3 一外啮合槽轮机构中，已知槽轮的槽数 $z=6$，运动时间是静止时间的两倍，求槽轮机构的运动系数及所需的圆销数。

5-4 图5-20所示为牛头刨床工作台的横向进给机构，它由摇杆1、棘爪2、棘轮3、丝杠4和工作台5组成。丝杠的导程 $s=3mm$，与丝杠固联的棘轮齿数 $z=30$，问棘轮最小转角是多少？该牛头刨床最小横向进给量 l 是多少？

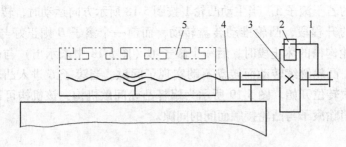

图 5-20　牛头刨床工作台横向进给机构
1—摇杆　2—棘爪　3—棘轮　4—丝杠　5—工作台

第三篇 常用机械传动的分析与设计

【教学目标】

1）熟悉带传动、链传动、齿轮传动以及轮系的类型、特性及应用。
2）能够分析与设计带传动、链传动、齿轮传动及轮系。
3）能够分析与设计简单的机械传动装置。

第六章 机械传动系统概述

【案例导入】

图6-1a、b所示分别为一带式运输机的传动示意图和外形图。已知运输带工作拉力 F = 2.9kN，运输带速度 v = 1.1m/s，滚筒直径 D = 270mm；两班制工作，连续单向运转，载荷较平稳，空载起动，室内工作，有粉尘，环境最高温度35℃；使用期限10年，四年一次大修；动力来源为电力，三相交流电，电压380/220V；运输带速度允许误差为 ±5%；一般机械厂制造，小批量生产。试设计该运输机的传动装置。

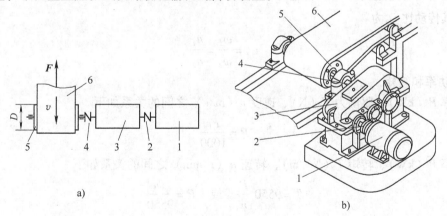

图6-1 带式运输机
1—原动机 2、4—联轴器 3—传动装置 5—滚筒 6—运输带

【初步分析】

机器传动部分的作用是传递或转换运动和动力。在该带式运输机中，原动机的转速高、转矩小，而滚筒的转速低、转矩大，所以传动装置在这里的具体作用是减速、增矩。常见的

减速装置有带传动、链传动、齿轮传动及其组合。本设计的首要任务是进行传动装置的总体设计，以确定原动机类型、传动方案及其运动和动力参数。

第一节 机械传动的类型及性能

一、机械传动的类型

机械传动按工作原理可分为推压传动、摩擦传动和啮合传动。常用的推压传动有连杆机构、凸轮机构、槽轮机构和棘轮机构等；常用的摩擦传动有带传动和摩擦轮传动等；常用的啮合传动有齿轮传动、蜗杆传动、行星齿轮传动、螺旋传动、不完全齿轮传动、齿形带传动和链传动等。

二、机械传动的性能参数

1. 转速、角速度和线速度

当机械传动传递回转运动时，构件的转速 n（r/min）、角速度 ω（rad/s）、线速度 v（m/s）和回转直径 d（mm）之间有如下关系：

$$\omega = \frac{2\pi n}{60}, \quad v = \frac{\pi d n}{60 \times 1000}$$

机械传动速度的高低一般用线速度表示。线速度越大，离心惯性力、动载荷及噪声越大。

2. 传动比

设主动轮的角速度为 ω_1、转速为 n_1，从动轮的角速度为 ω_2、转速为 n_2，则当两轮等速转动时其传动比 i_{12} 为

$$i_{12} = \frac{\omega_1}{\omega_2} = \frac{n_1}{n_2}$$

3. 功率和转矩

功率 P（kW）、驱动力 F（N）、速度 v（m/s）之间的关系如下

$$P = \frac{Fv}{1000}$$

功率 P（kW）、转矩 T（N·m）、转速 n（r/min）之间的关系如下

$$T = 9550 \frac{P}{n} \quad \text{或} \quad P = \frac{Tn}{9550}$$

4. 效率

如图 6-2 所示，设传动的输入功率为 P_1、转速为 n_1、转矩为 T_1，输出功率为 P_2、转速为 n_2、转矩为 T_2，传动比为 i，则传动副的效率 η 为

$$\eta = \frac{P_2}{P_1} = \frac{T_2 n_2}{T_1 n_1} = \frac{T_2}{T_1 i}$$

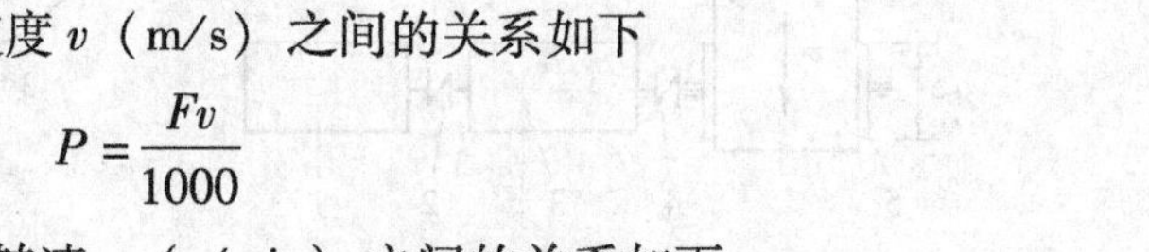

图 6-2 机械传动效率

三、常用机械传动的主要性能

常用机械传动的主要性能及效率分别见表 6-1、表 6-2。

表 6-1 常用机械传动的主要性能

传动形式	传递功率 /kW	圆周速度 /(m/s)	单级传动比 推荐	单级传动比 最大	外廓尺寸	成本	主要优缺点
V 带传动	≤100	5 ~ 30	2 ~ 4	7	大	低	缓冲减振,传动平稳,过载保护,结构简单,维修方便;传动比不准确,寿命低,不适于易燃、易爆和高温场合
滚子链传动	≤100	≤25	2 ~ 4	6	大	中	平均传动比准确,中心距变化范围大,可在高温、油、酸等恶劣条件下工作;存在速度波动,有冲击、振动和噪声,寿命较低
圆柱齿轮传动	≤5000	7 级精度 ≤25	3 ~ 5	8	小	较高	适用的速度和功率范围广,传动比准确,承载能力高,寿命长,效率高,结构紧凑;但要求制造精度高,有噪声
锥齿轮传动	≤1000	7 级精度 ≤8	2 ~ 3	5	小	较高	
蜗杆传动	≤50	v_s≤15	10 ~ 40	80	小	高	传动比大,传动准确、平稳,无噪声,结构紧凑,可自锁;但须采用非铁金属材料,成本高,效率低,不适于长期连续运转

表 6-2 常用机械传动的效率概略值

类 型		效率 η	类 型		效率 η
圆柱齿轮传动	7 级精度(油润滑)	0.98	V 带传动		0.96
	8 级精度(油润滑)	0.97	滚子链传动	开式	0.90 ~ 0.95
	9 级精度(油润滑)	0.96		闭式	0.95 ~ 0.97
	开式传动(脂润滑)	0.94 ~ 0.96	一对滚动轴承	球轴承	0.99
锥齿轮传动	7 级精度(油润滑)	0.97		滚子轴承	0.98
	8 级精度(油润滑)	0.94 ~ 0.97	一对滑动轴承	润滑不良	0.94
	开式传动(脂润滑)	0.92 ~ 0.95		正常润滑	0.97
蜗杆传动	自锁	0.40 ~ 0.45		液体润滑	0.99
	单头	0.70 ~ 0.75	联轴器		0.99
	双头	0.75 ~ 0.82			
	四头	0.82 ~ 0.92	运输滚筒		0.96

第二节 机械传动系统总体设计

一、选择原动机类型

常用的原动机有电动机、内燃机、液压马达、气动马达等。电动机可分为直流电动机、交流电动机等；内燃机可分为汽油机、柴油机等。要合理选择原动机的类型，首先要熟悉各种原动机的特性，其次要明确工作机的要求，要综合考虑能源供应、环境条件、经济性等多种因素。一般来说，电动机有较高的驱动效率和运动精度，且调速、起动和反向性能良好，类型繁多，可满足不同类型工作机的要求，因此一般首选电动机。对于移动和野外作业的工作机，宜选择内燃机。

二、拟定传动方案

拟定传动系统方案时，在满足机器功能要求的前提下，应遵循以下的原则：

1. 传动系统尽可能简单

传动链越简短，零件的数目就越少，占用空间越小，不但能降低制造费用，而且可以提高机械效率。此外，还可以减少因制造误差产生的运动链累积误差，提高传动精度。为此，应优先选择结构简单的机构。

2. 传动系统有较高的机械效率

传动系统的总效率取决于各个机构的效率，所以，功率较大、连续工作时，应优先选择高效率的机构和传动角大的机构，以减小能耗。

3. 要合理布置传动顺序

传动方案往往由几种传动形式组成，在布置传动顺序时应注意以下几点：

1）带传动的承载能力较低，传递相同转矩时，外廓尺寸较大，但传动平稳，能缓冲减振，且可过载保护，故宜布置在高速级，靠近原动机。

2）斜齿轮传动平稳性好于直齿轮，常用于高速级。

3）大尺寸的锥齿轮加工比较困难，为减小尺寸，一般安排在高速级。

4）蜗杆传动能实现大的传动比，结构紧凑，传动平稳，但效率低，多用于中、小功率间歇运动的场合。其承载能力低于齿轮传动，与齿轮同用时，应布置在高速级，以获得较小的尺寸。

5）链传动因传动不均匀，有冲击振动，宜放在低速级。

6）开式齿轮传动的工作环境较差，润滑条件不好，易磨损，寿命短，应布置在低速级。

7）对改变运动形式的机构，如齿轮齿条传动、螺旋传动、连杆机构、凸轮机构等，通常布置在传动链的末端，这样可使传动链简单，且可减小惯性冲击。

此外，传动系统要有良好的工艺性和经济性，使用要安全可靠，维护要方便，不污染环境。

根据上述原则，可拟出多种传动方案进行分析比较，然后选出一种比较好的方案进行设计。

三、计算运动和动力参数

在选定了原动机类型和传动系统方案之后，须进行以下工作：

1) 选择原动机的型号。对电动机而言，包括确定电动机的类型、结构形式、额定功率和转速等。

2) 计算传动系统的总传动比及分配各级传动比。

3) 计算各轴的功率、转速和转矩等。

【案例分析】

问题回顾 在图 6-1 所示的带式运输机中，已知运输带工作拉力 $F = 2.9\text{kN}$、运输带速度 $v = 1.1\text{m/s}$，滚筒直径 $D = 270\text{mm}$，试选择原动机、拟定传动方案、计算各级传动的运动和动力参数。

解 (1) 计算执行部分的运动和动力参数

输送带的阻力功率 $\quad P_w = \dfrac{Fv}{1000} = \dfrac{2.9 \times 10^3 \times 1.1}{1000}\text{kW} = 3.19\text{kW}$

滚筒的有效转矩 $\quad T_w = F \times \dfrac{D}{2} = 2.9 \times 10^3 \times \dfrac{270}{2} \times 10^{-3}\text{N} \cdot \text{m} = 392\text{N} \cdot \text{m}$

滚筒的工作转速 $\quad n_w = \dfrac{60000v}{\pi D} = \dfrac{60000 \times 1.1}{\pi \times 270}\text{r/min} = 78\text{r/min}$

(2) 初步选择原动机

1) 选择原动机的类型。根据已知条件，该运输机在室内工作，故选择电动机；又因动力来源为电力，三相交流，电压 380/220V，且输送带单向工作，只有一种速度，无变速要求，再考虑载荷平稳，空载起动，最后查手册选择通用的 Y 系列三相交流异步电动机。考虑到环境灰尘较大，安装无特殊要求，故选用 IP44 封闭形式和卧式结构。

2) 选择电动机的额定功率。电动机的额定功率 P_d 应大于输送带的阻力功率 P_w 与整个系统摩擦损耗功率之和。根据 $P_w = 3.19\text{kW}$，在手册中查取 Y 系列三相交流异步电动机参数，初取 $P_d = 4\text{kW}$。

3) 选择电动机的满载转速。查手册，额定功率 $P_w = 4\text{kW}$ 的 Y 系列电动机有四种，其满载转速及有关参数见下表。其中，电动机的额定转矩由公式 $T_d = 9550P_d/n_d$ 求得，传动系统的总传动比由公式 $i = n_d/n_w$ 求得。

电动机型号	额定功率 P_d/kW	满载转速 n_d/(r/min)	额定转矩 T_d/(N·m)	质量/kg	总传动比 i
Y112M—2	4	2890	13.2	45	37.1
Y112M—4	4	1440	26.5	43	18.5
Y132M1—6	4	960	39.8	73	12.3
Y160M1—8	4	720	53	118	9.23

可以看出，四种电动机的转速均远高于滚筒的转速（$n_w = 78\text{r/min}$），而转矩均远小于滚筒的转矩（$T_w = 392\text{N} \cdot \text{m}$）。所以，电动机与滚筒不能直接相连，须通过传动装置进行减速、增矩，以满足工作要求。

高转速电动机的质量小，但传动系统的总传动比大，需要多级减速，这会使传动部分的轮廓尺寸变大。相反，低转速电动机的质量大，但传动系统的总传动比小，外廓尺寸小。所以，电动机转速不宜过大或过小，同步转速为 1500r/min 和 1000r/min 的两种电动机比较常用。这里初步选择电动机 Y132M1—6，其满载转速 $n_d = 960\text{r/min}$，传动系统的总传动比 $i = 12.3$。

（3）拟定传动方案　根据传动系统的总传动比（$i = 12.3$）和传动方案的设计原则，可拟定多种传动方案（见本章实训与练习 6-3 中的表 6-1 ~ 表 6-7 传动方案、表 6-10 和表 6-11 传动方案）。考虑到制造条件和成本，这里选择的传动方案如图 6-3 所示。

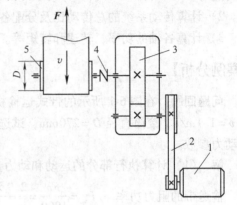

图 6-3　带式运输机传动方案简图
1—电动机　2—带传动　3——级圆柱齿轮减速器　4—联轴器　5—滚筒

（4）校核电动机的额定功率　查表 6-2 或手册，得 V 带传动效率 $\eta_1 = 0.96$，滚动轴承效率（球轴承）$\eta_2 = 0.99$，闭式圆柱齿轮传动效率（8 级精度）$\eta_3 = 0.97$，联轴器效率 $\eta_4 = 0.99$，滚筒效率（包括滚筒轴承）$\eta_w = 0.96$。因该传动系统属串联顺序，故从电动机到输送带之间的总效率 η 为各级效率的连乘积，即

$$\eta = \eta_1 \cdot \eta_2^2 \cdot \eta_3 \cdot \eta_4 \cdot \eta_w = 0.96 \times 0.99^2 \times 0.97 \times 0.99 \times 0.96 = 0.86$$

电动机需输出的功率为　　$P_d \geqslant \dfrac{P_w}{\eta} = \dfrac{3.19}{0.86}\text{kW} = 3.7\text{kW}$

因为所选电动机的额定功率为 4kW，大于需要输出的功率 3.7kW，所以电动机型号选择合适。传动设计时一般按电动机的实际输出功率 3.7kW 计算。其他相关参数一并查出列入下表备用。

电动机型号	额定功率 P_d/kW	实际输出功率 P_m/kW	满载转速 n_d/（r/min）	轴伸直径 D/mm	轴伸长度 E/mm	轴中心高 H/mm
Y132M1—6	4	3.7	960	38	80	132

（5）分配传动比

传动装置的总传动比　　　$i = \dfrac{n_d}{n_w} = \dfrac{960}{78} = 12.3$

设减速器输入轴为 I 轴，转速为 n_I；输出轴为 II 轴，转速为 n_{II}，则带的传动比为 $i_1 = \dfrac{n_d}{n_I}$，齿轮的传动比为 $i_2 = \dfrac{n_I}{n_{II}}$，注意到 $n_{II} = n_w$，则有

$$i = \frac{n_\mathrm{d}}{n_\mathrm{w}} = \frac{n_\mathrm{d}}{n_\mathrm{I}} \times \frac{n_\mathrm{I}}{n_\mathrm{w}} = i_1 \times i_2$$

对于多级传动，各级传动比的分配方案对传动装置有多方面的影响，一般原则是：各级传动的传动比应尽可能在推荐的范围内选取；应使各传动尺寸较小，重量较轻；应使各传动件尺寸协调，结构均匀，避免干涉碰撞，并有利于润滑。二级展开式圆柱齿轮减速器推荐取 $i_1 \approx (1.3 \sim 1.5)i_2$；二级同轴式圆柱齿轮减速器推荐取 $i_1 = i_2$；圆锥圆柱齿轮减速器推荐取 $i_1 \approx 0.25i$。

查表6-1或手册可知，带的传动比推荐值为 $2 \sim 4$，齿轮的传动比推荐值为 $3 \sim 5$。考虑到带传动的承载能力比齿轮低，为了减小带传动的尺寸，带的传动比宜小于齿轮的传动比。本方案中取 $i_1 = 2.8$，则齿轮的传动比为 $i_2 = \dfrac{i}{i_1} = \dfrac{12.3}{2.8} = 4.4$。

（6）计算减速器内各轴的运动和动力参数

Ⅰ轴的输入功率 $P_\mathrm{I} = P_\mathrm{m}\eta_1 = 3.7 \times 0.96\mathrm{kW} = 3.55\mathrm{kW}$

Ⅰ轴的转速 $n_\mathrm{I} = \dfrac{n_\mathrm{d}}{i_1} = \dfrac{960}{2.8}\mathrm{r/min} = 343\mathrm{r/min}$

Ⅰ轴的输入转矩 $T_\mathrm{I} = 9550\dfrac{P_\mathrm{I}}{n_\mathrm{I}} = 9550 \times \dfrac{3.55}{343}\mathrm{N \cdot m} = 98.84\mathrm{N \cdot m}$

Ⅱ轴的输入功率 $P_\mathrm{II} = P_\mathrm{I}\eta_2\eta_3 = 3.55 \times 0.99 \times 0.97\mathrm{kW} = 3.41\mathrm{kW}$

Ⅱ轴的转速 $n_\mathrm{II} = \dfrac{n_\mathrm{I}}{i_2} = \dfrac{343}{4.4}\mathrm{r/min} = 78\mathrm{r/min}$

Ⅱ轴的输入转矩 $T_\mathrm{II} = 9550\dfrac{P_\mathrm{II}}{n_\mathrm{II}} = 9550\dfrac{3.41}{78}\mathrm{N \cdot m} = 418\mathrm{N \cdot m}$

完成以上计算后，下一步就可进行带传动和齿轮传动的设计了。

实训与练习

6-1 机械传动装置的感性认识

在实验室装拆各种齿轮减速器，了解其结构和减速、增矩原理；在校办厂参观滚筒清砂机、退火炉小车、龙门刨床等机械的传动装置，建立对真实传动装置及其工作环境的感性认识。

6-2 机械传动效率测试实验

根据实验要求，并参考模块式实验台提供的测试零部件，通过拟定实验方案、组装实验装置、测试分析数据，初步认识带传动、链传动、齿轮传动、蜗杆传动等的结构及性能特点，切身感受机械传动系统的组成及工作过程。

6-3 带式输送机传动装置设计

（1）已知条件 ①两班制，连续单向运转，载荷较平稳，空载起动，室内工作，有粉尘，环境最高温度35℃；②使用折旧期为10年；③检修间隔期为四年一次大修，两年一次中修；④动力来源为电力，三相交流电，电压380/220V；⑤运输带速度允许误差为5%；⑥一般机械厂制造，小批量生产。

（2）传动方案和设计数据 共有12种，见表6-3 ~ 表6-14。

（3）本阶段设计任务 ①选择电动机；②计算总传动比，分配各级传动比；③计算各轴的运动和动力参数。要求提交设计报告。

表 6-3 传动方案和设计数据之一

传动方案	参 数	题 号				
		1	2	3	4	5
	输送带拉力 F/kN	2.2	2.4	2.6	2.8	3.0
1—电动机 2—带传动 3—一级圆柱齿轮减速器 4—联轴器 5—滚筒	输送带速度 v/(m/s)	1.5	1.6	1.7	1.8	1.5
	滚筒直径 D/mm	250	250	300	300	350

表 6-4 传动方案和设计数据之二

传动方案	参 数	题 号				
		1	2	3	4	5
	输送带拉力 F/kN	2.2	2.4	2.6	2.8	3.0
1—电动机 2—带传动 3—一级锥齿轮减速器 4—联轴器 5—滚筒	输送带速度 v/(m/s)	1.5	1.6	1.7	1.8	1.5
	滚筒直径 D/mm	250	250	300	300	350

表 6-5 传动方案和设计数据之三

传动方案	参 数	题 号				
		1	2	3	4	5
	输送带拉力 F/kN	2.2	2.3	2.4	2.5	2.0
1—电动机 2—联轴器 3—一级蜗杆减速器 4—联轴器 5—滚筒	输送带速度 v/(m/s)	1.1	1.2	1.3	1.4	1.5
	滚筒直径 D/mm	300	300	250	250	300

表 6-6 传动方案和设计数据之四

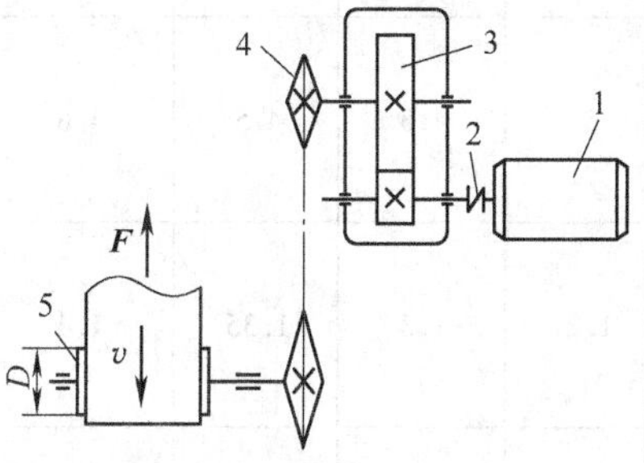

传动方案	参 数	题 号				
		1	2	3	4	5
1—电动机 2—联轴器 3—一级圆柱齿轮减速器 4—链传动 5—滚筒	输送带拉力 F/kN	3.0	3.1	3.2	3.3	3.4
	输送带速度 $v/(m/s)$	1.5	1.6	1.7	1.8	1.5
	滚筒直径 D/mm	250	250	300	300	350

表 6-7 传动方案和设计数据之五

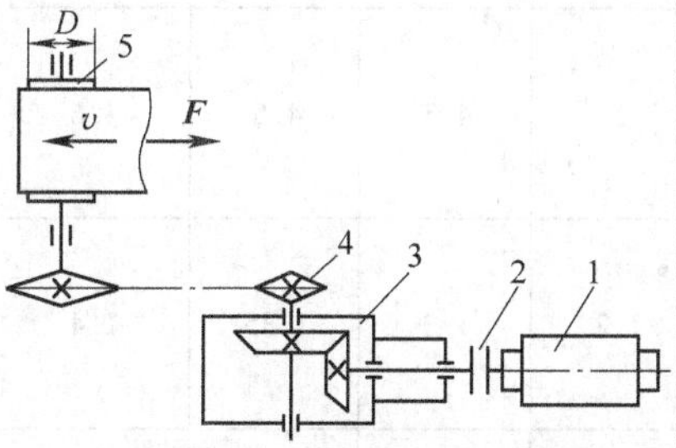

传动方案	参 数	题 号				
		1	2	3	4	5
1—电动机 2—联轴器 3—一级锥齿轮减速器 4—链传动 5—滚筒	输送带拉力 F/kN	3.3	3.45	3.6	3.7	4.0
	输送带速度 $v/(m/s)$	1.5	1.6	1.7	1.5	1.55
	滚筒直径 D/mm	250	260	270	240	250

表 6-8 传动方案和设计数据之六

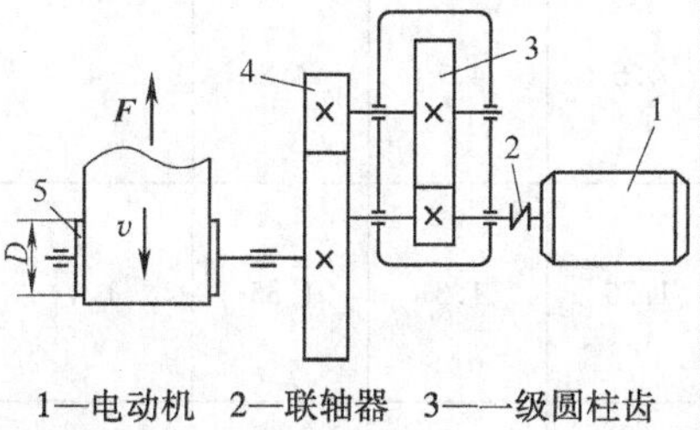

传动方案	参 数	题 号				
		1	2	3	4	5
1—电动机 2—联轴器 3—一级圆柱齿轮减速器 4—开式齿轮传动 5—滚筒	输送带拉力 F/kN	3.3	3.45	3.6	3.7	4.0
	输送带速度 $v/(m/s)$	1.5	1.6	1.7	1.5	1.55
	滚筒直径 D/mm	250	260	270	240	250

表 6-9 传动方案和设计数据之七

传动方案	参 数	题 号				
		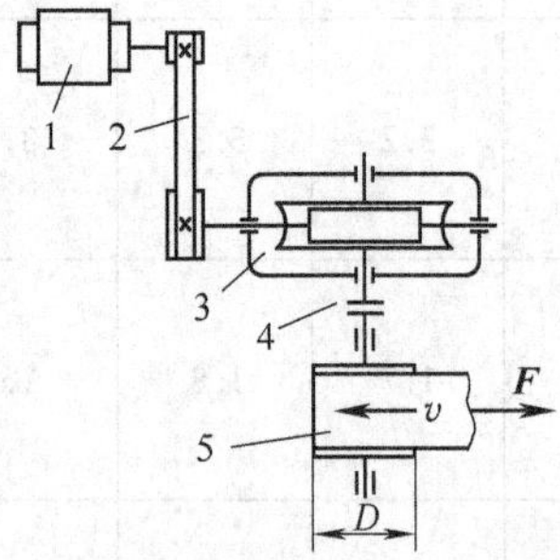 1	2	3	4	5
1—电动机 2—带传动 3——级蜗杆减速器 4—联轴器 5—滚筒	输送带拉力 F/kN	4.1	5	4.3	4.5	4.6
	输送带速度 $v/(m/s)$	1.45	1.2	1.3	1.35	1.4
	滚筒直径 D/mm	410	360	370	380	390

表 6-10 传动方案和设计数据之八

传动方案	参 数	题 号				
		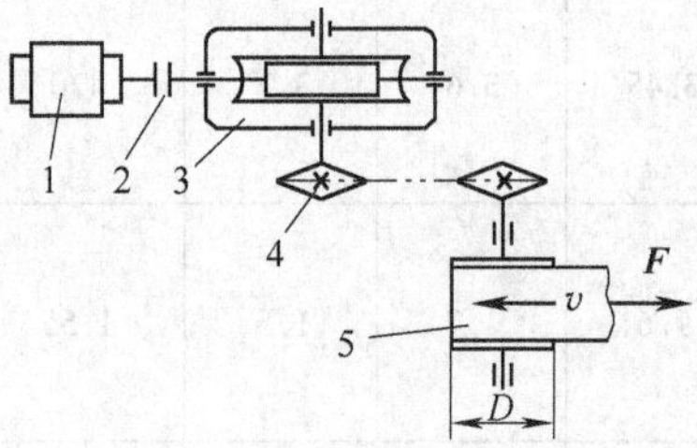 1	2	3	4	5
1—电动机 2—联轴器 3——级蜗杆减速器 4—链传动 5—滚筒	输送带拉力 F/kN	4.1	5	4.3	4.5	4.6
	输送带速度 $v/(m/s)$	1.45	1.2	1.3	1.35	1.4
	滚筒直径 D/mm	410	360	370	380	390

表 6-11 传动方案和设计数据之九

传动方案	参 数	题 号				
		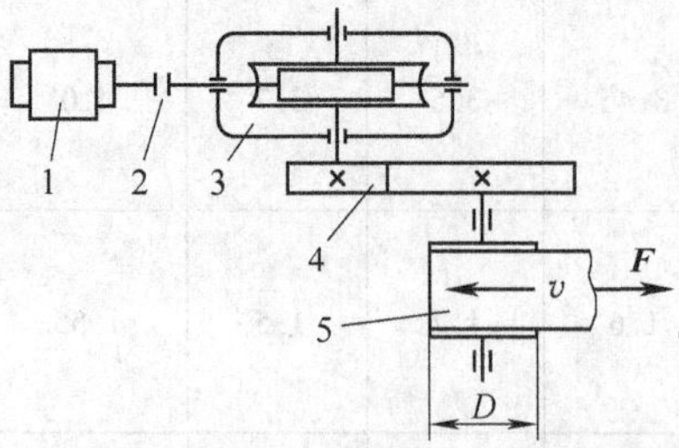 1	2	3	4	5
1—电动机 2—联轴器 3——级蜗杆减速器 4—开式齿轮传动 5—滚筒	输送带拉力 F/kN	4.5	4.6	4.7	4.8	4
	输送带速度 $v/(m/s)$	1.2	1.25	1.3	1.35	1.4
	滚筒直径 D/mm	360	370	380	390	400

表 6-12　传动方案和设计数据之十

传动方案	参　数	题　号				
		1	2	3	4	5
1—电动机　2—联轴器　3—二级展开式圆柱齿轮减速器　4—联轴器　5—滚筒	输送带拉力 F/kN	3.3	3.45	3.6	3.7	4.0
	输送带速度 v/(m/s)	1.5	1.6	1.7	1.5	1.55
	滚筒直径 D/mm	250	260	270	240	250

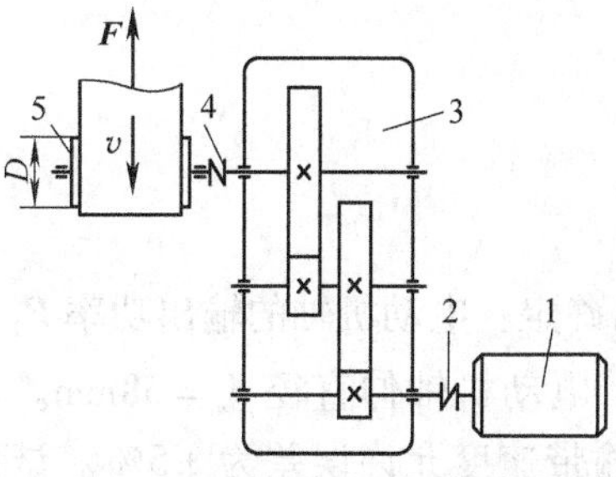

表 6-13　传动方案和设计数据之十一

传动方案	参　数	题　号				
		1	2	3	4	5
1—电动机　2—联轴器　3—二级展开式圆柱齿轮减速器　4—联轴器　5—滚筒	输送带拉力 F/kN	2.5	2.4	2.3	2.2	2.1
	输送带速度 v/(m/s)	1.4	1.5	1.6	1.7	1.8
	滚筒直径 D/mm	250	260	270	280	290

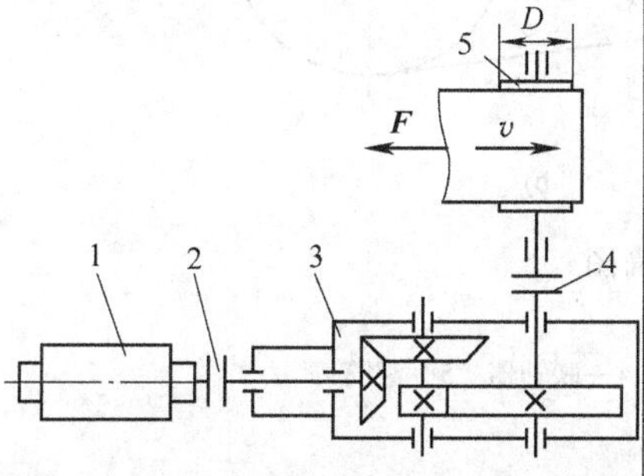

表 6-14　传动方案和设计数据之十二

传动方案	参　数	题　号				
		1	2	3	4	5
1—电动机　2—带传动　3—二级展开式圆柱齿轮减速器　4—联轴器　5—滚筒	输送带拉力 F/kN	4.5	4.6	4.7	4.8	4
	输送带速度 v/(m/s)	1.2	1.25	1.3	1.35	1.4
	滚筒直径 D/mm	360	370	380	390	400

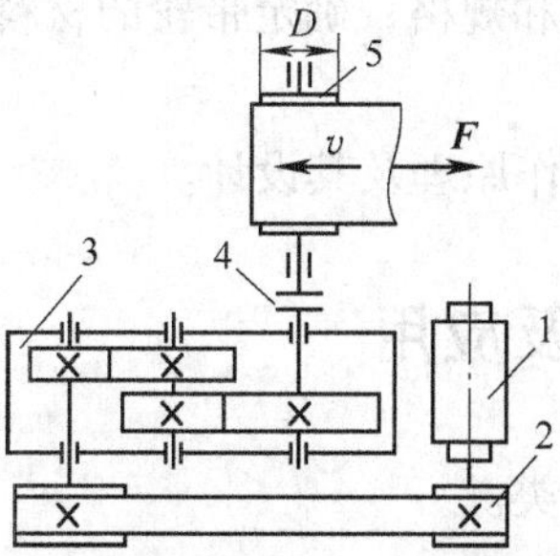

第七章 带传动

【案例导入】

图 7-1a、b 所示分别为带式运输机和带传动简图。现已确定：电动机轴的输出功率 $P_1 = 3.7\text{kW}$，电动机轴转速 $n_1 = 960\text{r/min}$，带的传动比 $i = 2.8$，电动机轴伸直径 $d_s = 38\text{mm}$。其他相关条件为：两班制工作，载荷较平稳，空载起动，运输带速度允许误差为 $\pm 5\%$。试设计该运输机中的带传动。

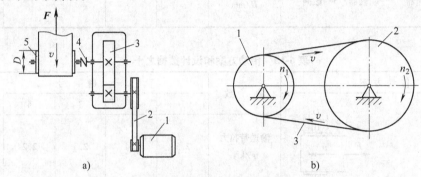

图 7-1 带式运输机与带传动简图

a) 带式运输机

1—电动机 2—带传动 3——级圆柱齿轮减速器 4—联轴器 5—滚筒

b) 带传动简图

1、2—带轮 3—带

【初步分析】

带传动是一种挠性传动，它由主动带轮 1、从动带轮 2 和传动带 3 组成（见图 7-1b）。带传动依靠带与带轮间的摩擦或啮合来传递运动和动力，它在机械制造中应用广泛。

带传动设计的主要内容是：根据使用要求，选择带的类型和规格；确定带轮的材料、结构形式和几何尺寸；选择带的张紧方式等。

本章主要介绍带传动的类型和特点，V 带传动的标准、工作原理及其设计。

第一节 带传动的类型、特点及应用

按照工作原理的不同，带传动可分为摩擦型和啮合型两大类。

一、摩擦型带传动

摩擦型带传动安装时，需将带紧套在两轮上，使带与轮的接触面间产生压紧力，工作时依靠带与轮间的摩擦来传递运动和动力。根据带的截面形状的不同，其又可分为多种形式。

（1）平带传动（见图7-2a） 平带的截面为扁平矩形，其内表面与带轮表面接触。平带传动结构简单，带长可根据需要剪接，带轮也容易制造，多用于中心距较大的情况下。

（2）圆带传动（见图7-2b） 圆带结构简单，但承载能力小，多用于小功率传动。

（3）V带传动（见图7-2c） V带的截面为等腰梯形，带轮上也做有相应的轮槽。传动时，V带的两侧面与轮槽接触构成槽面摩擦，故其较平带传动能产生更大的摩擦力，及传递更大的功率；加之其允许的传动比较大，结构紧凑，且V带多已标准化等优点，因而其应用比平带传动更为广泛。

（4）多楔带传动（见图7-2d） 多楔带兼有平带柔性好和V带摩擦力大的优点，并解决了多根V带长短不一而使各带受力不均的问题。多楔带主要用于传递功率较大、同时要求结构紧凑的场合。

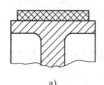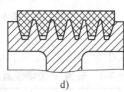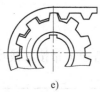

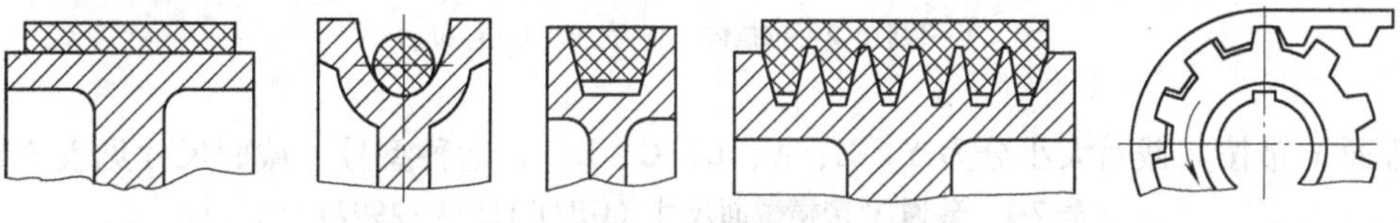

a)　　　　　　b)　　　　　c)　　　　　　　d)　　　　　　　　e)

图7-2　带传动的主要类型

摩擦带传动的优点：①带具有良好的弹性，能缓冲吸振，故传动平稳、噪声小；②过载时带会发生打滑，具有过载保护作用；③不需要润滑；④结构简单，制造和维护方便，成本低；⑤适用于中心距较大的传动。

摩擦带传动的缺点：①因工作中有弹性滑动，故效率低、传动比不准确；②因系摩擦原理，且带为非金属材料，故承载能力低、寿命短、外廓尺寸大；③由于需要张紧，故轴受到的压力大；④带传动可能因摩擦起电，产生火花，故不能用于易燃、易爆的场合。

二、啮合型带传动

啮合型带传动（见图7-2e）一般也称为同步带传动。它依靠带内表面上的齿与带轮上的齿的啮合来传递运动和动力。

同步带传动的优点：①带与带轮间无相对滑动，运动可靠，能保证准确的传动比，效率高，可达0.98；②带薄而轻且强度高，故带速可达50m/s，传递功率可达200kW；③允许的传动比大，可达10～20；④需要的初拉力小，故轴受到的压力小。

啮合带传动的缺点：安装时对中心距要求严格，价格较高。

同步带传动兼有带传动、链传动和齿轮传动的优点，它广泛应用于要求传动比准确的中、小功率传动中，如家用电器、计算机、仪器、机床、化工、石油等机械。

第二节　V带与V带轮

一、V带的类型、结构和标准

V带有普通V带、窄V带、宽V带、联组V带、齿形V带、大楔角V带等多种类型，其中普通 V 带应用最广，以下主要讨论普通 V 带。

标准普通 V 带是用多种材料制成的无接头的环形带，如图 7-3 所示，它由顶胶 1、抗拉体 2、底胶 3 和包布 4 组成。根据抗拉体结构的不同，普通 V 带分为帘布芯 V 带（见图 7-3a）和绳芯 V 带（见图 7-3b）。帘布芯 V 带制造方便，承载能力大。绳芯 V 带柔韧性好，适用于转速较高和带轮直径较小的传动。

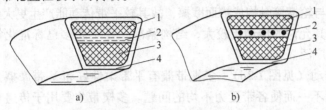

图 7-3　普通 V 带的结构
1—顶胶　2—抗拉体　3—底胶　4—包布

普通 V 带按其截面大小分为 Y、Z、A、B、C、D、E 七种型号，截面尺寸见表 7-1。

表 7-1　普通 V 带横截面尺寸（GB/T 11544—1997）

型号	Y	Z	A	B	C	D	E
顶宽 b/mm	6	10	13	17	22	32	38
节宽 b_p/mm	5.3	8.5	11	14	19	27	32
高度 h/mm	4.0	6.0	8.0	11	14	19	23
楔角 φ				40°			
每米质量 q/(kg/m)	0.04	0.06	0.10	0.17	0.30	0.60	0.87

注：节宽 b_p 指 V 带弯曲时其中性层的宽度。

普通 V 带的公称长度称为基准长度 L_d，它是指在规定的张紧力下，V 带中性层的周长。基准长度已经标准化，见表 7-2。

表 7-2　普通 V 带的长度系列和带长修正系数 K_L（摘自 GB/T 13575.1—2008）

基准长度 L_d/mm	带长修正系数 K_L						
	Y	Z	A	B	C	D	E
400	0.96	0.87					
450	1.00	0.89					
500	1.02	0.91					
560		0.94					
630		0.96	0.81				
710		0.99	0.83				
800		1.00	0.85				
900		1.03	0.87	0.82			

（续）

基准长度	带长修正系数 K_L						
L_d/mm	Y	Z	A	B	C	D	E
1000		1.06	0.89	0.84			
1120		1.08	0.91	0.86			
1250		1.11	0.93	0.88			
1400		1.14	0.96	0.90			
1600		1.16	0.99	0.92	0.83		
1800		1.18	1.01	0.95	0.86		
2000			1.03	0.98	0.88		
2240			1.06	1.00	0.91		
2500			1.09	1.03	0.93		
2800			1.11	1.05	0.95	0.83	
3150			1.13	1.07	0.97	0.86	
3550			1.17	1.09	0.99	0.89	
4000			1.19	1.13	1.02	0.91	
4500				1.15	1.04	0.93	0.90
5000				1.18	1.07	0.96	0.92

二、V带轮的材料和结构

常用的带轮材料为 HT150 或 HT200。当带轮线速度 $v < 25m/s$ 时，采用 HT150；当 $v = 25 \sim 30m/s$ 时，采用 HT200。速度更高时，可采用铸钢或钢板冲压后焊接而成。小功率时可用铸铝或工程塑料。

V带轮由轮缘、轮辐和轮毂组成。轮缘是带轮具有轮槽的部分。轮槽的形状和尺寸与所选用的 V 带的型号相对应，见表 7-3。V 带绕在带轮上以后发生弯曲变形，使 V 带的实际楔角变小。为了使 V 带的工作面与轮槽的工作面紧密贴合，V 带轮轮槽的槽角小于 V 带的公称楔角 40°。

表7-3 普通 V 带轮的轮槽尺寸 （单位：mm）

槽 型		Y	Z	A	B	C	D	E
h_{amin}		1.6	2.0	2.75	3.5	4.8	8.1	9.6
h_{fmin}		4.7	7.0	8.7	10.8	14.3	19.9	23.4
δ_{min}		5	5.5	6	7.5	10	12	15
b_p		5.3	8.5	11	14	19	27	32
e		8	12	15	19	25.5	37	44.5
f_{min}		6	7	9	11.5	16	16	23
$B = (z-1)e + 2f$, z 为带的根数								
φ	32°	d	≤60	—	—	—	—	—	—
	34°		—	≤80	≤118	≤190	≤315	—	—
	36°		>60	—	—	—	—	≤475	>475
	38°		—	>80	>118	>190	>315	≤600	>600

在 V 带轮上，与配用 V 带的节宽 b_p 相对应的带轮直径称为带轮的基准直径 d。V 带轮的结构形式与基准直径有关。当带轮基准直径 $d \leqslant (2.5 \sim 3) d_s$（$d_s$ 为轴的直径）时，可采用实心式（见图 7-4a）；带轮直径 $d \leqslant 300\text{mm}$ 时，可采用腹板式（见图 7-4b）或孔板式（见图 7-4c）；带轮直径 $d > 300\text{mm}$ 时，可采用轮辐式（见图 7-4d）。

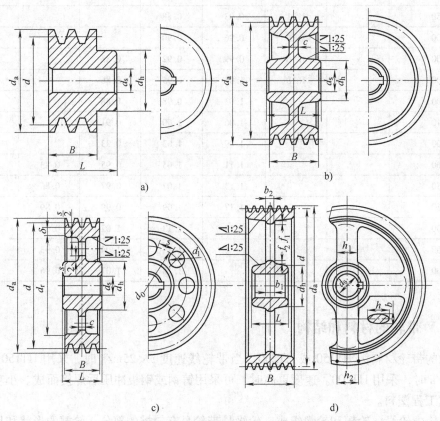

图 7-4 V 带轮的结构形式

$$d_h = (1.8 \sim 2) d_s; \quad d_0 = 0.5(d_r + d_h); \quad d_1 = (0.2 \sim 0.3)(d_r - d_h)$$

$$c = s = (1/7 \sim 1/4)B; \quad L = (1.5 \sim 2) d_s, \text{ 当 } B < 1.5 d_s \text{ 时}, L = B$$

$$h_1 = 290 \sqrt[3]{P/(n z_a)}; \quad h_2 = 0.8 h_1; \quad b_1 = 0.4 h_1; \quad b_2 = 0.8 b_1; \quad f_1 = 0.2 h_1; \quad f_2 = 0.2 h_2$$

式中，P 为带传递的功率（kW）；n 为带轮的转速（r/min）；z_a 为轮辐数

第三节 带传动的工作情况分析

一、带传动的力分析

1. 张紧状态

安装带传动时，为了在带与带轮的接触面间产生正压力，带以一定的初拉力 F_0 张紧在带轮上。此时，带两边的拉力相等，都等于 F_0，如图 7-5 所示。

2. 正常工作状态

带传动工作时，带与带轮之间就会产生摩擦。所谓正常工作状态，是指带与带轮间处于静摩擦状态。此时，由于静摩擦力的作用，带两边的拉力不再相等（见图7-6a）。带绕上主动轮的一边，拉力由 F_0 增加到 F_1，称为紧边；带绕上从动轮的一边，拉力由 F_0 减少到 F_2，称为松边。

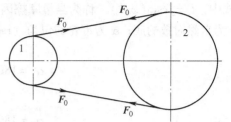

如果近似认为带的总长度不变，并假设带为弹性体，则紧边拉力的增加量 $F_1 - F_0$ 应等于松边拉力的减少量 $F_0 - F_2$，即

图7-5 带传动张紧状态的受力分析

$$F_1 - F_0 = F_0 - F_2 \tag{7-1}$$

如果取与带轮接触的带为分离体（见图7-6b），并设其工作面上的总摩擦力为 F_f，则以轮心为矩心对其列力矩平衡方程后可求得

$$F_f = F_1 - F_2 \tag{7-2}$$

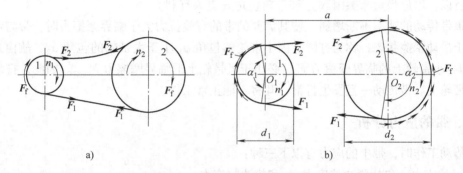

图7-6 带传动正常工作状态的受力分析

带传动依靠静摩擦工作，故其有效拉力 F 即为带工作面上的总摩擦力 F_f，于是

$$F = F_f = F_1 - F_2 \tag{7-3}$$

带传动的有效拉力 F（N）、带的速度 v（m/s）和传递的功率 P（kW）之间的关系为

$$P = \frac{Fv}{1000} \tag{7-4}$$

由式（7-1）、式（7-3）得

$$\left. \begin{array}{l} F_1 = F_0 + \dfrac{F}{2} \\[2mm] F_2 = F_0 - \dfrac{F}{2} \end{array} \right\} \tag{7-5}$$

3. 临界工作状态

所谓临界工作状态，是指带与带轮间处于由静摩擦向动摩擦过渡的状态。此时，带与带轮间的静摩擦力达到了最大值，称为临界摩擦力或临界有效拉力 F_{max}。根据理论推导有

$$F_{\max} = 2F_0\left(\frac{e^{f_v\alpha} - 1}{e^{f_v\alpha} + 1}\right) \tag{7-6}$$

式中，$f_v = f/\sin(\varphi/2)$，称为当量摩擦因数（f 为带与带轮之间的摩擦因数；φ 为带的楔角）；e 为自然对数的底；α 为带轮的包角（rad）。由图 7-6b 可推得两带轮的包角为

$$\left.\begin{aligned}
\alpha_1 &= 180° - \frac{d_2 - d_1}{a} \times 57.3° \\
\alpha_2 &= 180° + \frac{d_2 - d_1}{a} \times 57.3°
\end{aligned}\right\} \tag{7-7}$$

式中　d_1、d_2——分别为两带轮的基准直径（mm）；

　　　　a——带传动的中心距（mm）。

由式（7-6）可知，增加初拉力 F_0、当量摩擦因数 f_v 和带轮包角 α，均可增大临界有效拉力 $F_{\max}$。但初拉力 F_0 过大时，会使带因过分拉伸而降低使用寿命，同时会产生过大的压轴力。所以，增加当量摩擦因数 f_v 和带轮包角 α 更为有利。

如果带传动的功率不断增加，使其需要的带的有效拉力大于临界摩擦力时，带与带轮之间将处于滑动摩擦状态，称为打滑。因小带轮的包角 α_1 小于大带轮的包角 α_2，故由式（7-6）可知，小带轮上的临界摩擦力 $F_{\max 1}$ 必小于大带轮上的临界摩擦力 $F_{\max 2}$。因此，打滑总发生在小带轮上。带传动一旦发生打滑，其将不能正常工作。

二、带的应力分析

带传动工作时，带中的应力有以下三种：

（1）拉应力　包括紧边拉应力 σ_1 和松边拉应力 σ_2

$$\left.\begin{aligned}
\sigma_1 &= \frac{F_1}{A} \\
\sigma_2 &= \frac{F_2}{A}
\end{aligned}\right\} \tag{7-8}$$

式中　A——带的横剖面面积（mm^2）；

　σ_1、σ_2——分别为紧边拉应力和松边应力（MPa）。

（2）弯曲应力　带绕在带轮 1、2 上时，在带中要产生弯曲应力 σ_{b1} 和 σ_{b2}

$$\left.\begin{aligned}
\sigma_{b1} &\approx \frac{Eh}{d_1} \\
\sigma_{b2} &\approx \frac{Eh}{d_2}
\end{aligned}\right\} \tag{7-9}$$

式中　E——带的弹性模量（MPa）；

　　　h——带的高度（mm），参见表 7-1；

　d_1、d_2——分别为两带轮的基准直径（mm）。

显然，带在小带轮上产生的弯曲应力 σ_{b1} 大于大带轮上的弯曲应力 σ_{b2}。

（3）离心拉应力　当带随着带轮作圆周运动时，其自身的质量将产生离心力。由于离

心力的作用，带中将产生离心拉力及离心拉应力。离心拉应力 σ_c 分布在带的全长范围内，且在各截面的数值相等，其计算如下

$$\sigma_c = \frac{qv^2}{A} \qquad (7\text{-}10)$$

式中　q——带单位长度的质量（kg/m），参见表 7-1；

　　　v——带的线速度（mm/s）。

图 7-7 所示为带的应力分布情况，带中产生的最大应力发生在带的紧边开始绕上小带轮处，其值可近似表示为

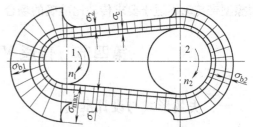

图 7-7　带的应力分布

$$\sigma_{max} \approx \sigma_1 + \sigma_{b1} + \sigma_c \qquad (7\text{-}11)$$

显然易见，带在运行过程中，其受到的应力为变应力。当带工作一定的时间之后，将发生疲劳破坏。

三、带传动的弹性滑动和传动比

1. 带的弹性滑动

带在受到拉力作用后会产生弹性变形。如图 7-6 所示，在小带轮上，带的拉力从紧边拉力 F_1 逐渐降低到松边拉力 F_2，带的弹性变形量逐渐减小，因此，带相对于小带轮向后退缩，使得带的速度低于小带轮的线速度 v_1；在大带轮上，带的拉力从松边拉力 F_2 逐渐上升到紧边拉力 F_1，带的弹性变形量逐渐增加，因此，带相对于大带轮向前伸长，使得带的速度高于大带轮的线速度 v_2。这种由于带的弹性变形而引起的带与带轮间的微量滑动，称为带传动的弹性滑动。因带传动总有紧边和松边，带也总有弹性，所以弹性滑动是带传动的固有属性，是不可避免的。而带传动的打滑是由过载引起的，是可以避免、也是应当避免的。

2. 传动比

如上所述，因弹性滑动的影响，将使大带轮的线速度 v_2 低于小带轮的线速度 v_1，其降低程度可用滑动率 ε 来表示，即

$$\varepsilon = \frac{v_1 - v_2}{v_1} \times 100\% \qquad (7\text{-}12)$$

其中

$$\left.\begin{array}{l} v_1 = \dfrac{\pi d_1 n_1}{60 \times 1000} \\[3mm] v_2 = \dfrac{\pi d_2 n_2}{60 \times 1000} \end{array}\right\} \qquad (7\text{-}13)$$

式中，n_1、n_2——分别为主、从动轮的转速（r/min）。

将式（7-13）代入式（7-12），可得

$$i = \frac{n_1}{n_2} = \frac{d_2}{d_1(1 - \varepsilon)} \qquad (7\text{-}14)$$

因带传动的滑动率较小（$\varepsilon \approx 1\% \sim 2\%$），故在一般计算中不予考虑，而取传动比为

$$i = \frac{n_1}{n_2} \approx \frac{d_2}{d_1} \qquad (7\text{-}15)$$

由于滑动率不是一个固定值，而是随外载荷、张紧力及带的弹性等的变化而变化，因而摩擦型带传动不适于要求传动比准确的场合。

第四节 普通 V 带传动的设计计算

一、失效形式与设计准则

带传动的主要失效形式是过载打滑和疲劳断裂，因此，带传动的设计准则是：在保证带传动不打滑的条件下，具有一定的疲劳寿命。

1. 单根普通 V 带的基本额定功率 P_0

在特定条件下，单根普通 V 带既不打滑又具有一定疲劳寿命时，所能传递的最大功率 P_0 称为基本额定功率。特定条件是：传动比 $i = 1$、包角 $\alpha = 180°$、特定带长、载荷平稳。基本额定功率 P_0 可通过试验和计算得到，具体数据参见表 7-4。

表 7-4 单根普通 V 带的基本额定功率 P_0 （单位：kW）

带型	小带轮基准直径 d_1/mm	小带轮转速 $n_1/(r/min)$						
		400	730	800	980	1200	1460	2800
Z	50	0.06	0.09	0.10	0.12	0.14	0.16	0.26
	63	0.08	0.13	0.15	0.18	0.22	0.25	0.41
	71	0.09	0.17	0.20	0.23	0.27	0.31	0.50
	80	0.14	0.20	0.22	0.26	0.30	0.36	0.56
A	75	0.27	0.42	0.45	0.52	0.60	0.68	1.00
	90	0.39	0.63	0.68	0.79	0.93	1.07	1.64
	100	0.47	0.77	0.83	0.97	1.14	1.32	2.05
	112	0.56	0.93	1.00	1.18	1.39	1.62	2.51
	125	0.67	1.11	1.19	1.40	1.66	1.93	2.98
B	125	0.84	1.34	1.44	1.67	1.93	2.20	2.96
	140	1.05	1.69	1.82	2.13	2.47	2.83	3.85
	160	1.32	2.16	2.32	2.72	3.17	3.64	4.89
	180	1.59	2.61	2.81	3.30	3.85	4.41	5.76
	200	1.85	3.05	3.30	3.86	4.50	5.15	6.43
C	200	2.41	3.80	4.07	4.66	5.29	5.86	5.01
	224	2.99	4.78	5.12	5.89	6.71	7.47	6.08
	250	3.62	5.82	6.23	7.18	8.21	9.06	6.56
	280	4.32	6.99	7.52	8.65	8.81	10.74	6.13
	315	5.14	8.34	8.92	10.23	11.53	12.48	4.16
	400	7.06	11.52	12.10	13.67	15.04	15.51	—

2. 单根普通 V 带的许用功率 $[P_0]$

当实际工作条件与上述特定条件不同时，应对 P_0 进行修正。修正后即得到实际工作条

件下，单根普通 V 带所能传递的最大功率，称为许用功率 $[P_0]$，即

$$[P_0] = (P_0 + \Delta P_0) K_\alpha K_L \tag{7-16}$$

式中　ΔP_0——传动比 $i \neq 1$ 时的功率增量，见表 7-5；

　　　K_α——小带轮包角 $\alpha_1 \neq 180°$ 时的修正系数，见表 7-6；

　　　K_L——带长不等于特定带长时的修正系数，见表 7-2。

表 7-5　单根普通 V 带额定功率增量 ΔP_0　　　（单位：kW）

带型	小带轮转速 $n_1/(\text{r/min})$	传动比 i									
		1.00 ~ 1.01	1.02 ~ 1.04	1.05 ~ 1.08	1.09 ~ 1.12	1.13 ~ 1.18	1.19 ~ 1.24	1.25 ~ 1.34	1.35 ~ 1.51	1.52 ~ 1.99	≥2.0
Z	400	0.00	0.00	0.00	0.00	0.00	0.00	0.00	0.00	0.01	0.01
	730	0.00	0.00	0.00	0.00	0.00	0.00	0.01	0.01	0.01	0.02
	800	0.00	0.00	0.00	0.00	0.01	0.01	0.01	0.01	0.02	0.02
	980	0.00	0.00	0.00	0.01	0.01	0.01	0.01	0.01	0.02	0.02
	1200	0.00	0.00	0.01	0.01	0.01	0.01	0.02	0.02	0.02	0.03
	1460	0.00	0.00	0.01	0.01	0.01	0.02	0.02	0.02	0.02	0.03
	2800	0.00	0.01	0.02	0.02	0.03	0.03	0.03	0.04	0.04	0.04
A	400	0.00	0.01	0.01	0.02	0.02	0.03	0.03	0.04	0.04	0.05
	730	0.00	0.01	0.02	0.03	0.04	0.05	0.06	0.07	0.08	0.09
	800	0.00	0.01	0.02	0.03	0.04	0.05	0.06	0.08	0.09	0.10
	980	0.00	0.01	0.03	0.04	0.05	0.06	0.07	0.08	0.10	0.11
	1200	0.00	0.02	0.03	0.05	0.07	0.08	0.10	0.11	0.13	0.15
	1460	0.00	0.02	0.04	0.06	0.08	0.09	0.11	0.13	0.15	0.17
	2800	0.00	0.04	0.08	0.11	0.15	0.19	0.23	0.26	0.30	0.34
B	400	0.00	0.01	0.03	0.04	0.06	0.07	0.08	0.10	0.11	0.13
	730	0.00	0.02	0.05	0.07	0.10	0.12	0.15	0.17	0.20	0.22
	800	0.00	0.03	0.06	0.08	0.11	0.14	0.17	0.20	0.23	0.25
	980	0.00	0.03	0.07	0.10	0.13	0.17	0.20	0.23	0.26	0.30
	1200	0.00	0.04	0.08	0.13	0.17	0.21	0.25	0.30	0.34	0.38
	1460	0.00	0.05	0.10	0.15	0.20	0.25	0.31	0.36	0.40	0.46
	2800	0.00	0.10	0.20	0.29	0.39	0.49	0.59	0.69	0.79	0.89
C	400	0.00	0.04	0.08	0.12	0.16	0.20	0.23	0.27	0.31	0.35
	730	0.00	0.07	0.14	0.21	0.27	0.34	0.41	0.48	0.55	0.62
	800	0.00	0.08	0.16	0.23	0.31	0.39	0.47	0.55	0.63	0.71
	980	0.00	0.09	0.19	0.27	0.37	0.47	0.56	0.65	0.74	0.83
	1200	0.00	0.12	0.24	0.35	0.47	0.59	0.70	0.82	0.94	1.06
	1460	0.00	0.14	0.28	0.42	0.58	0.71	0.85	0.99	1.14	1.27
	2800	0.00	0.27	0.55	0.82	1.10	1.37	1.64	1.92	2.19	2.47

表 7-6　包角修正系数 K_α

包角 α_1	180°	170°	160°	150°	140°	130°	120°
K_α	1.00	0.98	0.95	0.92	0.89	0.86	0.82

二、设计步骤和方法

带传动设计的已知条件包括：传递的额定功率 P；小带轮转速 n_1；大带轮转速 n_2 或传动比 i；传动的工作条件；安装位置及总体尺寸限制等。

带传动设计的内容包括：确定带的型号、基准长度和根数；确定带轮的基准直径、材料、结构形式和几何尺寸；确定传动的中心距、初拉力、压轴力、张紧装置等。

带传动设计的一般步骤和方法如下：

1. 确定计算功率 P_c

$$P_c = K_A P \tag{7-17}$$

式中　P——传递的额定功率（kW）；

　　　K_A——工作情况系数，其反映了原动机和工作机的动力特性对带传动的影响，按表7-7查取。

表 7-7　工作情况系数 K_A

载荷性质	工作机	原动机					
		电动机（交流起动、三角起动、直流并励）、四缸以上内燃机			电动机（联机交流起动、直流复励或串励）、四缸以下内燃机		
		每天工作时间/h					
		<10	10～16	>16	<10	10～16	>16
载荷变动很小	液体搅拌机、通风机和鼓风机（≤7.5kW）、离心式水泵和压缩机、轻负荷输送机	1.0	1.1	1.2	1.1	1.2	1.3
载荷变动小	带式输送机(不均匀负荷)、通风机和鼓风机(＞7.5kW)、旋转式水泵和压缩机(非离心式)、发电机、金属切削机床、印刷机、旋转筛、锯木机和木工机械	1.1	1.2	1.3	1.2	1.3	1.4
载荷变动较大	制砖机、斗式提升机、往复式水泵和压缩机、起重机、磨粉机、冲剪机床、橡胶机械、振动筛、纺织机械、重负荷输送机	1.2	1.3	1.4	1.4	1.5	1.6
载荷变动很大	破碎机(旋转式、鄂式)、磨碎机	1.3	1.4	1.5	1.5	1.6	1.8

2. 选择 V 带型号

根据计算功率 P_c 和小带轮转速 n_1，由图7-8选取普通 V 带的型号。

3. 确定带轮的基准直径 d_1、d_2

减小带轮的直径，会增大带的拉力，从而导致 V 带根数增加，带轮变宽；另外，还会使带的弯曲应力增大，寿命降低，所以带轮的直径不能过小。一般情况下，应根据 V 带的型号，参考图7-8和表7-8来选择小带轮的基准直径 d_1。大带轮基准直径 $d_2 = id_1$，并根据表7-8加以圆整。

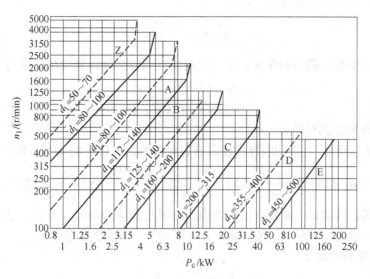

图 7-8 普通 V 带选型图

表 7-8 普通 V 带轮最小基准直径 d_{min} 及基准直径系列

型 号	Y	Z	A	B	C
d_{min}/mm	20	50	75	125	200
基准直径系列 /mm	20 22.4 25 28 31.5 35.5 40 45 50 63 67 71 75 80 85 90 95 100 106 112 118 125 132 140 150 160 170 180 200 212 224 236 250 265 280 300 315 355 375 400 425 450 475 500 530 560 600 630 560 600 630 670 710 750 800 900 1000 …				

4. 验算带速 v

带速过高，则离心力大，带在单位时间内的循环次数多，使带的寿命降低；带速太低，则带的拉力大，使带的根数过多。带速一般应在 5~25m/s 之内，最大不超过 30m/s，否则应调整小带轮直径或转速。带速 v 按下式计算

$$v = \frac{\pi d_1 n_1}{60 \times 1000} \tag{7-18}$$

5. 确定带轮中心距 a 和带的基准长度 L_d

中心距大，可以增加带轮的包角，减少单位时间内带的循环次数，有利于提高带的寿命。但是中心距过大，则会加剧带的颤动，降低带传动的平稳性，同时增大带传动的整体尺寸。如果中心距未限定，则一般初选带传动的中心距 a_0 为

$$0.7(d_1 + d_2) \leqslant a_0 \leqslant 2(d_1 + d_2) \tag{7-19}$$

初定中心距 a_0 后，按下式计算相应的带长 L_{d0}

$$L_{d0} = 2a_0 + \frac{\pi(d_1 + d_2)}{2} + \frac{(d_2 - d_1)^2}{4a_0} \tag{7-20}$$

根据 L_{d0} 由表 7-2 选取与之相近的带的基准长度 L_d。

传动的实际中心距可近似按下式确定

$$a \approx a_0 + \frac{L_d - L_{d0}}{2} \tag{7-21}$$

考虑 V 带的安装、调整和张紧，中心距应留有调整余量，其变化范围为

$$\left.\begin{array}{l} a_{min} = a - 0.015L_d \\ a_{max} = a + 0.03L_d \end{array}\right\} \tag{7-22}$$

6. 验算小带轮上的包角 α_1

小带轮上的包角 α_1 对带的临界摩擦力有很大影响，一般应使 $\alpha_1 \geqslant 120°$，即

$$\alpha_1 = 180° - \frac{d_2 - d_1}{a} \times 57.3° = 180° - \frac{d_1(i-1)}{a} \times 57.3° \geqslant 120° \tag{7-23}$$

由上式可知，传动比 i 越大，包角越小。故带的传动比一般为 $i \leqslant 7$，推荐 $i = 2 \sim 4$。除限制传动比外，增大中心距或加装张紧轮，也可增加小带轮上的包角。

7. 确定 V 带的根数 z

$$z = \frac{P_c}{[P_0]} = \frac{P_c}{(P_0 + \Delta P)K_\alpha K_L} \tag{7-24}$$

为了使各根 V 带受力均匀，带的根数不宜太多，一般少于 10 根。

8. 确定 V 带的初拉力 F_0

初拉力不足，易出现打滑；初拉力过大，则 V 带寿命降低，压轴力增大。对于 V 带既要保证传动功率，又不能出现打滑，单根 V 带最适宜的初拉力可按下式计算

$$F_0 = \frac{500P_c}{zv}\left(\frac{2.5}{K_\alpha} - 1\right) + qv^2 \tag{7-25}$$

由于新带易松弛，对不能调整中心距的 V 带传动，安装新带时的初拉力应为计算值的 1.5 倍。张紧力的具体控制方法可参考设计手册。

9. 计算压轴力 F_P

为了设计带轮的轴和轴承，需要计算带传动作用在轴上的压力 F_P（见图 7-9）。

$$F_P \approx 2zF_0\sin\frac{\alpha_1}{2} \tag{7-26}$$

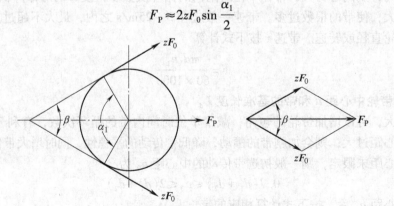

图 7-9 压轴力计算示意图

10. V 带轮的设计

根据带的型号、带轮基准直径和带轮线速度，确定带轮的材料，结构形式和尺寸。

第五节　带传动的张紧、安装与维护

一、带传动的张紧

V带传动运转一段时间以后，会因塑性变形和磨损而松弛。为了保证带传动正常工作，应定期检查带的松弛程度，并采用张紧装置来调整带的张紧力。带传动常用张紧装置及方法见表7-9。

表7-9　带传动常用张紧装置及方法

张紧方法		示 意 图	说 明
通过调节轴的位置张紧	定期张紧	调节螺钉 固定螺栓 导轨 滑道式	用于水平或接近水平的传动 　放松固定螺栓、旋转调整螺钉,可使带轮沿导轨移动,调节带的张紧力,当带轮调到合适位置,使带获得所需的张紧力,然后拧紧固定螺栓
		摆动机座 销轴 调整螺母 摆架式	用于垂直或接近垂直的传动 　旋转调整螺母,使机座绕转轴转动,将带轮调到合适位置,使带获得所需的张紧力,然后固定机座位置
自动张紧		摆动机座 浮动摆架式	用于小功率传动 利用自重自动张紧传动带

（续）

张紧方法		示意图	说明
通过张紧轮张紧	定期张紧	 固定张紧轮	用于固定中心距传动 张紧轮安装在带的松边、内侧。为了不使小带轮的包角减小过多,应将张紧轮尽量靠近大带轮
	自动张紧	 浮动张紧轮	用于中心距小、传动比大的传动,但寿命短,适宜平带传动 张紧轮安装在带松边的外侧,并尽量靠近小带轮,这样可增大小带轮上的包角

二、V 带传动的安装与维护

1）两带轮的轴线必须保持规定的平行度；两带轮相对应的轮槽的对称平面应重合，误差不得超过 20′。

2）多根 V 带传动时，为避免各根 V 带载荷分布不均，V 带的配组公差（请参阅有关手册）应在规定的范围内。

3）套装带时不得强行撬入，应先将中心距缩小，将带套在带轮上，再逐渐调大中心距拉紧带，直至所加初拉力满足要求为止。

4）应定期检查及时调整，发现损坏的 V 带应及时更换，新、旧带、不同规格的 V 带均不能混合使用。

5）带传动装置必须安装防护罩，使之不能外露。这样既可防止绞伤人，又可以防止灰尘、油及其他杂物飞溅到带上影响传动。

【案例分析】

问题回顾 设计图 7-1a 带式运输机中电动机与减速器之间的 V 带传动。已知电动机输出功率为 $P = 3.7\text{kW}$，电动机转速为 $n_1 = 960\text{r/min}$，带的传动比为 $i = 2.8$，电动机轴伸直径 $d_s = 38\text{mm}$，两班制工作，载荷较平稳，空载起动，运输带速度允许误差为 ±5%。

解 （1）确定计算功率 P_c 由表 7-7 查得 $K_A = 1.2$，则
$$P_c = K_A P = 1.2 \times 3.7 \text{kW} = 4.44 \text{kW}$$

（2）选择 V 带的型号 根据 P_c、n_1 由图 7-8 选用 A 型带。

（3）确定带轮基准直径 d_1、d_2 参考图 7-8 和表 7-8 选择小带轮的基准直径 $d_1 = 125 \text{mm}$。大带轮的基准直径
$$d_2 = i d_1 = 2.8 \times 125 \text{mm} = 350 \text{mm}$$

查表 7-8，取 $d_2 = 355 \text{mm}$。带轮直径靠系列后，其引起的输送带速度误差肯定在 ±5% 以内，故可用。

（4）验算带速 v
$$v = \frac{\pi d_1 n_1}{60 \times 1000} = \frac{\pi \times 125 \times 960}{60 \times 1000} \text{m/s} = 6.28 \text{m/s}$$

带速在 5~25m/s 范围内，符合要求。

（5）确定带轮中心距 a 和带的基准长度 L_d 根据式（7-19）
$$0.7(d_1 + d_2) \leqslant a_0 \leqslant 2(d_1 + d_2)$$
$$0.7(125 + 355) \leqslant a_0 \leqslant 2(125 + 355)$$
$$336 \leqslant a_0 \leqslant 960$$

初定中心距 $a_0 = 700 \text{mm}$。

根据式（7-20）初步计算带的基准长度
$$L_{d0} = 2a_0 + \frac{\pi(d_1 + d_2)}{2} + \frac{(d_2 - d_1)^2}{4a_0} = \left[2 \times 700 + \frac{\pi(125 + 355)}{2} + \frac{(355 - 125)^2}{4 \times 700} \right] \text{mm}$$
$$= 2173 \text{mm}$$

由表 7-2，选带的基准长度 $L_d = 2240 \text{mm}$。

由式（7-21）计算实际中心距
$$a \approx a_0 + \frac{L_d - L_{d0}}{2} = \left(700 + \frac{2240 - 2173}{2} \right) \text{mm} = 733 \text{mm}$$

由式（7-22）得
$$a_{\min} = a - 0.015 L_d = (733 - 0.015 \times 2240) \text{mm} = 699.4 \text{mm}$$
$$a_{\max} = a + 0.03 L_d = (733 + 0.03 \times 2240) \text{mm} = 800.2 \text{mm}$$

（6）验算小带轮的包角 α_1 由式（7-23）得
$$\alpha_1 = 180° - \frac{d_2 - d_1}{a} \times 57.3° = 180° - \frac{355 - 125}{733} \times 57.3° = 162° > 120°$$

（7）确定 V 带的根数 z 由表 7-4 查得 $P_0 = 1.4 \text{kW}$；由表 7-5 查得 $\Delta P_0 = 0.11 \text{kW}$；由表 7-6 查得 $K_\alpha = 0.95$；由表 7-2 查得 $K_L = 1.06$。由式（7-24）得
$$z \geqslant \frac{P_c}{(P_0 + \Delta P_0) K_\alpha K_L} = \frac{4.44}{(1.4 + 0.11) \times 0.95 \times 1.06} = 2.91$$

取 $z = 3$。

（8）确定 V 带的初拉力 F_0 由表 7-1 查得 $q = 0.10 \text{kg/m}$。由式（7-25）得
$$F_0 = \frac{500 P_c}{zv} \left(\frac{2.5}{K_\alpha} - 1 \right) + qv^2 = \left[\frac{500 \times 4.44}{3 \times 6.28} \left(\frac{2.5}{0.95} - 1 \right) + 0.1 \times 6.28^2 \right] \text{N} = 196 \text{N}$$

（9）计算压轴力 F_p　由式（7-26）得

$$F_P \approx 2zF_0\sin\frac{\alpha_1}{2} = \left(2 \times 3 \times 196 \times \sin\frac{162°}{2}\right)N = 1161N$$

（10）带轮的结构设计　因带轮线速度 $v = 6.28m/s$，小于 $25m/s$，故其材料采用 HT150。因小带轮基准直径 $d_1 = 125mm$，与小带轮配合的电动机轴伸直径 $d_s = 38mm$，$d_1 > 3d_s$，故采用腹板式结构；因大带轮基准直径 $d_2 = 355mm$，大于 $300mm$，故采用轮辐式结构。其余细节设计可参考表7-3 和图7-4 完成，最后绘制出带轮零件图。

（11）选择带传动的张紧方式　该带传动对安装和调整未作明确要求，故参考表7-9 暂选滑道式定期张紧方式。

实训与练习

7-1　带式输送机传动装置设计（续）

本阶段设计任务：沿用第六章实训与练习6-3 中的传动方案及设计数据，参照本章设计案例，完成其中的 V 带传动设计。要求提交设计报告，并用计算机绘制两带轮的零件图。

7-2　试设计某机床中电动机与主轴箱之间的 V 带传动。已知电动机额定功率 $P = 11kW$，电动机转速 $n_1 = 1440r/min$，从动带轮转速 $n_2 = 360r/min$，空载起动，单班工作制，希望带传动中心距800mm 左右。

第八章 链 传 动

【案例导入】

图 8-1a 所示带式运输机，由电动机 1、联轴器 2、单级圆柱齿轮减速器 3、链传动 4、滚筒 5 和输送带 6 组成。图 8-1b 所示为其链传动的结构示意图。已知：小链轮传递的功率 $P = 5.8kW$，小链轮转速 $n_1 = 320r/min$，链的传动比 $i = 3$。其他相关条件：载荷较平稳，运输带速度允许误差为 $\pm 5\%$。试设计该运输机中的链传动。

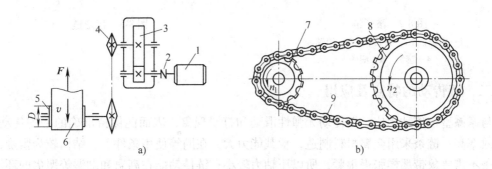

图 8-1 带式运输机与链传动

1—电动机 2—联轴器 3—减速器 4—链传动 5—滚筒 6—输送带
7—主动链轮 8—从动链轮 9—传动链

【初步分析】

链传动是一种挠性传动，它由主动链轮 7、从动链轮 8 和传动链 9 组成（见图 8-1b）。链传动依靠链条链节与链轮轮齿的啮合来传递运动和动力。

链传动设计的主要内容是：根据使用要求，选择链的类型和规格；确定链轮的材料、结构形式和几何尺寸；选择链的张紧方式和润滑方式等。

本章主要介绍链传动的类型和特点，滚子链传动的标准、工作原理及其设计。

第一节 链传动的类型、特点及应用

一、链传动的类型

根据用途的不同，链条可分为传动链、输送链和起重链。根据结构的不同，传动链又可分为滚子链（见图 8-2）和齿形链（见图 8-3）等类型。齿形链运转较平稳，噪声小，又称无声链，但其重量大、价格高，故适用于高速、重载及运动精度要求较高的传动中。本章主要介绍滚子链传动。

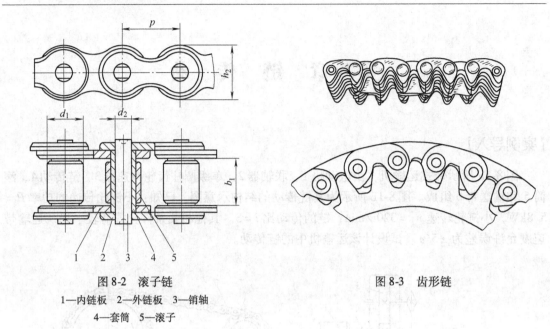

图 8-2 滚子链
1—内链板 2—外链板 3—销轴
4—套筒 5—滚子

图 8-3   齿形链

二、链传动的特点及应用

与摩擦型带传动相比，链传动无弹性滑动和打滑现象，因而能保持准确的平均传动比，传动效率高；链条采用金属材料制造，承载能力大，在同等使用条件下，结构较为紧凑；又因链条不需要象带那样张得很紧，所以压轴力较小；链传动能在高温和潮湿等恶劣的环境下工作。

与齿轮传动相比，链传动的制造与安装要求低，成本低；链传动具有中间挠性件，可缓和冲击，吸收振动，在远距离传动时，其结构比齿轮传动轻便得多。

链传动的主要缺点是：只能实现平行轴间链轮的同向传动；运转时瞬时传动比和链速变化，传动平稳性差，冲击和噪声较大；磨损后易发生跳齿和脱链；不宜用在载荷变化很大、高速和急速反向的传动中。

链传动主要用在要求工作可靠，两轴相距较远，低速、重载，工作环境恶劣，只要求平均传动比准确，以及其他不宜采用齿轮传动的场合。其在矿山、冶金、轻工、化工、运输等机械设备中得到了广泛的应用。

第二节 滚子链和链轮

一、滚子链的结构和规格

1. 滚子链的结构

滚子链的结构如图 8-2 所示，它由内链板 1、外链板 2、销轴 3、套筒 4 和滚子 5 组成。内链板与套筒之间、外链板与销轴之间均为过盈配合，滚子与套筒之间、套筒与销轴之间均为间隙配合。当内、外链板相对曲折时，套筒可绕销轴自由转动。滚子是活套在套筒上的，工作时其可沿链轮齿面滚动，这样可减轻齿面的磨损。链板一般制成 8 字形，以使它的各个横截面接近等拉伸强度，同时也减小了链条的质量和运动时的惯性力。

当传递大功率时，可采用双排链（见图8-4）或多排链。多排链的承载能力与排数成正比，但由于精度的影响，各排链承受的载荷不易均匀，故排数不宜过多，一般不超过4排。

滚子链的接头形式如图8-5所示。当链节数为偶数时，接头处可用开口销（见图8-5a）或弹簧卡片（见图8-5b）来固定，一般前者用于大节距，后者用于小节距。当链节数为奇数时，需采用图8-5c所示的过渡链节；由于过渡链节的链板除承受拉力外，还要受到附加弯矩的作用，强度差，所以一般情况下最好不用奇数链节。

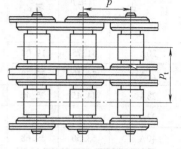

图8-4 双排链

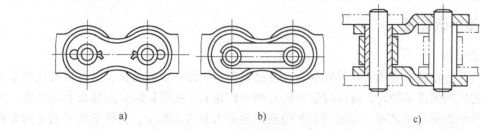

a)　　　　　　　b)　　　　　　　c)

图8-5 滚子链的接头形式

2. 滚子链的规格

如图8-2所示，滚子链与链轮啮合的基本参数是节距 p，滚子外径 d_1，内链节内宽 b_1，内链板高度 h_2，对多排链还有一个排距 p_t（见图8-4）。其中节距 p 是链传动的主要参数，节距越大，链条中各零件的尺寸越大，可传递的功率也越大。

滚子链已标准化，其规格和主要参数见表8-1。其中链号数乘以 25.4/16mm 即为节距值；后缀 A 或 B 表示 A 或 B 系列，我国主要采用 A 系列。

滚子链的标记顺序为链号、排数、整链链节数和标准号。如 A 系列滚子链、节距为 15.875mm、单排、86 节的滚子链，其标记为：10A-1-86　GB/T 1243—2006。

表 8-1　滚子链规格和主要参数（摘自 GB/T 1243—2006）

链　号	节距 p	滚子外径 d_1	内链节内宽 b_1	销轴直径 d_2	内链板高度 h_2	排距 p_t	极限拉伸载荷 F_Q		单排质量 q
							单排	双排	
	/mm						/kN		/(kg/m)
05B	8.00	5.00	3.00	2.31	7.11	5.64	4.4	7.8	0.18
06B	9.525	6.35	5.72	3.23	8.26	10.24	8.9	16.9	0.10
08A	12.70	7.95	7.85	3.96	12.07	14.38	13.8	27.6	0.60
08B	12.70	8.51	7.75	4.45	11.81	13.92	17.8	31.1	0.70
10A	15.875	10.16	9.40	5.08	15.09	18.11	21.8	43.6	1.00
12A	19.05	11.91	12.57	5.94	18.08	22.78	31.1	62.3	1.50
16A	25.40	15.88	15.75	7.92	24.13	29.29	55.6	111.2	2.60

（续）

链 号	节距 p	滚子外径 d_1	内链节内宽 b_1	销轴直径 d_2	内链板高度 h_2	排距 p_t	极限拉伸载荷 F_Q		单排质量 q
							单排	双排	
	/mm						/kN		/(kg/m)
20A	31.75	19.05	18.90	9.53	30.18	35.76	86.7	173.5	3.80
24A	38.10	22.23	25.22	11.10	36.20	45.44	124.6	249.1	5.60
28A	44.45	25.40	25.22	12.70	42.24	48.87	169	338.1	7.50
32A	50.80	28.58	31.55	14.27	48.26	58.55	222.4	444.8	10.10
40A	63.50	39.68	37.85	19.84	60.33	71.55	347.0	693.9	16.10
48A	76.20	47.63	47.35	23.80	72.39	87.83	500.4	1000.8	22.60

二、滚子链链轮

1. 链轮齿形

滚子链与链轮的啮合属于非共轭啮合，其链轮齿形的设计比较灵活。国家标准仅规定了链轮齿槽的齿面圆弧半径 r_e、齿沟圆弧半径 r_i 和齿沟角 α（见图8-6a）的最大和最小值。凡在最大和最小齿槽形状之间、能使链节平稳自由地进入和退出啮合，且便于加工的各种齿槽形状均可采用。最常用的链轮齿形是"三圆弧一直线齿形"（见图8-6b），由三段圆弧 $\overset{\frown}{aa}$、$\overset{\frown}{ab}$、$\overset{\frown}{cd}$ 和一段直线 bc 组成。因链轮轮齿采用相应的标准刀具加工，故其端面齿形不必在工作图上画出，只要在图上注明"齿形按 GB/T 1243—2006 规定制造"即可。

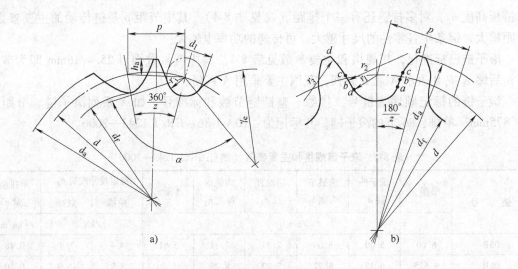

图8-6   滚子链链轮端面齿形

2. 链轮的基本参数和主要尺寸

链轮的基本参数是配用链条的节距 p、滚子外径 d_1，排距 p_t 和齿数 z。链轮的主要尺寸及计算公式见表8-2和表8-3。

表8-2　滚子链链轮的主要尺寸　　　　　　　　　　　　（单位：mm）

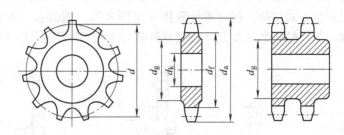

名　称	符　号	计算公式	备　注
分度圆直径	d	$d = p \left/ \sin\left(\dfrac{180°}{z}\right)\right.$	
齿顶圆直径	d_a	$d_{amin} = d + \left(1 - \dfrac{1.6}{z}\right)p - d_1$ $d_{amax} = d + 1.25p - d_1$	可在 $d_{amin} \sim d_{amax}$ 范围内任意选取。d_{amax} 受到刀具限制
齿根圆直径	d_f	$d_f = d - d_1$	
齿高	h_a	$h_{amin} = 0.5(p - d_1)$ $h_{amax} = 0.625p - 0.5d_1 - \dfrac{0.8p}{z}$	h_a 是为简化放大齿形图的绘制而引入的辅助尺寸。h_{amax} 与 d_{amax} 对应，h_{amin} 与 d_{amin} 对应
凸缘直径	d_g	$d_g = p\cot\dfrac{180°}{z} - 1.04h_2 - 0.76$	h_2 为内链板高度，见表8-1

注：d_a、d_g 值取整数，其他尺寸精确到 0.01mm。

表8-3　滚子链链轮轴向齿廓尺寸　　　　　　　　　　　　（单位：mm）

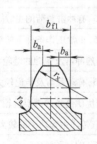
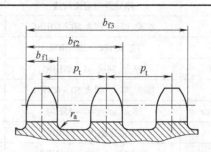

名　称		符　号	计算公式	
			$p \leqslant 12.7\text{mm}$	$p > 12.7\text{mm}$
齿宽	单排	b_{f1}	$0.93b_1$	$0.95b_1$
	双排、三排		$0.91b_1$	$0.93b_1$
	四排以上		$0.88b_1$	$0.93b_1$
倒角宽		$b_{a公称}$	$b_{a公称} = 0.13p$	
倒角半径		$r_{x公称}$	$r_{x公称} = p$	
凸缘圆角半径		r_a	$r_a \approx 0.04p$	
链轮总齿宽		b_{fm}	$b_{fm} = (m-1)p_t + b_{f1}$（$m$ 为排数）	

3. 链轮的结构和材料

小直径的链轮可制成实心式（见图 8-7a）；中等直径的链轮可制成孔板式（见图 8-7b）；大直径的链轮常采用组合式结构，通过螺栓联接（见图 8-7c）或焊接（见图 8-7d）等方式将轮缘和轮毂联成一体。链轮的结构尺寸随其材料和结构的不同而不同，具体可参考手册确定。

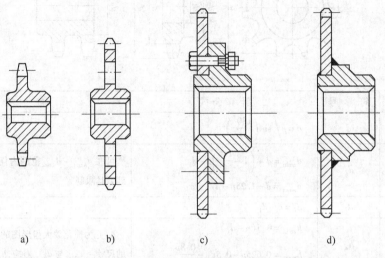

a)　　　　　　b)　　　　　　c)　　　　　　d)

图 8-7　链轮结构

链轮轮齿应具有足够的强度和耐磨性。由于小链轮轮齿啮合次数比大链轮多，所受的冲击也较大，故小链轮应采用较好的材料制造。链轮常用材料和应用范围见表 8-4。

表 8-4　链轮常用材料及齿面硬度

材　　料	热处理与齿面硬度	应 用 范 围
15,20	渗碳、淬火、回火 50～60HRC	$z \leqslant 25$,有冲击载荷的主、从动链轮
35	正火 160～200HBW	$z > 25$,正常工作条件下的链轮
45,50,ZG310～570	淬火、回火 40～45HRC	无剧烈冲击及振动的链轮
15Cr,20Cr	渗碳、淬火、回火 50～60HRC	$z < 25$,有动载荷及传递较大功率的重要链轮
35SiMn,35CrMo,40Cr	淬火、回火 40～45HRC	使用优质链条的重要链轮
Q235,Q275	焊接后退火 140HBW	中速、传递中等功率的较大链轮
普通灰铸铁	淬火、回火 260～280HBW	$z_2 > 50$ 的从动链轮
夹布胶木		传递功率小于 6kW,速度较高、要求传动平稳和噪声小的链轮

第三节　链传动的运动特性分析

一、平均链速和平均传动比

因链条是由刚性链节通过销轴铰接而成的，故链条包绕上链轮后将曲折成正多边形的一部分（见图 8-8）。此正多边形的边长即为链节距 p，边数即为链轮齿数 z。链轮每回转一周，

绕过的链长为 zp，所以链条的平均速度 $v(\mathrm{m/s})$ 为

$$v = \frac{z_1 p n_1}{60 \times 1000} = \frac{z_2 p n_2}{60 \times 1000} \tag{8-1}$$

式中　z_1、z_2——分别为主、从动链轮的齿数；

　　n_1、n_2——分别为主、从动链轮的转速（r/min）。

链传动的平均传动比

$$i = \frac{n_1}{n_2} = \frac{z_2}{z_1} \tag{8-2}$$

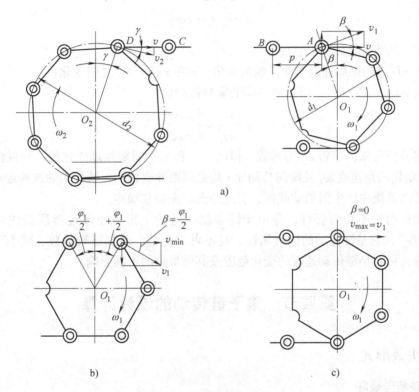

图 8-8　链传动速度分析

可见，在链传动中，当主动链轮匀速转动时，平均链速和平均传动比都是常数。

二、瞬时链速和瞬时传动比

因链条与链轮的啮合属于非共轭啮合，故当主动链轮匀速转动时，其瞬时链速和瞬时传动比并非常数。如图 8-8a 所示，设链条的紧边处于水平位置，主动链轮 1 以等角速度 ω_1 顺时针转动，其分度圆上的圆周速度为 v_1，$v_1 = d_1 \omega_1 / 2$。链节 AB 与主动链轮轮齿在 A 点啮合时，链轮上 A 点圆周速度 v_1 的水平分量 v，即为链条紧边水平运动的瞬时速度。

$$v = \frac{1}{2} d_1 \omega_1 \cos\beta \tag{8-3}$$

式中　d_1——主动链轮的分度直径；

  β——A 点的圆周速度与水平线的夹角，每一个链节从开始啮合到终止啮合，β 在
   ±φ_1/2之间变化；

  φ_1——主动链轮上一个链节所对的中心角（见图 8-8b），$\varphi_1 = 360°/z_1$。

  显然，当主动链轮匀速转动时，链速 v 是变化的。当 $\beta = \pm 180°/z_1$ 时（见图 8-8b），链速最低，$v_{min} = [d_1\omega_1\cos(180°/z_1)]/2$；当 $\beta = 0$ 时（见图 8-8c），链速最高，$v_{max} = d_1\omega_1/2$；而且每转过一个链节，链速就周期性的变化一次。

  同样，链节 CD 与从动链轮轮齿在 D 点的啮合时（见图 8-8a），链条紧边水平运动的瞬时速度 v 为

$$v = \frac{1}{2}d_2\omega_2\cos\gamma \tag{8-4}$$

式中 d_2——从动链轮分度圆直径；

  γ——D 点的圆周速度与水平线的夹角，γ 在 ±180°/z_2 之间变化。

  由式（8-3）、式（8-4）可得链传动的瞬时传动比

$$i = \frac{\omega_1}{\omega_2} = \frac{d_2\cos\gamma}{d_1\cos\beta} \tag{8-5}$$

  由上述分析可知，尽管 ω_1 为常数，但由于 β 和 γ 是周期性地变化的，所以链条的瞬时速度 v、从动轮的角速度 ω_2 及瞬时传动比 i 均是周期性变化的。链传动的这种运动的不均匀性，会在传动系统中产生附加动载荷，引起冲击、振动和噪声。

  链传动运动的不均匀特性，是由于链条绕在链轮上形成正多边形所造成的，故称为"多边形效应"，它是链传动的固有属性，是不可避免的。增加链轮齿数、减小节距、降低链轮转速等，可减小链传动速度的变化范围及其所带来的不利影响。

第四节　滚子链传动的设计计算

一、失效形式

1. 链条疲劳破坏

  由于链条在工作时，反复经过松边、紧边和绕上、绕下链轮，故而它的各个元件都是在变应力作用下工作，经过一定的循环次数后，链板将会因拉应力的周期性变化而发生疲劳断裂，套筒、滚子表面将会因冲击而出现疲劳点蚀。

2. 链条铰链磨损

  链条在运动过程中，铰链的销轴与套筒间承受着较大的压力，链条挠曲时两者相对转动，导致铰链磨损。铰链磨损使链条节距不断增大，链条总长增加，同时增大了运动的不均匀性和动载荷，最后引起跳齿和脱链。

3. 链条铰链的胶合

  当链速较高时，链节受到的冲击增大，销轴与套筒的工作面在高压、高温下直接接触，润滑油膜破裂，在相对转动中剧烈摩擦，从而导致胶合。

4. 链条的过载拉断

  低速（$v < 0.6\text{m/s}$）重载时，若载荷超过链条静力强度，链条会被拉断。

链传动中，链轮齿廓的磨损或变形也可能导致链传动的失效，但一般链轮的寿命远大于链条寿命，因此，链传动设计都是以链条的寿命为依据进行的。

二、设计准则

中、高速链传动（$v \geqslant 0.6\text{m/s}$），通常依据链条的额定功率进行设计；低速链传动（$v < 0.6\text{m/s}$），则依据链条的静力强度进行设计。本章仅讨论中、高速链传动的设计。

1. A 系列滚子链的额定功率 P_0

在特定试验条件下，A 系列滚子链不发生疲劳破坏、过度磨损和胶合失效，所允许的最大功率称为额定功率。试验条件包括：小链轮齿数 $z_1 = 25$；单排链；减速比 $i = 3$；链条长 $L_p = 120$ 节；工作寿命为 15000h；工作环境温度在 $-5 \sim 70℃$ 之间；两链轮共面，两轴水平平行；载荷平稳；按推荐方式润滑。图 8-9 所示为单排 A 系列滚子链的额定功率曲线图。

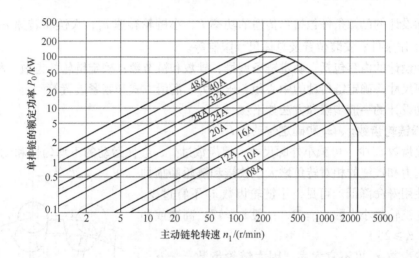

图 8-9　单排 A 系列滚子链额定功率曲线

2. A 系列滚子链的许用功率 $[P_0]$

当实际工作条件与上述特定条件不同时，应对 P_0 进行修正。修正后即得到实际工作条件下，A 系列滚子链所能传递的最大功率，称为许用功率 $[P_0]$，即

$$[P_0] = \frac{K_z K_m}{K_A} P_0 \tag{8-6}$$

式中，K_z 为小链轮齿数系数，见表 8-5；K_m 为多排链系数，见表 8-6；K_A 为工作情况系数，见表 8-7。

表 8-5　小链轮齿数系数 K_z

z_1	17	18	19	20	21	22	23	24	25	26	27	28	29	30	31
K_z	0.65	0.70	0.74	0.78	0.83	0.87	0.91	0.95	1	1.04	1.1	1.14	1.19	1.23	1.28
z_1	33	35	37	39	41	43	45	47	49	51	53	55	57	59	60
K_z	1.37	1.47	1.56	1.67	1.75	1.85	1.96	2.04	2.06	2.2	2.27	2.38	2.5	2.63	2.67

表 8-6　多排链系数 K_m

排数	1	2	3	4	5	6
K_m	1.0	1.7	2.5	3.3	4.0	4.6

表 8-7　工况系数 K_A

载荷种类	原动机	
	电动机或气轮机	内燃机
载荷平稳	1.0	1.2
中等冲击	1.3	1.4
较大冲击	1.5	1.7

三、设计步骤和方法

链传动设计的已知条件包括：传递的功率 P，小链轮转速 n_1；大链轮转速 n_2 或传动比 i；传动的工作条件；安装位置及总体尺寸限制等。

链传动设计的内容包括：确定链条型号、排数和链节数；确定链轮的齿数、材料、结构形式和几何尺寸；确定链传动的中心距、压轴力、润滑方式和张紧装置等。

链传动设计的一般步骤和方法如下：

1. 选择链轮齿数 z_1、z_2 和确定传动比 i

小链轮齿数 z_1 少，可减小外廓尺寸，但齿数过少，会使运动的不均匀性和动载荷增加，链条的圆周力和铰链的相对转角增大，铰链和链轮磨损加剧，链的使用寿命降低。可见，小链轮齿数 z_1 不宜过少。通常规定，链轮最小齿数 $z_{min}=9$，一般 $z_1 \geqslant 17$，高速或冲击较大时，$z_1 \geqslant 25$。

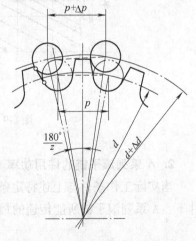

小链轮齿数 z_1 也不宜太大。因大链轮齿数 $z_2 = iz_1$，在传动比 i 一定时，z_1 大，z_2 也相应增大，其结果不仅增大了传动尺寸，而且还容易发生跳齿和脱链。如图 8-10 所示，链条铰链磨损后，其节距的增长量 Δp 和节圆由分度圆的外移量 Δd 有如下关系

$$\Delta d = \frac{\Delta p}{\sin \dfrac{180°}{z}}$$

图 8-10　节距增长量和节圆外移量

由此可知，Δp 一定时，齿数越多，节圆的外移量 Δd 就越大，也越容易发生跳齿和脱链现象。所以大链轮的齿数不宜过多，通常限定最大齿数 $z_{2max}=150$，一般 $z_2 \leqslant 114$。

传动比 i 过大，则链条在小链轮上的包角过小（通常要求包角大于120°），小链轮同时参与啮合的齿数就会过少，从而使链齿磨损加快，且易跳齿和脱链；传动比过大，还会使传动装置外廓尺寸加大。通常滚子链的传动比 $i \leqslant 6$，推荐 $i = 2 \sim 3.5$。

设计时，一般按链速 v 由表 8-8 选取 z_1，按传动比确定大链轮齿数，$z_2 = iz_1$。因链条节数常为偶数，故链轮齿数最好选取奇数，这样可使磨损较均匀。应优先选用齿数 17、19、21、23、25、38、57、76、95、114。

表 8-8　小链轮齿数 z_1

链速	低速	中速	高速	
$v/(\text{m/s})$	<0.6	0.6~8	>8	>25
z_1	≥13~15	≥17~19	≥19~23	≥35

2. 确定链条节距 p 和排数 m

节距 p 越大，承载能力就越高，但总体尺寸增大，传动的不均匀性、振动、冲击和噪声也越大。为使结构紧凑和延长寿命，应尽量选用小节距单排链，高速、重载时宜选用小节距多排链。从经济性考虑，当中心距小、传动比大时，应选小节距多排链；当中心距大、传动比小时，应选择大节距单排链。

为安全工作，链传递的功率 P 不应超过其许用功率 $[P_0]$，即

$$P \leqslant [P_0] = \frac{K_z K_m}{K_A} P_0$$

则单排链应具有的额定功率 P_0 为

$$P_0 \geqslant \frac{K_A}{K_z K_m} P \tag{8-7}$$

根据所求出的 P_0 和小链轮的转速 n_1，由图 8-9 即可确定链的型号及节距 p。

3. 确定中心距 a 和链的节数 L_p

中心距过小，单位时间内链条的循环次数增多，因而加剧了链条的磨损和疲劳。同时，由于中心距过小，链条在小链轮上包角减小，链轮齿受力增大，且易出现跳齿和脱链现象。中心距过大，松边垂度增大，则易使链条抖动。一般初取中心距 $a_0 = (30 \sim 50)p$，最大取 $a_{\max} = 80p$。

链条长度用链节数 L_p 表示，按下式计算

$$L_p = 2\frac{a_0}{p} + \frac{z_1 + z_2}{2} + \left(\frac{z_2 - z_1}{2\pi}\right)^2 \frac{p}{a_0} \tag{8-8}$$

计算出的链的节数 L_p 需圆整为整数，最好取为偶数。

实际中心距 a 按下式计算

$$a = \frac{p}{4}\left[\left(L_p - \frac{z_1 + z_2}{2}\right) + \sqrt{\left(L_p - \frac{z_1 + z_2}{2}\right)^2 - 8\left(\frac{z_2 - z_1}{2\pi}\right)^2}\right] \tag{8-9}$$

为便于安装链条和调节链的张紧程度，一般中心距设计成可调节的。若中心距不能调节而又没有张紧装置时，应将计算的中心距 a 减小 2% ~ 4%，这样可使链条有一定的初垂度，以保持链传动的张紧。

4. 计算链速 v，选择润滑方式和润滑油

链传动的润滑十分重要。良好的润滑可缓和冲击，减轻磨损，延长链条使用寿命。平均链速 v 按下式计算

$$v = \frac{z_1 p n_1}{60 \times 1000} \tag{8-10}$$

根据节距 p 和链速 v，由图 8-11 选择推荐的润滑方式。润滑油推荐采用牌号为 32、46、68 的全损耗系统用油。

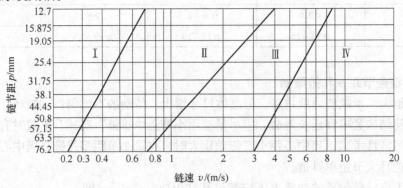

图 8-11　推荐润滑方式

Ⅰ—人工定期润滑　Ⅱ—滴油润滑　Ⅲ—浸油或飞溅润滑　Ⅳ—压力喷油润滑

5. 计算压轴力 F_P

压轴力 F_P 近似按下式计算

$$F_P \approx K_p F \tag{8-11}$$

式中　F——链的有效拉力（N），$F = 1000P/v$；

K_p——压轴力系数，对于水平传动 $K_p = 1.15$，对于垂直传动 $K_p = 1.05$。

6. 链轮结构设计

根据工作条件参考表 8-4 选择链轮材料；根据链轮分度圆直径，选择链轮结构形式；参考表 8-2、表 8-3 及设计手册确定链轮结构尺寸，并绘制其零件图。

第五节　链传动的布置、张紧和防护

一、链传动的布置

链传动布置时，两链轮轴线必须平行，两链轮必须位于垂直面内且共面。中心线尽量不要处于铅垂位置。一般紧边在上，松边在下。具体布置时，可参考表 8-9。

表 8-9　链传动的布置

传 动 条 件	正 确 布 置	不正确布置	说　　明
$i > 2$ $a = (30 \sim 50)p$			中心线水平，紧边在上、在下均可，最好在上

（续）

传动条件	正确布置	不正确布置	说　　明
$i>2$ $a<30p$			中心线不水平,松边应在下,否则链条易与链轮卡死
$i<1.5$ $a>60p$			中心线水平,松边应在下,否则松边会与紧边相碰,需经常调整中心距
i,a 任意			避免中心线铅垂,同时采用张紧措施

二、链传动的张紧

链传动张紧的目的，主要是为了避免在链条的垂度过大时产生啮合不良和链条振动的现象；同时也为了增加链条与链轮的啮合包角。当中心线倾斜角大于60°时，通常设有张紧装置。

张紧的方法很多。当链传动的中心距可调整时，可通过调节中心距来控制张紧程度；当中心距不能调整时，可设置张紧轮（见图8-12），或在链条磨损变长后从中取掉 1 ~ 2 个链节，以恢复原来的张紧程度。张紧轮可以是链轮，也可以是无齿的滚轮。张紧轮的直径应与

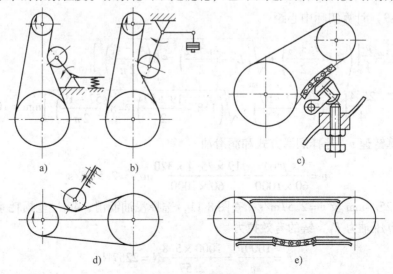

图 8-12　链传动张紧方法

小链轮的直径相近。张紧轮有自动张紧（见图 8-12a、b）及定期调整（见图 8-12c、d），前者多用弹簧、吊重等自动张紧装置，后者可用螺旋、偏心等调整装置，另外还可用压板和托板张紧（见图 8-12e）。

三、链传动的防护

链传动装置必须安装防护罩，这样既可防止运动部件伤人，又可隔离灰尘，维持正常的润滑状态。

【案例分析】

问题回顾 设计图 8-1a 所示带式运输机中的链传动。已知小链轮传递的功率 $P = 5.8\text{kW}$，小链轮转速 $n_1 = 320\text{r/min}$，传动比 $i = 3$，载荷较平稳，运输带速度允许误差为 $\pm 5\%$。

解 （1）选择链轮齿数 z_1、z_2 设链速 v 在 $0.6 \sim 8\text{m/s}$ 的范围内，查表 8-8 选取 $z_1 = 19$；大链轮齿数 $z_2 = iz_1 = 3 \times 19 = 57$。

（2）确定链条排数 m 和节距 p 因传递的功率不大，故选择单排链，即 $m = 1$。由表 8-5 查得 $K_z = 0.74$；由表 8-6 查得 $K_m = 1$；由表 8-7 查得 $K_A = 1$。由式（8-7）计算单排链应具有的额定功率

$$P_0 \geqslant \frac{K_A}{K_z K_m} P = \frac{1}{0.74 \times 1} \times 5.8\text{kW} = 7.83\text{kW}$$

根据 $P_0 \geqslant 7.83\text{kW}$ 和 $n_1 = 320\text{r/min}$，查图 8-9，选择 16A。查表 8-1，链节距 $p = 25.4\text{mm}$。

（3）确定中心距 a 和链的节数 L_p 初选中心距 $a_0 = 40p$。按式（8-8）计算链节数

$$L_p = 2\frac{a_0}{p} + \frac{z_1 + z_2}{2} + \left(\frac{z_2 - z_1}{2\pi}\right)^2 \frac{p}{a_0} = 2 \times \frac{40p}{p} + \frac{19 + 57}{2} + \left(\frac{57 - 19}{2\pi}\right)^2 \frac{p}{40p} = 118.9$$

取链节数 $L_p = 118$ 节。

按式（8-9）计算实际中心距

$$a = \frac{p}{4}\left[\left(L_p - \frac{z_1 + z_2}{2}\right) + \sqrt{\left(L_p - \frac{z_1 + z_2}{2}\right)^2 - 8\left(\frac{z_2 - z_1}{2\pi}\right)^2}\right]$$

$$= \frac{25.4}{4}\left[\left(118 - \frac{19 + 57}{2}\right) + \sqrt{\left(118 - \frac{19 + 57}{2}\right)^2 - 8\left(\frac{57 - 19}{2\pi}\right)^2}\right]\text{mm} = 1004\text{mm}$$

（4）计算链速 v，选择润滑方式和润滑油

$$v = \frac{z_1 p n_1}{60 \times 1000} = \frac{19 \times 25.4 \times 320}{60 \times 1000}\text{m/s} = 2.57\text{m/s}$$

根据 $p = 25.4\text{mm}$ 及 $v = 2.57\text{m/s}$，查图 8-11，选择浸油润滑，46 号全损耗系统润滑油。

（5）计算压轴力 F_p 链的有效拉力

$$F = \frac{1000P}{v} = \frac{1000 \times 5.8}{2.57}\text{N} = 2257\text{N}$$

设链传动水平布置，压轴力系数 $K_p = 1.15$，则压轴力为

$$F_P \approx K_P F = 1.15 \times 2257N = 2596N$$

（6）链轮结构设计　由表 8-2，计算链轮的分度圆直径

$$d_1 = p/\sin(180°/z_1) = 25.4/\sin(180°/19)mm = 154.318mm$$

$$d_2 = p/\sin(180°/z_2) = 25.4/\sin(180°/57)mm = 461.082mm$$

查表 8-4，小链轮材料选取 45 钢淬火、回火 40～45HRC，采用实心式结构；大链轮材料选取 ZG310 淬火、回火 40～45HRC，采用孔板式结构。其余细节及链轮零件图可参考表 8-2、表 8-3 及设计手册完成。

（7）选择张紧方式　该链传动对安装和调整未作明确要求，故暂选定期调整中心距的张紧方式。

实训与练习

8-1　带式输送机传动装置设计（续）

本阶段设计任务：沿用第六章实训与练习 6-3 中的传动方案及设计数据，参照本章设计案例，完成其中的滚子链传动设计。要求提交设计报告，并用计算机绘制两链轮的零件图。

8-2　设计一螺旋输送机用滚子链传动。已知链传动传递的功率 $P = 7.5kW$，主动链轮转速 $n_1 = 1450r/min$，传动比 $i = 3$，电动机驱动，两班制工作，中心距小于 650mm（可以调节）。

第九章 齿轮传动

【案例导入】

图 9-1a 所示为带式运输机传动简图，图 9-1b 所示为该运输机所采用的一级圆柱齿轮减速器。现已确定：减速器高速轴的输入功率为 $P_1 = 3.55kW$，转速为 $n_1 = 343r/min$，输入转矩为 $T_1 = 98.84N \cdot m$，传动比为 $i = 4.4$。其他相关条件为：两班制工作，单向运转，载荷较平稳；运输带速度允许误差为 $\pm 5\%$。试设计该齿轮传动。

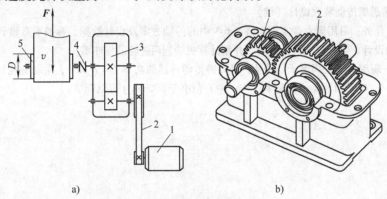

a)   b)

图 9-1 带式运输机与一级圆柱齿轮减速器

【初步分析】

齿轮传动由主动齿轮 1 和从动齿轮 2 组成（见图 9-1b），它依靠两齿轮轮齿间的啮合来传递运动和动力，是应用最广的一种机械传动。

齿轮传动设计的主要内容是：根据使用要求，选择齿轮的类型、材料、精度、润滑方式和润滑剂；确定齿轮的基本参数、结构形式和几何尺寸；最后绘制出齿轮的工作图。

本章主要介绍齿轮传动的特点及类型；渐开线齿轮传动的基本原理；直齿圆柱齿轮传动、斜齿圆柱齿轮传动和直齿锥齿轮传动的基本参数、几何尺寸计算、传动条件、失效形式、设计准则、常用材料、受力分析和强度计算。

第一节 齿轮传动的特点及类型

齿轮传动的优点是：①可实现空间任意两轴间的传动；②适用的功率和圆周速度范围广；③传动比恒定；④传动效率高；⑤工作可靠；⑥使用寿命长；⑦结构紧凑。缺点是：①制造及安装精度要求较高，成本较高；②不适宜远距离两轴之间的传动。

齿轮传动的类型很多，按照两齿轮轴线的相对位置和齿向的不同，常见的齿轮传动分类如下：

$$\text{齿轮传动} \begin{cases} \text{平行轴齿轮传动} \begin{cases} \text{直齿圆柱齿轮传动} \begin{cases} \text{外啮合直齿轮传动（见图 9-2a）} \\ \text{内啮合直齿轮传动（见图 9-2b）} \end{cases} \\ \text{斜齿圆柱齿轮传动（见图 9-2d）} \\ \text{人字齿圆柱齿轮传动（见图 9-2e）} \end{cases} \\ \text{相交轴齿轮传动} \begin{cases} \text{直齿锥齿轮传动（见图 9-2f）} \\ \text{曲齿锥齿轮传动（见图 9-2g）} \end{cases} \\ \text{交错轴齿轮传动} \begin{cases} \text{交错轴斜齿圆柱齿轮传动（见图 9-2h）} \\ \text{蜗杆蜗轮传动（见图 9-2i）} \end{cases} \end{cases}$$

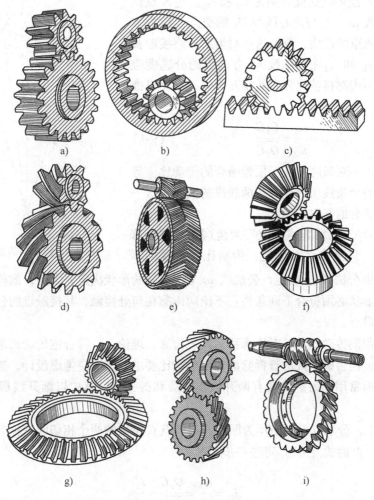

图 9-2　齿轮传动的类型

　　按照工作条件的不同，齿轮传动可分为闭式传动和开式传动。闭式传动的齿轮封闭在有润滑油的箱体内，因而能保证良好的润滑和洁净的工作条件，闭式传动多用于重要的场合。开式传动的齿轮是外露的，灰尘容易侵入，且润滑不良，因此齿轮易于磨损，开式传动多用于低速传动和不重要的场合。

第二节　齿廓啮合基本定律

齿轮传动最基本的要求是其传动比（即两齿轮的瞬时角速度之比 $i_{12} = \omega_1/\omega_2$）恒定不变，以使传动准确和平稳。而齿轮的传动比是否恒定则取决于齿廓曲线的形状。

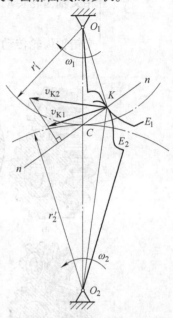

图 9-3 所示为相互啮合的一对齿廓 E_1 和 E_2 在 K 点接触，设主动轮 1 以角速度 ω_1 绕轴 O_1 顺时针转动，从动轮 2 在轮 1 的推动下以角速度 ω_2 绕轴 O_2 逆时针转动，两齿廓上 K 点的线速度分别为 v_{K1} 和 v_{K2}。过 K 点作两齿廓的公法线 nn，它与连心线 O_1O_2 的交点 C 称为节点。根据高副约束的性质，要使这一对齿廓始终接触及正常传动，则 v_{K1} 和 v_{K2} 在公法线 nn 方向上的分速度应相等，否则，两齿廓将彼此分离或相互嵌入。据此可推出下面的公式

$$i_{12} = \frac{\omega_1}{\omega_2} = \frac{\overline{O_2C}}{\overline{O_1C}} \qquad (9\text{-}1)$$

上式表明，一对齿廓在任一位置啮合的传动比，等于齿廓接触点的公法线所分连心线两线段的反比。这一规律称为齿廓啮合的基本定律。

由于轴心 O_1、O_2 为定点，故当两齿廓在不同的 K 点位置接触时，只要节点 C 固定，传动比就可保持不变。而节点 C 由公法线 nn 决定，公法线 nn 又由齿廓的形状决定。因此，欲使齿轮传动比恒定不变，齿廓形状必须符合下列条件：不论两齿廓在何处接触，其接触点的公法线都必须与连心线交于一定点。

图 9-3　齿廓与传动比的关系

凡能实现预期传动比的一对齿廓称为共轭齿廓。理论上，符合定传动比条件的共轭齿廓曲线有无数对，但齿廓曲线的选择除满足定传动比要求外，还应考虑设计、制造、安装及使用等要求。目前常用的齿廓曲线有渐开线、摆线和圆弧等，其中以渐开线齿廓应用最为广泛。

在图 9-3 中，分别以 O_1 和 O_2 为圆心，过节点 C 所做的两个相切的圆称为节圆，其半径用 r_1'、r_2' 表示。此时式（9-1）可进一步表示为

$$i_{12} = \frac{\omega_1}{\omega_2} = \frac{\overline{O_2C}}{\overline{O_1C}} = \frac{r_2'}{r_1'} \qquad (9\text{-}2)$$

上式表明，一对齿轮的传动比等于其节圆半径的反比。其等效式 $\omega_1 r_1' = \omega_2 r_2'$ 还表明，一对齿轮传动时两节圆在节点 C 处的线速度相等，它们之间作纯滚动。

齿轮传动中两轴心 O_1、O_2 之间的距离称为中心距，用 a' 表示，由图 9-3 可知中心距等于两节圆半径之和，即

$$a' = \overline{O_1O_2} = r_1' + r_2' \qquad (9\text{-}3)$$

第三节 渐开线齿廓

一、渐开线的形成

如图 9-4 所示，当一直线 BK 沿着一圆周作纯滚动时，直线上任一点 K 的轨迹 AK 称为该圆的渐开线。该圆称为渐开线的基圆，基圆半径用 r_b 表示；直线 BK 称为渐开线的发生线；角度 θ_K 称为渐开线上 K 点的展角。

二、渐开线的性质

由渐开线的形成可知，渐开线具有以下性质：

1）发生线在基圆上滚过的长度 $\overline{BK}$，等于基圆上被滚过的弧长 $\overset{\frown}{AB}$，即 $\overline{BK} = \overset{\frown}{AB}$。

2）渐开线上任一点的法线必切于基圆。发生线沿基圆作纯滚动时，切点 B 为其瞬时转动中心，$\overline{BK}$ 为其瞬时转动半径，它们分别是渐开线在点 K 的曲率中心和曲率半径。因曲率半径 $\overline{BK}$ 是渐开线的法线，故渐开线上任一点的法线必切于基圆。另由图 9-4 可见，渐开线越接近于基圆的部分，其曲率半径越小，即曲率越大。

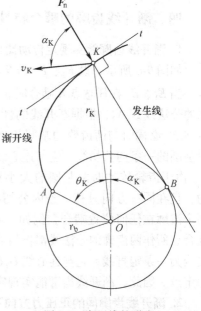

图 9-4 渐开线的形成

3）渐开线齿廓上各点的压力角是变化的。如图 9-4 所示，当齿轮转动时，渐开线上任一点 K 的法线（即法向压力 F_n 方向线）与该点的速度 v_K 方向线所夹的锐角 α_K 称为渐开线齿廓在 K 点的压力角。设 K 点的矢径为 r_K，则由 $\triangle OBK$ 可求得

$$\cos\alpha_K = \frac{\overline{OB}}{\overline{OK}} = \frac{r_b}{r_K}$$

上式表明，基圆半径 r_b 一定时，其渐开线上各点的压力角随向径 r_K 的增大而增大，基圆上压力角等于零。

4）渐开线的形状取决于基圆的大小。基圆半径不同，则它们的渐开线形状不同。如图 9-5 所示，基圆半径越大，则渐开线越平直；当基圆半径趋于无穷大时，其渐开线将成为垂直于发生线的直线，这就是渐开线齿条的齿廓。

5）基圆以内无渐开线。

三、渐开线的方程

在图 9-4 中，以 O 为极坐标的原点，以矢径 $\overline{OA}$ 为

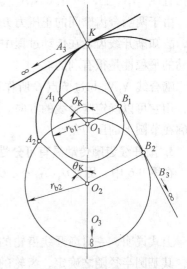

图 9-5 不同基圆的渐开线

极坐标轴，则渐开线上任意点 K 的展角 θ_K 和矢径 r_K 关于压力角 α_K 的极坐标参数方程为

$$\left.\begin{array}{l} r_K = \dfrac{r_b}{\cos\alpha_K} \\[3mm] \theta_K = \mathrm{inv}\alpha_K = \tan\alpha_K - \alpha_K \end{array}\right\} \tag{9-4}$$

式中，θ_K、α_K 的单位为 rad；$\mathrm{inv}\alpha_K = \tan\alpha_K - \alpha_K$ 称为渐开线函数，可从机械设计手册中查取。

四、渐开线齿廓的啮合特性

1. 渐开线齿廓能实现定传动比传动

如图 9-6 所示，设 E_1、E_2 为互相啮合的一对渐开线齿廓，它们的基圆半径分别为 r_{b1}、r_{b2}。当 E_1、E_2 在任意点 K 啮合时，过点 K 作这对齿廓的公法线 N_1N_2，根据渐开线的性质可知，此公法线 N_1N_2 必同时与两齿轮的基圆相切，即 N_1N_2 为两轮基圆的一条内公切线，它与连心线 O_1O_2 相交于点 C。由于齿轮传动时两基圆的大小和位置都是不变的，且在同一方向只有一条内公切线，所以不论这两个齿廓在任何位置啮合，例如，在点 K' 啮合，过啮合点所作两齿廓的公法线都将与 N_1N_2 重合，即公法线为一条定直线，它与连心线 O_1O_2 的交点 C 必为一定点。因此，渐开线齿廓能实现定传动比传动。

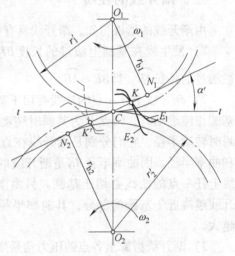

图 9-6 渐开线齿廓的啮合

2. 渐开线齿廓间的正压力方向不变

既然一对渐开线齿廓在任何位置啮合时，接触点的公法线都是同一条直线 N_1N_2，这就说明了一对渐开线齿廓从开始啮合到脱离接触，所有的啮合点均在直线 N_1N_2 上，即直线 N_1N_2 是两齿廓接触点的轨迹，故称它为渐开线齿轮传动的啮合线。由于两啮合齿廓间的正压力方向就是接触点的公法线方向，而公法线与啮合线 N_1N_2 重合，故知渐开线齿轮在传动过程中，两啮合齿廓之间的正压力方向是始终不变的，这对齿轮传动的平稳性是很有利的。

啮合线 N_1N_2 与过节点 C 所作两节圆的公切线 tt 所夹的锐角 α' 称为渐开线齿廓的啮合角，用它可以确定啮合线的方向。由图 9-6 中的几何关系可知，啮合角在数值上等于渐开线齿廓在节圆上的压力角。

3. 渐开线齿廓传动具有可分性

在图 9-6 中，因 $\triangle O_1CN_1 \backsim \triangle O_2CN_2$，故两齿轮的传动比又可写成

$$i_{12} = \frac{\omega_1}{\omega_2} = \frac{r_2'}{r_1'} = \frac{r_{b2}}{r_{b1}} \tag{9-5}$$

上式说明，一对渐开线齿轮的传动比等于其基圆半径的反比。当一对渐开线齿轮制成后，其基圆半径随之确定，齿轮的传动比也就随之确定了。因而即使两齿轮的中心距因制造、安装误差和轴承磨损等略有变化，也不会影响齿轮的传动比。渐开线齿廓传动的这一特

性称为传动的可分性。

渐开线齿廓除具有以上良好的传动性能外，而且便于制造、安装、测量和互换使用，所以渐开线齿轮在机械传动中获得了广泛的应用。

第四节 渐开线标准直齿圆柱齿轮的基本参数及几何尺寸

一、齿轮各部分的名称和符号

图 9-7 所示为直齿圆柱齿轮的一部分，其各部分的名称及符号介绍如下。

（1）齿顶圆 过齿轮各齿顶的圆，其直径和半径分别用 d_a 和 r_a 表示。

（2）齿根圆 过齿轮各齿槽底部的圆，直径和半径分别用 d_f 和 r_f 表示。

（3）分度圆 介于齿顶圆与齿根圆之间的一个特殊的圆，是设计齿轮的基准圆，其直径和半径分别用 d 和 r 表示。

（4）基圆 形成渐开线齿廓的圆，直径和半径分别用 d_b 和 r_b 表示。

（5）齿顶高 分度圆和齿顶圆之间的径向高度，用 h_a 表示。

（6）齿根高 分度圆和齿根圆之间的径向高度，用 h_f 表示。

（7）全齿高 齿根圆和齿顶圆之间的径向高度，用 h 表示，$h = h_a + h_f$。

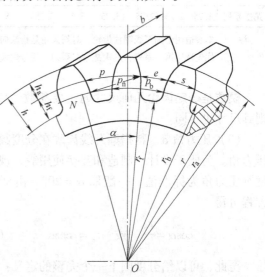

图 9-7 齿轮各部分的名称和符号

（8）齿厚 在任意半径 r_k 的圆周上，一个轮齿两侧齿廓间的弧长称为该圆上的齿厚，用 s_k 表示。分度圆上的齿厚用 s 表示。

（9）齿槽宽 在任意半径 r_k 的圆周上，一齿槽两侧齿廓间的弧长称为该圆上的齿槽宽，用 e_k 表示。分度圆上的齿槽宽用 e 表示。

（10）齿距 在任意半径 r_k 的圆周上，相邻两齿同侧齿廓间的弧长称为该圆上的齿距，用 p_k 表示，$p_k = s_k + e_k$。基圆上的齿距用 p_b 表示，$p_b = s_b + e_b$；分度圆上齿距用 p 表示，$p = s + e$。

（11）法向齿距 相邻两齿同侧齿廓间的法向距离，用 p_n 表示。由渐开线的性质可知，$p_n = p_b$。

（12）齿宽 轮齿的轴向宽度，用 b 表示。

二、齿轮的基本参数

（1）齿数 z 齿轮轮齿的个数。

（2）模数 m 分度圆直径 d 与齿距 p 及齿数 z 之间有如下关系

$$\pi d = pz, \quad 或 \quad d = \frac{p}{\pi}z$$

因 π 是无理数,为便于齿轮的设计、制造和检验,特规定 p/π 的比值为简单的有理数,称之为模数,用符号 m 表示,即

$$m = \frac{p}{\pi} \tag{9-6}$$

模数 m 的单位为 mm,标准模数系列见表 9-1。于是得

$$d = mz \tag{9-7}$$

表 9-1　标准模数系列(摘自 GB/T 1357—2008)　　　　(单位:mm)

第一系列	1 1.25 1.5 2 2.5 3 4 5 6 8 10 12 16 20 25 32 40 50
第二系列	1.75 2.25 2.75 (3.25) 3.5 (3.75) 4.5 5.5 (6.5) 7 9 (11) 14 18 22 28 (30) 36 45

注:1. 本表适用于渐开线圆柱齿轮,对斜齿轮是指法向模数。
　　2. 优先选用第一系列,其次是第二系列,括号内模数尽可能不用。

模数是确定齿轮几何尺寸的主要参数,如图 9-8 所示,齿数相同的齿轮,若模数不同,则其尺寸也不同。

(3)压力角 α　特指渐开线齿廓在分度圆上的压力角。为便于设计、制造和互换使用等,规定分度圆压力角为标准值,一般取 $\alpha = 20°$。由渐开线方程可得

$$\cos\alpha = \frac{r_{b}}{r} \quad 或 \quad r_{b} = r\cos\alpha \tag{9-8}$$

至此,可以给分度圆下一个完整的定义:分度圆就是齿轮上具有标准模数和标准压力角的圆。

(4)齿顶高系数 h_{a}^{*}　因规定齿顶高 $h_{a} = h_{a}^{*}m$,故称 h_{a}^{*} 为齿顶高系数。

(5)顶隙系数 c^{*}　因规定齿根高 $h_{f} = (h_{a}^{*} + c^{*})m$,故称 c^{*} 为顶隙系数。

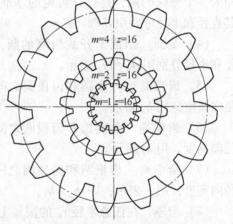

图 9-8　齿轮各部分尺寸与模数的关系

我国标准规定:正常齿制的 $h_{a}^{*} = 1$,$c^{*} = 0.25$;短齿制的 $h_{a}^{*} = 0.8$,$c^{*} = 0.3$。

三、齿轮的几何尺寸计算

具有标准模数 m、标准压力角 α、标准齿顶高系数 h_{a}^{*}、标准顶隙系数 c^{*},且分度圆齿厚等于齿槽宽,即 $s = e$ 的齿轮称为标准齿轮。标准直齿圆柱齿轮几何尺寸的计算公式见表 9-2。

表 9-2　渐开线标准直齿圆柱齿轮几何尺寸的计算公式

名　称	符　号	计　算　公　式
分度圆直径	d	$d = mz$
齿顶高	h_{a}	$h_{a} = h_{a}^{*}m$

（续）

名　称	符　号	计算公式
齿根高	h_f	$h_f = (h_a^* + c^*)m$
全齿高	h	$h = h_a + h_f = (2h_a^* + c^*)m$
齿顶圆直径	d_a	$d_a = d + 2h_a = m(z + 2h_a^*)$
齿根圆直径	d_f	$d_f = d - 2h_f = m(z - 2h_a^* - 2c^*)$
基圆直径	d_b	$d_b = d\cos\alpha$
齿距	p	$p = \pi m$
齿厚	s	$s = p/2 = \pi m/2$
齿槽宽	e	$e = p/2 = \pi m/2$
基圆齿距	p_b	$p_b = p\cos\alpha$
法向齿距	p_n	$p_n = p_b = p\cos\alpha$
顶隙	c	$c = c^*m$
标准中心距	a	$a = (d_1 + d_2)/2 = m(z_1 + z_2)/2$
传动比	i_{12}	$i_{12} = \omega_1/\omega_2 = n_1/n_2 = d_2/d_1 = z_2/z_1$

图 9-9 所示为一内齿圆柱齿轮的一部分。由于内齿轮的轮齿是分布在空心圆柱体的内表面上，所以它与外齿轮比较有下列不同点：

1）内齿轮的齿廓是内凹的，而外齿轮的齿廓是外凸的。

2）内齿轮的分度圆大于齿顶圆，而齿根圆又大于分度圆，即齿根圆大于齿顶圆。

3）为了使内齿轮齿顶的齿廓全部为渐开线，则其齿顶圆必须大于基圆。

基于上述各点，内齿轮的齿顶圆直径与齿根圆直径的计算公式就不同于外齿轮，其计算公式为

$$\left.\begin{array}{l} d_a = d - 2h_a = (z - 2h_a^*)m \\ d_f = d + 2h_f = (z + 2h_a^* + 2c^*)m \end{array}\right\}$$

（9-9）

图 9-10 所示为一齿条。当齿轮的齿数增大到无穷多时，其圆心将位于无穷远处，齿轮的各圆周均变为互相平行的直线，同侧渐开线齿廓也变成了互相平行的斜直线齿廓，这样就变成了齿条。齿条与齿轮相比主要有以下两个特点：

1）由于齿条的齿廓是直线，所以齿廓上各点的法线是平行的，又由于齿条在

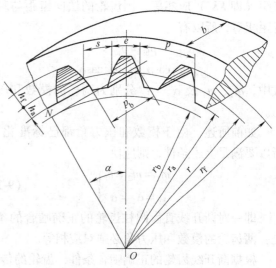

图 9-9　内齿轮各部分尺寸

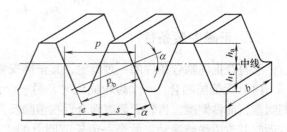

图 9-10　齿条各部分尺寸

传动时作直线移动，齿廓上各点速度的大小和方向都一致，所以齿条齿廓上各点的压力角都相等，其大小等于齿廓直线的倾斜角，此角称为齿形角，标准值为20°。

2）与齿顶线平行的各直线上的齿距都相同，模数为同一标准值，其中齿厚与齿槽宽相等的直线称为中线，它是确定齿条各部分尺寸的基准线。

齿条的基本尺寸可参照外齿轮几何尺寸的计算公式进行计算。

第五节　渐开线标准直齿圆柱齿轮的啮合传动

以上仅就单个渐开线齿轮进行了研究，下面讨论一对渐开线齿轮啮合传动的情况。

一、正确啮合条件

如前所述，一对渐开线齿轮在传动时，它们的齿廓啮合点都应位于啮合线 N_1N_2 上，因此要使齿轮能正确啮合传动，应使处于啮合线上的相邻轮齿都能同时啮合。如图9-11所示，当前一对轮齿在啮合线上 K 点啮合时，后一对轮齿能够在啮合线上另一点 K' 啮合。

由图9-11可以看出，正确啮合时两齿轮的法向齿距（即 KK'）应相等，因齿轮的法向齿距与基圆齿距相等，所以有

$$p_{b1} = p_{b2}$$

$$\pi m_1 \cos\alpha_1 = \pi m_2 \cos\alpha_2$$

式中，m_1、m_2 及 α_1、α_2 分别为两轮的模数和压力角。

如前所述，由于模数和压力角都已标准化了，所以要满足上述条件，则应使

$$\left.\begin{array}{l} m_1 = m_2 = m \\ \alpha_1 = \alpha_2 = \alpha \end{array}\right\} \tag{9-10}$$

即一对渐开线直齿圆柱齿轮的正确啮合的条件是：两齿轮的模数和压力角必须对应相等。

根据渐开线齿轮的正确啮合条件，齿轮的传动比还可以进一步表示为

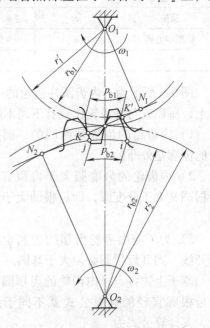

图9-11　渐开线齿轮正确啮合

$$i_{12} = \frac{\omega_1}{\omega_2} = \frac{d_{b2}}{d_{b1}} = \frac{d_2}{d_1} = \frac{z_2}{z_1} \tag{9-11}$$

二、正确安装条件

已符合正确啮合条件的一对齿轮，其正确安装应满足下面两个条件。

（1）无侧隙啮合　一个齿轮固定时，另一个齿轮能够转过的节圆弧长的最大值称为齿侧间隙，简称侧隙。齿轮无侧隙啮合旨在消除反向空程，避免冲击、振动和噪声。因为齿轮传动时其节圆作纯滚动，故当一齿轮节圆上的齿槽宽与另一齿轮节圆上的齿厚相等时，即 $e_1' = s_2'$，$e_2' = s_1'$，可实现无侧隙啮合。

一对正确啮合的标准齿轮，因其模数相等，故其分度圆上的齿厚与齿槽宽互等，即 $s_1 = e_1 = s_2 = e_2 = \pi m/2$。由此可知，当两轮分度圆相切时（即节圆与分度圆重合）可实现无侧隙啮合。如图 9-12 所示，这种安装称为标准安装，标准安装时的中心距称为标准中心距，以 a 表示。即

$$a = r_1' + r_2' = r_1 + r_2 = \frac{m}{2}(z_1 + z_2) \qquad (9-12)$$

必须指出，在实际的齿轮传动中，为了在齿轮副间进行润滑，补偿制造和装配误差及轮齿受力变形和热膨胀，总要留有一定的侧隙。由于侧隙很小，并由齿厚和中心距公差来保证，故在计算齿轮的相关公称尺寸时仍按无侧隙来考虑。

（2）顶隙为标准值　一齿轮的齿顶圆与另一齿轮的齿根圆之间的间隙称为顶隙。顶隙的作用是避免齿顶与齿槽底部及齿根过渡曲线相抵触，并储存润滑油，标准顶隙为 $c = c^* m$。如图 9-12 所示，齿轮标准安装时因分度圆相切，顶隙 $c = h_f - h_a = c^* m$，正好为标准值。由此可见，标准齿轮在标准安装时，可同时满足无侧隙和标准顶隙两个条件。

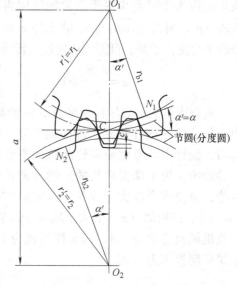

图 9-12　标准齿轮正确安装

从图 9-12 可以看出，标准齿轮标准安装时，因节圆与分度圆重合，故啮合角等于分度圆压力角。

图 9-13 所示为标准齿轮齿条传动，齿轮的分度圆与齿条的中线相切时为标准安装。

三、连续传动条件

齿轮传动时，其每一对轮齿仅能啮合一段时间便要分离，而由后一对轮齿接替。要使齿轮进行连续传动，必须保证在前一对轮齿即将脱离啮合时，后一对轮齿正好或已经进入啮合。

先来分析一对轮齿的啮合过程。图 9-14 所示齿轮 1 为主动轮，齿轮 2 为从动轮。一对轮齿开始啮合时，是主动轮齿的齿根部分推动从动轮的齿顶，因此从动轮齿顶圆与啮合线 $N_1 N_2$ 的交点 B_2

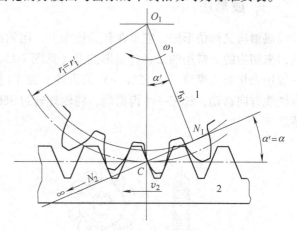

图 9-13　标准齿轮齿条正确安装

为起始啮合点。随着啮合传动的进行，两齿廓的啮合点将沿着啮合线 $N_1 N_2$ 向 N_2 方向移动。同时啮合点将分别沿着主动轮的齿廓由齿根向齿顶移动，沿着从动轮的齿廓由齿顶逐渐移向齿根。当啮合点移动到主动轮的齿顶圆与啮合线的交点 B_1 时，两轮齿即将脱离接触，故点 B_1 为两齿廓的终止啮合点。线段 $\overline{B_2 B_1}$ 是啮合点的实际轨迹，称为实际啮合线段。由于基圆内无渐开线，线段 $\overline{N_1 N_2}$ 是理论上最长的啮合线段，称为理论啮合线段，N_1、N_2 则称为极限啮合点。

由此可见，当前一对轮齿在终止啮合点 B_1 即将分离时，若后一对轮齿正好进入起始啮合点 B_2 或已经在 B_2B_1 之间的某一点 K 啮合，则可实现连续传动。而为了达到这一目的，实际啮合线段 $\overline{B_2B_1}$ 应大于或至少等于齿轮的法向齿距 p_b，即 $\overline{B_2B_1} \geqslant p_b$。通常把 $\overline{B_2B_1}$ 与 p_b 的比值 ε 称为齿轮传动的重合度。于是，可得到齿轮连续传动的条件为

$$\varepsilon = \frac{\overline{B_2B_1}}{p_b} \geqslant 1 \qquad (9\text{-}13)$$

重合度越大，表示同时啮合的轮齿对数越多，因而传动的连续性越好，传动越平稳，承载能力越高。设计中，考虑到齿轮制造和安装误差等因素的影响，为了确保齿轮的连续传动及改善传力性能，应使重合度大于或等于一定的许用值，即 $\varepsilon \geqslant [\varepsilon]$。许用值 $[\varepsilon]$ 的大小取决于齿轮的用途，一般机械制造业为 1.4，汽车拖拉机为 1.1～1.2，金属切削机床为 1.3。

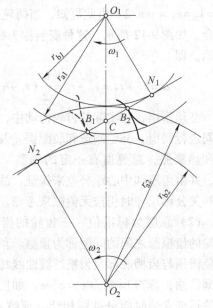

图 9-14　连续传动条件

第六节　渐开线齿轮的切齿原理

切削轮齿的方法按其原理可分为成形法和展成法两类。

一、成形法

成形法又称仿形法，它是在普通铣床上，用轴剖面刀形与被切齿轮齿槽形状相同的成形铣刀来切齿的。常用的刀具有盘形铣刀（见图 9-15a）和指状铣刀（见图 9-15b）。指状铣刀一般用来切制大模数（$m \geqslant 20\text{mm}$）的齿轮。加工时，铣刀绕自身轴线旋转，同时轮坯沿自身轴线方向移动，铣完一个齿槽后，将轮坯转过 $360°/z$，再铣第二个齿槽，直至铣出所有齿槽。

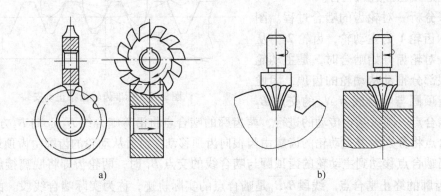

a)　　　　　　　　　　　　　b)

图 9-15　成形法切制齿轮

由于渐开线的形状取决于基圆的大小，而基圆直径 $d_b = mz\cos\alpha$，故当 m 及 α 一定时，渐开线的形状将随齿数 z 的变化而变化。因此，在加工 m、α 相同、而 z 不同的齿轮时，要想切出完全准确的渐开线齿廓，则每一种齿数的齿轮就需要有一把刀具，这在实际上是做不到的。所以，工程上在加工相同 m、α 的齿轮时，一般只备有 1 至 8 号共八种齿轮铣刀，各号铣刀切制齿轮的齿数范围见表 9-3。

表 9-3　各号铣刀切制齿轮的齿数范围

铣刀号码	1	2	3	4	5	6	7	8
切削齿数	12 ~ 13	14 ~ 16	17 ~ 20	21 ~ 25	26 ~ 34	35 ~ 54	55 ~ 134	≥135

成形法加工简单，不需专用机床。但因齿形存在理论误差，轮齿存在分度误差，故加工精度低；因是间断切削，故生产效率低。这种方法常用于修配、小量及精度要求不高的齿轮加工。

二、展成法

展成法又称范成法、包络法，它是利用一对齿轮（或齿轮与齿条）相互啮合时，其共轭齿廓互为包络线的原理来切齿的。其实质是，在保证刀具和轮坯之间按齿轮啮合关系运动的同时对轮坯进行切削，以切出与刀具齿廓共轭的渐开线齿廓。

1. 插齿

图 9-16a 所示为用齿轮插刀插齿的情形。齿轮插刀实际上是一个具有切削刃的渐开线标准齿轮，其模数和压力角与被加工齿轮相同，只是刀具的齿顶高比普通齿轮高出一个顶隙 c，以便切出齿轮的顶隙部分。

插齿时，强迫插刀和轮坯按恒定的传动比 $i = \omega_{刀}/\omega_{坯} = z_{坯}/z_{刀}$ 作回转运动，称为展成运动；同时插刀沿轮坯的轴线方向作往复切削运动；为了切出轮齿的高度，插刀还需向轮坯中心作进给运动。此外，为了防止插刀在空回时擦伤已切好的齿面，轮坯还须作远离刀具的让刀运动。如图 9-16b 所示，插刀切削刃在各个位置的包络线即为被切齿轮的齿廓。

图 9-17 所示为用齿条插刀插齿的情形，加工时，轮坯以等角速度 ω 转动，齿条插刀以速度 $v_{刀} = \omega r = \omega mz/2$ 移动，此即展成运动；其他机床运动同齿轮插刀插齿。

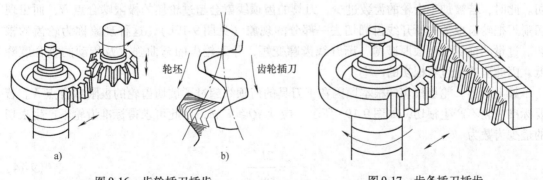

轮坯　齿轮插刀

a)　　　　　b)

图 9-16　齿轮插刀插齿　　　　　图 9-17　齿条插刀插齿

插齿加工的精度较高，但因是间断切削，故生产效率较低。

2. 滚齿

图 9-18a 所示为用齿轮滚刀滚齿时的情形，滚刀的形状犹如一开有切削刃的螺旋（见图 9-18b）。用滚刀加工直齿轮时，滚刀的轴线与轮坯端面之间的夹角应等于滚刀的导程角 γ（见图 9-18d），这样，滚刀螺旋的切线方向恰与轮坯的齿向相同。滚刀在轮坯端面上的投影为一齿条（见图 9-18c），滚刀转动时就相当于这个齿条在连续移动。所以用滚刀切制齿轮的原理与齿条插刀切制齿轮的原理基本相同，不过齿条插刀的切削运动和展成运动，已为滚刀切削刃的螺旋运动所代替。为了切出整个齿宽，滚刀在回转的同时，还沿轮坯的轴向作进给运动。

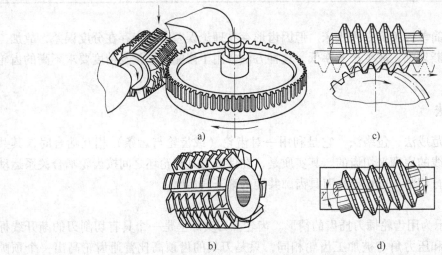

图 9-18　齿轮滚刀滚齿

滚齿加工是连续切削，生产效率较高，它比插齿的应用更为广泛。

用展成法加工齿轮时，同一把刀具可切制出模数和压力角相同、齿数不同，但齿形准确的渐开线齿轮，且生产效率较高，因此，它是当代齿轮加工的主要方法。

三、根切现象与最少齿数

如图 9-19a 所示，用齿条型插刀加工标准齿轮时，刀具的中线必须与轮坯的分度圆相切。此时，若被加工齿轮的齿数过少，刀具的齿顶线就会超过轮坯的极限啮合点 N，而出现切削刃把轮齿根部的渐开线齿廓切去一部分的现象（见图 9-19b），这种现象称为轮齿的根切。过量的根切使齿根厚减薄，渐开线齿廓变短，导致轮齿的弯曲强度及传动的重合度降低，因此应避免过量根切的产生。

如上所述，轮齿根切的根本原因在于刀具的齿顶线超过了被切齿轮的极限啮合点 N。若要标准齿轮不产生根切，如图 9-19a 所示，应使 $\overline{NQ} \geqslant h_a^* m$，由此可求得标准齿轮不产生根切的最少齿数为

$$z_{min} = \frac{2h_a^*}{\sin^2 \alpha} \tag{9-14}$$

当 $\alpha = 20°$、$h_a^* = 1$ 时，$z_{min} = 17$。实际应用中，为了使齿轮传动结构紧凑，允许有少量根切时，可取 $z_{min} = 14$。

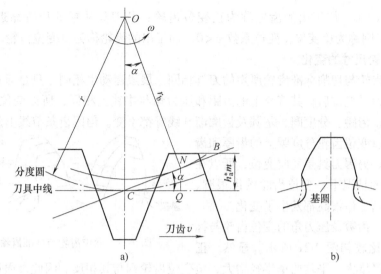

图 9-19 标准齿轮的根切

四、标准齿轮的局限性

标准齿轮具有设计简单、互换性好等优点，但也存在下述不足：

1）齿数不能少于最少齿数 z_{min}，否则会产生根切。

2）不适用中心距 $a' \neq a = m(z_1 + z_2)/2$ 的场合。因为当 $a' < a$ 时，根本无法安装；而当 $a' > a$ 时，虽然可以安装，但将产生较大的齿侧间隙，而且重合度也随之减小，影响传动的平稳性。

3）一对相互啮合的标准齿轮中，由于小齿轮齿廓渐开线的曲率半径较小，齿根厚度也较薄，而且啮合次数又较多，因而强度较低，容易损坏，从而影响了整个齿轮传动的承载能力。

为了克服和改善标准齿轮的上述不足，常采用变位齿轮。

五、变位齿轮的概念

1. 刀具的变位

在用齿条刀具加工齿轮时，若刀具的中线与轮坯的分度圆相切（见图 9-20a），称为标准安装，这样加工出来的齿轮为标准齿轮。

若在加工齿轮时，将刀具从标准位置相对轮坯中心向外移远或向内移近一段距离，使其中线与轮坯的分度圆相离（见图 9-20b）或相割（见图 9-20c），称为变位安装，如此加工出来的齿轮称为变位齿轮。

加工变位齿轮时，刀具移动的距离 xm 称为变位量，其中 m 为模数，x 称为变位系数。若刀具从标准位置远离轮坯中心时（见图 9-20b），则称为正变

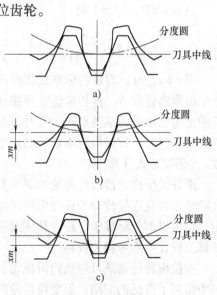

图 9-20 刀具的变位

位，变位系数 $x > 0$，加工出的齿轮称为正变位齿轮；若刀具从标准位置靠近轮坯中心时（见图9-20c），则称为负变位，变位系数 $x < 0$，加工出的齿轮称为负变位齿轮。

2. 变位齿轮尺寸的变化

切削变位齿轮与切削标准齿轮所用的刀具相同，展成运动也相同，只是刀具的安装位置不同。而齿条刀具变位后，其节线上的齿距和压力角与中线上相同，所以变位齿轮的模数、齿数、压力角、齿距、分度圆、基圆及齿廓渐开线等都不变。但因齿条节线上的齿厚和齿槽宽不相等，所以变位齿轮分度圆上的齿厚和齿槽宽也不相等。另因刀具是径向变位，所以在保证齿高不变的情况下，变位齿轮的齿根圆、齿顶圆、齿顶高、齿根高都发生了变化。

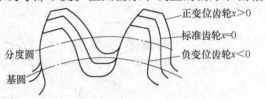

相同模数、齿数及压力角的变位齿轮与标准齿轮尺寸的比较如图9-21所示。显然，正

图9-21　变位齿轮与标准齿轮的比较

变位齿轮的齿厚增大，平均曲率半径增大；负变位齿轮则与其相反。因此，通过正变位可提高齿轮的弯曲强度和接触强度。

3. 最小变位系数

如前所述，对于标准齿轮，当 $z < z_{min}$ 时，刀具的齿顶线超过极限啮合点 N（见图9-22所示双点画线），切出的齿轮会产生根切。但若采用正变位，将刀具移远一段距离 xm，使其齿顶线低于极限啮合点 N（见图9-22所示实线），则可以避免根切。为此，如图9-22所示，应使 $xm \geqslant h_a^* m - \overline{NQ}$，由此可求得被切齿轮不产生根切的最小变位系数为

$$x_{min} = \frac{h_a^*(z_{min} - z)}{z_{min}} \qquad (9\text{-}15)$$

当 $\alpha = 20°$、$h_a^* = 1$ 时

$$x_{min} = \frac{17 - z}{17}$$

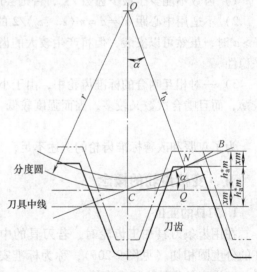

当 $z > z_{min}$ 时，刀具在标准安装时的齿顶线低于极限啮合点 N，被切齿轮并不根切。但为了满足齿轮传动的某些要求，有时刀具也进行负变位，此时，被切齿轮不根切的最小变位系数 x_{min} 仍按上式计算。

图9-22　最小变位系数

渐开线变位直齿圆柱齿轮的基本参数是 m、z、α、h_a^*、c^* 和 x。一对变位齿轮传动的正确啮合条件及连续传动条件与标准齿轮传动相同，但在正确安装时的中心距可以是标准中心距，也可以不是标准中心距，具体随两齿轮变位系数的大小而定。变位齿轮传动的几何尺寸计算及设计可参考相关资料。

变位齿轮传动既可避免轮齿根切，又可以配凑中心距和提高轮齿强度等，因而在各种机械中得到了广泛的应用。但变位齿轮需成对设计，互换性不如标准齿轮好。

第七节 齿轮传动的失效形式与设计准则

一、失效形式

齿轮传动的失效主要是轮齿的失效，常见形式有以下五种：

1. 轮齿折断

轮齿折断的主要形式是齿根弯曲疲劳折断。因为齿轮工作时，轮齿根部受到交变弯曲应力及过渡处应力集中的作用，随着应力循环次数的增加，齿根就会产生疲劳裂纹（见图9-23a），并逐步扩展，最后导致轮齿疲劳断裂。此外，严重过载或大的冲击载荷，也会引起轮齿突然脆性折断。齿宽较小的直齿轮往往从齿根部整体折断，斜齿轮或齿宽较大的直齿轮常因载荷集中而发生局部折断（见图9-23b）。

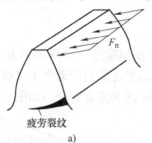
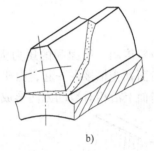

图 9-23 轮齿折断

提高轮齿抗折断能力的措施有：增大齿根过渡圆角半径，以减小应力集中；对齿根表面进行喷丸、滚压等强化处理；采用适当的热处理，以提高齿芯材料的韧性；增大轴及支承的刚性，以改善轮齿上载荷分布的均匀性。

2. 齿面点蚀

如图9-24a所示，一对相互啮合的轮齿在受载前是线接触，受载后由于材料的弹性变形，接触线变成了一个微小的接触面。此时，在接触表面上产生的压应力，称为接触应力，接触面的强度称为接触强度。

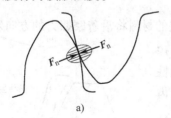

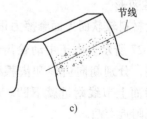

图 9-24 齿面点蚀

齿轮工作时，啮合齿面上任一点的接触应力是按脉动循环变化的。在这种应力的长期作用下，齿面就会产生微小的疲劳裂纹，然后裂纹逐渐扩展（如有润滑油，其会被挤进裂纹中产生高压，使裂纹加快扩展），最终使表层金属呈小片状剥落下来，而在齿面上形成一些小坑（见图9-24b、c），这种现象称为疲劳点蚀。实践表明，齿面点蚀首先出现在轮齿节线附近靠齿根的一侧。这是由于轮齿在节点附近接触时，同时啮合的齿对数少、正压力大、接触应力大、以及润滑效果差、摩擦力大的缘故。

点蚀常发生于润滑良好的闭式齿轮传动中。在开式齿轮传动中，由于齿面磨损较快，点蚀来不及出现或扩展即被磨掉了，所以看不到点蚀。

提高齿面抗点蚀能力的措施有：提高齿面硬度；降低齿面粗糙度；增大润滑油的粘度等。

3. 齿面磨损

齿轮工作时，若灰尘、金属微粒等进入啮合齿面间，会对齿面造成刮、擦微切削作用，这种磨损称为磨粒磨损（见图9-25）。齿面磨损后失去了原有的正确齿形，传动中就会产生冲击和噪声，磨损严重时还会导致轮齿折断。磨粒磨损主要发生在开式齿轮传动中。

提高齿面耐磨性的措施有：采用闭式传动；提高齿面硬度；降低齿面粗糙度；保持良好润滑。

4. 齿面胶合

高速重载的齿轮传动，齿面间的压力大、摩擦温度高、润滑效果差，当瞬时温度过高时，相啮合的两齿面就会粘接在一起，由于两齿面处在相对滑动之中，故相粘接的部位随之被撕破，于是在齿面上沿相对滑动方向形成伤痕，称为齿面胶合，如图9-26所示。

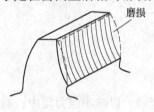

图9-25 齿面磨损

图9-26 齿面胶合

低速、重载的齿轮传动，摩擦温度虽不高，但因齿面间不易形成油膜，故在高压下仍可能出现胶合，称为冷胶合。

提高齿面抗胶合能力的措施有：提高齿面硬度；降低齿面粗糙度；加强润滑，采用抗胶合能力强的润滑油等。

5. 塑性变形

当齿轮材料较软而齿面摩擦力很大时，轮齿表层的材料将沿着摩擦力的方向发生塑性变形，如图9-27所示。由于主动轮齿齿面上所受的摩擦力背离节线，分别朝向齿顶和齿根作用，故产生塑性变形后，齿面上节线附近就下凹。相反，从动轮轮齿齿面上节线附近上凸。

提高齿面硬度，采用高粘度润滑油等，均可增强轮齿抵抗塑性变形的能力。

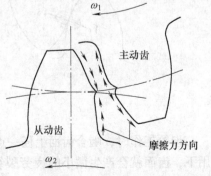

图9-27 齿面塑性变形

二、设计准则

上面介绍了轮齿的五种失效形式，但在工程实践中，对于一般用途的齿轮传动，通常只针对轮齿折断和齿面点蚀分别作齿根弯曲疲劳强度及齿面接触疲劳强度计算。

闭式软齿面（硬度≤350HBW）齿轮传动，其主要失效形式是齿面点蚀，故通常按齿面接触疲劳强度进行设计，然后校核其齿根弯曲疲劳强度；而闭式硬齿面（硬度＞350HBW）齿轮传动，其主要失效形式是轮齿折断，故按齿根弯曲疲劳强度进行设计，然后校核其齿面接触疲劳强度。

对开式齿轮传动，其主要失效形式是齿面磨损和轮齿折断，因磨损尚无成熟的计算方法，故只按齿根弯曲疲劳强度进行设计，然后将求得的模数增大10%～20%，以补偿磨损的影响。

第八节 齿轮材料与精度选择

一、齿轮材料的基本要求

由轮齿的失效分析可知，设计齿轮传动时，应使齿面具有较高的抗磨损、抗点蚀、抗胶合及抗塑性变形的能力，而齿根则要有较高的抗折断能力。因此，对齿轮材料的基本要求为：齿面要硬、齿芯要韧。钢材经过适当的热处理就具有这种综合性能，所以，齿轮所用的材料主要是众多牌号的钢材。

二、齿轮常用材料及热处理

1. 锻钢

锻钢具有强度高、韧性好、耐冲击、便于热处理等优点，除尺寸过大或结构复杂的齿轮外，一般齿轮都用锻钢制造。锻钢齿轮按照齿面硬度可分为两种。

（1）软齿面齿轮 齿面硬度≤350HBW，常用中碳钢或中碳合金钢，正火或调质后切齿，精度一般为8级，精切时可达7级。这类齿轮制造简便、经济、生产率高，适用于强度和速度要求不高的传动。在一对软齿面的齿轮传动中，由于小齿轮比大齿轮的啮合次数多，且小齿轮的齿根厚度较小，抗弯能力较低，因此，在选择齿轮材料及热处理方法时，应使小齿轮的齿面硬度比大齿轮的齿面硬度高30～50HBW，以期达到等强度。

（2）硬齿面齿轮 齿面硬度＞350HBW，常用中碳钢、低碳合金钢或中碳合金钢，正火或调质后切齿，之后齿面作表面淬火或渗碳淬火或氮化等硬化处理，最后进行磨齿等精加工，精度可达5级或4级。这类齿轮承载能力高、精度高、价格较贵，适用于高速、重载及精密的传动。

2. 铸钢

铸钢的耐磨性及强度均较好，但应进行退火或常化处理，必要时进行调质处理。铸钢常用于尺寸较大的齿轮。

3. 铸铁

高强度球墨铸铁有时可代替铸钢制造大齿轮。灰铸铁的性质较脆，抗冲击及耐磨性都较差，但抗胶合及抗点蚀的能力较好。灰铸铁常用于工作平稳，速度较低，功率不大的齿轮。

4. 非金属材料

对高速、轻载及精度要求不高的齿轮传动，为了降低噪声，常用夹布塑料、尼龙等非金属材料制做小齿轮，大齿轮仍用钢或铸铁制造。

齿轮常用材料及其力学性能见表 9-4。

表 9-4 齿轮常用材料及其力学性能

材料牌号	热处理方法	强度极限 σ_b/MPa	屈服极限 σ_s/MPa	硬度 HBW	
				齿心部	齿面
HT250		250		170 ~ 241	
HT300		300		187 ~ 255	
HT350		350		197 ~ 269	
QT500-5		500		147 ~ 241	
QT600-2		600		229 ~ 302	
ZG310-570	正火	580	320	156 ~ 217	
ZG340-640		650	350	169 ~ 229	
45		580	290	162 ~ 217	
ZG340-640		700	380	241 ~ 269	
45		650	360	217 ~ 255	
30CrMnSi	调质	1100	900	310 ~ 360	
35SiMn		750	450	217 ~ 269	
38SiMnMo		700	550	217 ~ 269	
40Cr		700	500	241 ~ 286	
45	调质后表面淬火	750	450	217 ~ 255	40 ~ 50HRC
40Cr		900	650	241 ~ 286	48 ~ 55HRC
20Cr		650	400	300	58 ~ 62HRC
20CrMnTi	渗碳后淬火	1100	850		
12Cr2Ni4		1100	850	320	
20Cr2Ni4		1200	1100	350	
35CrAlA	调质后氮化（氮化层厚度 $\delta \geqslant 0.3 \sim 0.5\text{mm}$）	950	750	255 ~ 321	>850HV
38CrMoAlA		1000	850		
夹布塑胶		100		25 ~ 35	

注：40Cr 钢可用 40MnB 或 40MnVB 钢代替；20Cr、20CrMnTi 钢可用 20MnB 或 20MnVB 代替。

三、齿轮精度的选择

GB/T 10095.1 ~ 2—2008 对渐开线圆柱齿轮规定了 0 ~ 12 共 13 个精度等级，GB/T 11365—1989 对锥齿轮规定了 1 ~ 12 共 12 个精度等级，其中 0 级最高，12 级最低，常用 6 ~ 9 级。此外，为了保证一定的齿侧间隙，标准还规定了若干种齿厚偏差。设计时应根据齿轮传动的用途、工作条件、传递功率和圆周速度的大小等，选择齿轮的精度等级。常用精度等级适用的圆周速度范围及应用见表 9-5。

表9-5 常用齿轮传动精度等级及其应用

精度等级	圆周速度 $v/(\text{m/s})$			应 用 举 例
	直齿圆柱齿轮	斜齿圆柱齿轮	直齿锥齿轮	
6 (高精度)	≤15	≤30	≤9	在高速、重载下工作的齿轮传动,如机床、汽车和飞机中的重要齿轮;分度机构的齿轮;高速减速器的齿轮
7 (精密)	≤10	≤20	≤6	在高速、中载或中速、重载下工作的齿轮传动,如标准系列减速器的齿轮;机床和汽车变速箱中的齿轮
8 (中等精度)	≤5	≤9	≤3	一般机械中的齿轮传动,如机床、汽车和拖拉机中的一般齿轮;起重机械中的齿轮;农业机械中的重要齿轮
9 (低精度)	≤3	≤6	≤2.5	在低速、重载下工作的齿轮,粗糙工作机械中的齿轮

第九节 标准直齿圆柱齿轮传动的强度计算

一、轮齿的受力分析

为了计算轮齿的强度,设计轴和轴承,必须先分析轮齿上的作用力。图9-28所示为一对标准齿轮传动,1为主动轮,2为从动轮,其齿廓在节点 C 接触,若略去齿面的摩擦力,则轮齿间仅有沿啮合线作用的法向力 F_n。为便于分析计算,将 F_n 分解为两个正交分力,即圆周力 F_t 和径向力 F_r。

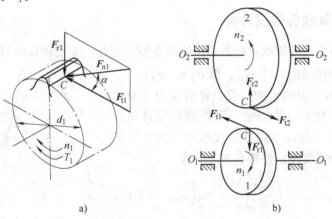

a)   b)

图9-28 直齿圆柱齿轮轮齿的受力分析

设主动轮传递的功率为 $P_1(\text{kW})$、转速为 $n_1(\text{r/min})$、转矩为 $T_1(\text{N·mm})$、分度圆直径为 $d_1(\text{mm})$、分度圆压力角为 α,则各力的大小可按下列公式计算,各力的单位为N。

$$T_1 = 9.55 \times 10^6 \frac{P_1}{n_1} \tag{9-16}$$

$$\left. \begin{aligned} F_{t1} &= -F_{t2} = \frac{2T_1}{d_1} \\ F_{r1} &= -F_{r2} = F_{t1}\tan\alpha \\ F_{n1} &= -F_{n2} = \frac{F_{t1}}{\cos\alpha} \end{aligned} \right\} \tag{9-17}$$

主动轮 1 受到的圆周力 F_{t1} 为阻力，其方向与受力点的圆周速度 v_1 方向相反；从动轮 2 受到的圆周力 F_{t2} 为驱动力，其方向与受力点的圆周速度 v_2 方向相同。两轮的径向力 F_{r1}、F_{r2} 分别由受力点指向各自的轮心。

二、轮齿的计算载荷

上述法向力 F_n 为轮齿的公称载荷。在实际传动中，由于原动机和工作机运转的不平稳、齿轮、轴和轴承的制造误差及变形等因素，使得轮齿上受到的实际载荷一般都大于公称载荷。计及这些影响，用于齿轮强度计算的载荷为

$$F_{nc} = KF_n \qquad (9-18)$$

式中　F_{nc}——计算载荷；

　　　K——载荷系数，可由表 9-6 查取。

表 9-6　载荷系数 K

原动机	工作机的载荷特性		
	平稳和比较平稳	中等冲击	大的冲击
电动机、汽轮机	1~1.2	1.2~1.6	1.6~1.8
多缸内燃机	1.2~1.6	1.6~1.8	1.9~2.1
单缸内燃机	1.6~1.8	1.8~2.0	2.2~2.4

注：斜齿、圆周速度低、精度高、齿宽小时，取小值；直齿、圆周速度高、精度低、齿宽大时，取大值。齿轮在两轴间对称布置时，取小值；齿轮在两轴承间不对称布置及悬臂布置时，取大值。

三、齿面接触疲劳强度计算

齿面接触疲劳强度计算的目的是防止齿面点蚀，为此，应使齿面的最大接触应力 σ_H 小于等于材料的许用接触应力 $[\sigma_H]$，即 $\sigma_H \leqslant [\sigma_H]$。

如图 9-29 所示，齿轮传动在节点处通常为一对轮齿啮合，接触应力较大，实践也证明齿面点蚀首先发生在节线附近，故一般以节点处的接触应力为计算依据。根据接触疲劳强度理论可推出如下公式

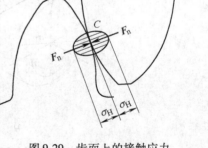

校核公式　$\sigma_H = 335 \sqrt{\dfrac{(u \pm 1)^3 K T_1}{u b a^2}} \leqslant [\sigma_H]$　(9-19)

设计公式　$a \geqslant (u \pm 1) \sqrt[3]{\left(\dfrac{335}{[\sigma_H]}\right)^2 \dfrac{K T_1}{\psi_a u}}$　(9-20)

图 9-29　齿面上的接触应力

式中　335——一对钢制齿轮的导出系数，若配对齿轮材料为钢对铸铁或铸铁对铸铁，则应将 335 分别改为 285 和 250；

　　　u——齿数比，$u = z_2 / z_1$，且规定 $z_2 \geqslant z_1$，对于减速传动，齿数比就等于传动比，即 $u = i_{12}$；

　　　$\pm$——"+"用于外啮合，"-"用于内啮合；

　　　b——轮齿的宽度（mm）；

　　　a——中心距（mm）；

　　　ψ_a——齿宽系数，$\psi_a = b/a$。

　　从以上两式可以看出，齿面接触疲劳强度取决于中心距 a 的大小，而与模数 m 和齿数 z 无直接关系；即使 m 和 z 变化，但只要中心距 a 不变，则接触强度就不变。

　　必须注意，一对齿轮啮合时两齿面间的接触应力相等，即 $\sigma_{H1} = \sigma_{H2}$，但许用接触应力 $[\sigma_H]_1$、$[\sigma_H]_2$ 不一定相等。为使两齿轮同时满足接触强度要求，应用式（9-19）和（9-20）时，应代入 $[\sigma_H]_1$、$[\sigma_H]_2$ 中的较小值。

　　许用接触应力按下式计算

$$[\sigma_H] = \frac{\sigma_{Hlim}}{S_H} \tag{9-21}$$

式中　σ_{Hlim}——试验齿轮的接触疲劳极限，用各种材料的齿轮试验测得，可按图 9-30 查取；

　　　　S_H——齿面接触疲劳强度的安全系数，其值由表 9-7 查取。

表 9-7　安全系数 S_H 和 S_F

安全系数	软齿面（≤350HBW）	硬齿面（>350HBW）	重要传动、渗碳淬火齿轮或铸铁齿轮
S_H	1.0 ~ 1.1	1.1 ~ 1.2	1.3
S_F	1.3 ~ 1.4	1.4 ~ 1.6	1.6 ~ 2.2

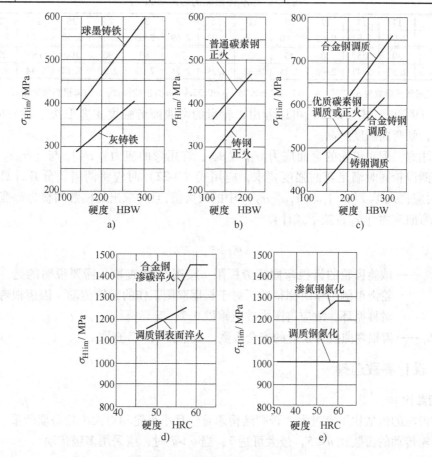

图 9-30　齿面接触疲劳极限 σ_{Hlim}

四、齿根弯曲疲劳强度计算

　　齿根弯曲疲劳强度计算的目的是防止轮齿疲劳折断，为此，应使齿根的最大弯曲应力

σ_F 小于等于材料的许用弯曲应力 $[\sigma_F]$，即 $\sigma_F \leqslant [\sigma_F]$。

如图 9-31a 所示，对一般精度的齿轮传动，为了便于计算和确保安全，通常按全部载荷 F_n 作用于齿顶来计算齿根的最大弯曲应力。如图 9-31b 所示，将轮齿视为悬臂梁，根据梁的弯曲强度理论可推出如下公式

校核公式 $\quad \sigma_F = \dfrac{2KT_1 Y_F}{bm^2 z_1} \leqslant [\sigma_F]$ (9-22)

设计公式 $\quad m \geqslant \sqrt[3]{\dfrac{4KT_1}{\psi_a(u \pm 1)z_1^2}\left(\dfrac{Y_F}{[\sigma_F]}\right)}$ (9-23)

式中　Y_F——齿形系数，与轮齿的齿廓形状有关，对标准齿轮仅取决于齿数，其数值可查表 9-8；

　　　m——齿轮的模数（mm）。

其他参数的意义和量纲同前。

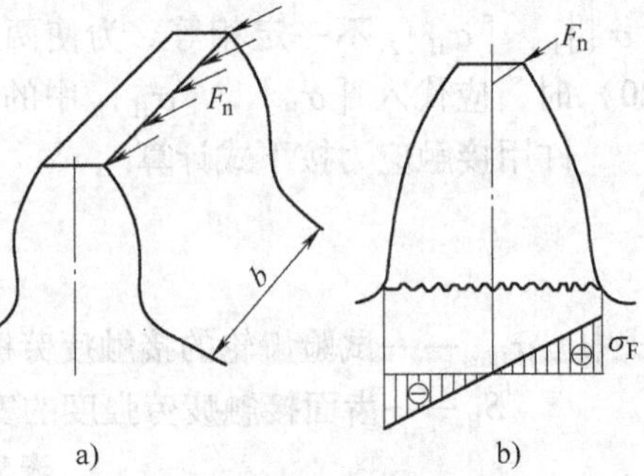

图 9-31　齿根处的弯曲应力

表 9-8　标准外齿轮的齿形系数 Y_F

$z(z_v)$	17	18	19	20	21	22	23	24	25	26	27	28	29
Y_F	2.97	2.91	2.85	2.80	2.76	2.72	2.69	2.65	2.62	2.60	2.57	2.55	2.53
$z(z_v)$	30	35	40	45	50	60	70	80	90	100	150	200	∞
Y_F	2.52	2.45	2.40	2.35	2.32	2.28	2.24	2.22	2.20	2.18	2.14	2.12	2.06

注：基准齿形的参数为 $\alpha = 20°$、$h_a^* = 1$、$c^* = 0.25$、$\rho = 0.38m$（m 为齿轮模数，ρ 为齿根圆角半径）。

从式（9-22）、式（9-23）可以看出，轮齿的弯曲疲劳强度主要取决于齿轮的模数 m，模数越大，则弯曲强度越高。

必须注意，配对齿轮的弯曲应力 σ_{F1} 与 σ_{F2}、许用弯曲应力 $[\sigma_F]_1$ 与 $[\sigma_F]_2$ 一般不相等。为使两齿轮同时满足弯曲强度要求，应用式（9-22）时应将两齿轮分开计算，应用式（9-23）时应代入 $Y_{F1}/[\sigma_F]_1$ 和 $Y_{F2}/[\sigma_F]_2$ 中的较大值，且将求出的模数圆整为标准值。

许用弯曲应力 $[\sigma_F]$ 按下式计算

$$[\sigma_F] = \frac{\sigma_{Flim}}{S_F} \tag{9-24}$$

式中　σ_{Flim}——试验齿轮的齿根弯曲疲劳极限，按图 9-32 查取。需要说明的是，该图是在轮齿单侧工作时测得的，对于长期双侧工作的齿轮传动，因齿根弯曲应力为对称循环，故应将图中数值乘以 0.7；

　　　S_F——齿根弯曲疲劳强度的安全系数，其值由表 9-7 查取。

五、设计参数选择

1. 齿数比 u

一对齿轮的齿数比不宜过大，否则结构笨重，且小齿轮相对大齿轮磨损严重。一般取单级圆柱齿轮传动的齿数比 $u \leqslant 5$，最大可达 7；当 $u > 7$ 时，应采用多级传动。

2. 齿数 z

闭式软齿面齿轮传动，承载能力主要取决于齿面接触强度，因而齿轮的中心距 a 不能小于某一数值。此时，选取较多的齿数一方面可增大重合度、提高传动的平稳性，另一方面可减小模数，降低齿高，因而减少金属切削量，节省加工费用，并减轻齿轮的重量。但模数小

了，会降低轮齿的弯曲强度。通常取小齿轮齿数 $z_1 = 20 \sim 40$。

闭式硬齿面齿轮传动，一般转速较高，为了提高传动的平稳性，减小冲击振动，仍取 $z_1 = 20 \sim 40$。开式齿轮传动，由于轮齿主要为磨损失效，为使轮齿不致过小，可将齿数选少一些，通常取 $z_1 = 17 \sim 20$。小齿轮的齿数确定后，大齿轮的齿数为 $z_2 = uz_1$。为了使各个相啮合齿对磨损均匀，传动平稳，z_2 与 z_1 一般应互为质数。

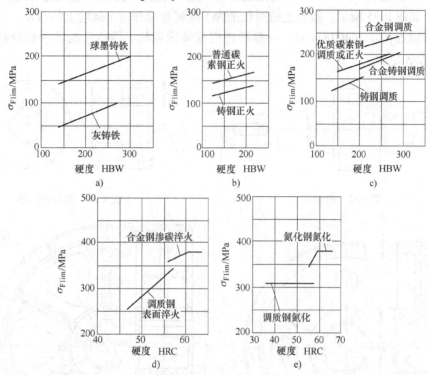

图 9-32 齿根弯曲疲劳极限 σ_{Flim}

3. 模数 m

模数 m 一般由强度计算确定，要求圆整为标准值，传递动力的齿轮 $m \geqslant 2mm$。

4. 齿宽系数 ψ_a

齿宽系数取大些，可减小中心距和分度圆直径。但齿宽越大，载荷沿齿宽分布不均的现象越严重。一般取 $\psi_a = 0.1 \sim 1.2$，开式传动常取 $\psi_a = 0.1 \sim 0.3$，闭式传动常取 $\psi_a = 0.3 \sim 0.6$，通用减速器常取 $\psi_a = 0.4$。$\psi_a > 0.4$ 时，一般只采用斜齿和人字齿轮。

为了便于安装和调整，齿轮设计中一般将小齿轮齿宽取得比大齿轮齿宽大 $5 \sim 10mm$。

第十节 圆柱齿轮的结构与润滑

一、圆柱齿轮的结构

齿轮的结构形式主要由齿轮的几何尺寸、毛坯、材料、加工方法、使用要求及经济性等因素确定，各部分尺寸由经验公式求得。

对于直径较小的钢质齿轮，当齿根圆直径与轴的直径相差较小时，应将齿轮和轴做成一体，称为齿轮轴（见图9-33）。若齿根圆到键槽底部的径向距离 $x \geqslant 2.5m_n$（m_n 为齿轮端面模数）时（见图9-34），可将齿轮和轴分开制造。

当齿顶圆直径 $d_a \leqslant 200mm$ 时，可做成实心结构的齿轮，如图9-34所示。

当齿顶圆直径 $d_a \leqslant 500mm$ 时，齿轮通常经锻造（重要的齿轮）或铸造而成，并采用腹板式结构，如图9-35所示，腹板上的圆孔是为了减轻重量和加工运输上的需要。

当齿顶圆直径 $d_a > 400mm$ 时，一般用铸钢或铸铁齿轮。铸造齿轮常做成轮辐式结构，如图9-36所示。

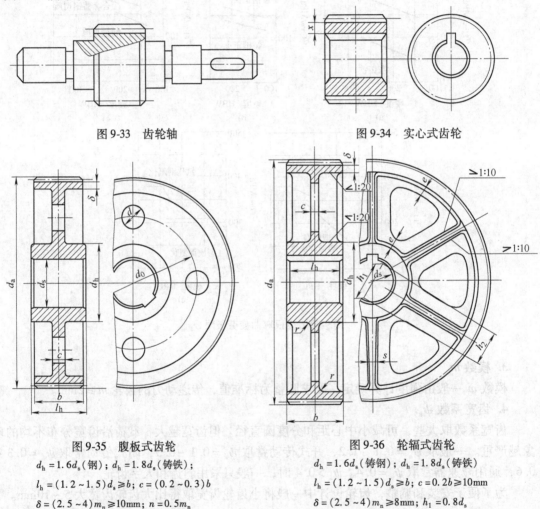

图 9-33　齿轮轴　　　　　　　　　　图 9-34　实心式齿轮

图 9-35　腹板式齿轮

$d_h = 1.6d_s$（钢）；$d_h = 1.8d_s$（铸铁）；

$l_h = (1.2 \sim 1.5)d_s \geqslant b$；$c = (0.2 \sim 0.3)b$

$\delta = (2.5 \sim 4)m_n \geqslant 10mm$；$n = 0.5m_n$

d_0 和 d 按结构确定

图 9-36　轮辐式齿轮

$d_h = 1.6d_s$（铸钢）；$d_h = 1.8d_s$（铸铁）

$l_h = (1.2 \sim 1.5)d_s \geqslant b$；$c = 0.2b \geqslant 10mm$

$\delta = (2.5 \sim 4)m_n \geqslant 8mm$；$h_1 = 0.8d_s$

$h_2 = 0.8h_1$；$s = 0.15h_1 \geqslant 10mm$；$e = 0.8\delta$

轮辐数常取为6

二、齿轮传动的润滑

齿轮传动润滑的目的主要是减小摩擦、减轻磨损和提高传动效率，并起冷却和散热作用。另外，润滑还可以防止零件锈蚀和减少传动时的振动和噪声。

开式齿轮传动通常采用人工定期润滑，可采用润滑油或润滑脂。闭式齿轮传动的润滑方式根据齿轮的圆周速度 v 的大小而定。当 $v \leqslant 12\text{m/s}$ 时，通常采用浸油（或称油池）润滑（见图 9-37），即将大齿轮浸入油池一定的深度，齿轮运转时就把润滑油带到啮合的齿面上，同时也将油甩到箱壁上，借以散热。齿轮浸入油池的深度可视 v 的大小而定：当 v 较大时，浸入深度约为一个齿高；当 v 较小时（如 $0.5 \sim 0.8\text{m/s}$）可达到齿轮半径的 1/6。在多级齿轮传动中，可借带油轮将油带到未浸入油池内的齿轮的齿面上（见图 9-38）。油池内的润滑油应保持一定的深度和储量，一般以齿顶圆到油池底面的距离不小于 $30 \sim 50\text{mm}$ 为宜。

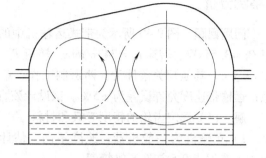

图 9-37 浸油润滑

当 $v > 12\text{m/s}$ 时，应采用喷油润滑（见图 9-39），即用油泵将润滑油直接喷到轮齿的啮合面上。

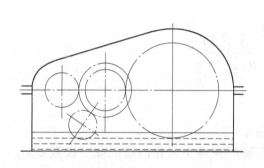

图 9-38 带油轮带油

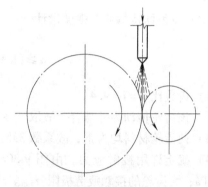

图 9-39 喷油润滑

润滑油的粘度根据齿轮传动的工作条件、齿轮的材料及其圆周速度来选择。闭式齿轮传动常用的润滑油可参考表 9-9 选取。

表 9-9 齿轮传动润滑油的粘度推荐值

齿轮材料	强度极限 σ_b/MPa	圆周速度 $v/(\text{m/s})$						
		<0.5	0.5~1	1~2.5	2.5~5	5~12.5	12.5~25	>25
		运动粘度 $v/(\text{mm}^2/\text{s})(40℃)$						
塑料、铸铁、青铜	—	350	220	150	100	80	55	—
钢	450~1000	500	350	220	150	100	80	55
	1000~1250	500	500	350	220	150	100	80
渗碳或表面淬火的钢	1250~1580	900	500	500	350	220	150	100

注：对于多级齿轮传动，应采用各级圆周速度的平均值来选取润滑油粘度。

【案例分析】

问题回顾　图 9-40 所示为带式运输机中的一级直齿圆柱齿轮减速器，已求得输入轴功率 $P_1 = 3.55\text{kW}$、转速 $n_1 = 343\text{r/min}$、转矩 $T_1 = 98.84\text{N·m}$、传动比 $i = 4.4$。其他相关条件为：两班制工作，单向运转，载荷较平稳；运输带速度允许误差为 $\pm 5\%$。试设计该直齿轮传动。

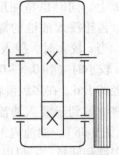

图 9-40　一级直齿圆柱齿轮减速器

解　（1）选定齿轮的精度等级和材料

1）运输机为一般机器，速度不高，估计齿轮圆周速度 $v < 5\text{m/s}$，参照表 9-5 初选 8 级精度。

2）因系一般传动，为了便于制造，采用软齿面齿轮。由表 9-4 选择小齿轮材料为 45 钢调质处理，硬度为 230HBW；大齿轮材料为 45 钢正火处理，硬度为 190HBW，两齿轮硬度差为 40HBW。

（2）按齿面接触疲劳强度设计

$$a \geq (u \pm 1) \sqrt[3]{\left(\frac{335}{[\sigma_\text{H}]}\right)^2 \frac{KT_1}{\psi_\text{a} u}}$$

1）齿数比 $u = i = 4.4$。

2）该齿轮传动为外啮合，故取"+"。

3）两齿轮材料均为钢，故系数 335 不用修正。

4）确定许用接触应力。由图 9-30c 按齿面硬度查得小齿轮的接触疲劳极限 $\sigma_\text{Hlim1} = 560\text{MPa}$；大齿轮的接触疲劳极限 $\sigma_\text{Hlim2} = 530\text{MPa}$。

由表 9-7 查得安全系数 $S_\text{H} = 1.1$，由式（9-21）得

$$[\sigma_\text{H}]_1 = \frac{\sigma_\text{Hlim1}}{S_\text{H}} = \frac{560}{1.1}\text{MPa} = 509\text{MPa}$$

$$[\sigma_\text{H}]_2 = \frac{\sigma_\text{Hlim2}}{S_\text{H}} = \frac{530}{1.1}\text{MPa} = 482\text{MPa}$$

取 $[\sigma_\text{H}] = [\sigma_\text{H}]_2 = 482\text{MPa}$。

5）由表 9-6 查得载荷系数 $K = 1.1$。

6）已知小齿轮转矩 $T_1 = 98840\text{N·mm}$。

7）对闭式直齿轮减速器，取齿宽系数 $\psi_\text{a} = 0.4$。

将以上参数代入，得初算中心距

$$a_0 \geq (4.4 + 1) \sqrt[3]{\left(\frac{335}{482}\right)^2 \frac{1.1 \times 98840}{0.4 \times 4.4}}\text{mm} = 167.5\text{mm}$$

（3）确定基本参数，计算主要尺寸

1）选择模数和齿数。根据中心距公式及其初算值，模数和齿数应满足

$$a_0 = \frac{m(z_1 + z_2)}{2} = \frac{mz_1(1 + i)}{2}$$

$$mz_1 \geqslant \frac{2a_0}{1+i} = \frac{2 \times 167.5}{1+4.4}mm = 62mm$$

因系闭式软齿面传动，取小齿轮齿数 $z_1 = 20 \sim 40$，动力齿轮模数 $m \geqslant 2mm$。则当 $m = 2mm$ 时，$z_1 \geqslant 31$；当 $m = 2.5mm$ 时，$z_1 \geqslant 25$；$m = 3mm$ 时，$z_1 \geqslant 21$。这里取 $m = 2mm$，$z_1 = 32$，则大齿轮齿数 $z_2 = iz_1 = 4.4 \times 32 = 140.8$，取整后 $z_2 = 141$。因齿数圆整引起的输送带速度误差肯定在 ±5% 以内，故可用。

2）计算两齿轮的分度圆直径、齿顶圆直径、齿根圆直径

$$d_1 = mz_1 = 2 \times 32mm = 64mm$$

$$d_2 = mz_2 = 2 \times 141mm = 282mm$$

$$d_{a1} = d_1 + 2h_a = 64mm + 2 \times 2 \times 1mm = 68mm$$

$$d_{a2} = d_2 + 2h_a = 282mm + 2 \times 2 \times 1mm = 286mm$$

$$d_{f1} = d_1 - 2h_f = 64mm - 2 \times 2(1+0.25)mm = 59mm$$

$$d_{f2} = d - 2h_f = 282mm - 2 \times 2(1+0.25)mm = 277mm$$

3）计算中心距

$$a = \frac{m(z_1 + z_2)}{2} = \frac{2(32+141)}{2}mm = 173mm$$

4）计算齿宽

$$b = \psi_a a = 0.4 \times 173mm = 69.2mm$$

为便于安装和调整，使小轮齿宽略大于大轮，故取 $b_2 = 70mm$，$b_1 = 75mm$。

(4）校核齿根弯曲疲劳强度

$$\sigma_F = \frac{2KT_1 Y_F}{bm^2 z_1} \leqslant [\sigma_F]$$

1）由表 9-8 按齿数 z_1、z_2 查得齿形系数 $Y_{F1} = 2.50$，$Y_{F2} = 2.14$。

2）确定许用弯曲应力。由图 9-32c 查得 $\sigma_{Flim1} = 195MPa$，$\sigma_{Flim2} = 180MPa$。由表 9-7 查得安全系数 $S_F = 1.4$，由式（9-24）得

$$[\sigma_F]_1 = \frac{\sigma_{Flim1}}{S_F} = \frac{195}{1.4}MPa = 139MPa$$

$$[\sigma_F]_2 = \frac{\sigma_{Flim2}}{S_F} = \frac{180}{1.4}MPa = 129MPa$$

将以上参数代入得

$$\sigma_{F1} = \frac{2KT_1 Y_{F1}}{bm^2 z_1} = \frac{2 \times 1.1 \times 98840 \times 2.50}{70 \times 2^2 \times 32}MPa = 61MPa < [\sigma_F]_1$$

$$\sigma_{F2} = \sigma_{F1}\frac{Y_{F2}}{Y_{F1}} = 61 \times \frac{2.14}{2.50}MPa = 52MPa < [\sigma_F]_2$$

可见，取 $m = 2mm$，齿根弯曲疲劳强度已足够。如取 $m = 2.5mm$ 或 $m = 3mm$，弯曲疲劳

强度将会更富余。

（5）验算圆周速度

$$v = \frac{\pi d_1 n_1}{60 \times 1000} = \frac{\pi \times 64 \times 343}{60 \times 1000} \text{m/s} = 1.1 \text{m/s}$$

由表 9-5 知 $v < 5\text{m/s}$，取 8 级精度合适。

（6）计算齿轮之间的作用力　由式（9-17）可求得两齿轮的受力为

$$F_{t1} = -F_{t2} = \frac{2T_1}{d_1} = \frac{2 \times 98840}{64} \text{N} = 3089 \text{N}$$

$$F_{r1} = -F_{r2} = F_{t1} \tan\alpha = 3089 \times \tan 20° \text{N} = 1124 \text{N}$$

（7）结构设计及绘制齿轮零件图　因小齿轮的齿根圆直径比较小，故初定为齿轮轴结构；因大齿轮的齿顶圆直径 $200\text{mm} < d_{a2} < 500\text{mm}$，故采用腹板式结构。齿轮的零件图可参考机械设计手册绘制。

（8）选择润滑方式和润滑剂　因减速器为闭式齿轮传动，且齿轮圆周速度 $v \leqslant 12\text{m/s}$，故采用浸油润滑。根据 $v = 1.1\text{m/s}$ 查表 9-9，选润滑油的运动粘度为 $220\text{mm}^2/\text{s}$。

第十一节　斜齿圆柱齿轮传动

一、斜齿轮齿面的形成及啮合特点

齿轮的齿廓曲面简称齿面，其形成原理类同于渐开线。在图 9-41a 中，当发生面在基圆柱上作纯滚动时，发生面上与基圆柱轴线平行的直线 KK 的轨迹称为渐开面，它就是直齿轮的齿面。

直齿轮啮合传动时，齿面上的接触线是一系列与轴线平行的直线（见图 9-41b）。即轮齿是沿齿宽同时进入啮合，再同时退出啮合的，具有突然性，因而传动平稳性差，冲击、振动和噪声较大。

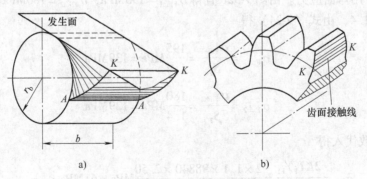

图 9-41　直齿轮齿面的形成及接触线

在图 9-42a 中，当发生面在基圆柱上作纯滚动时，发生面上与基圆柱轴线夹角为 β_b 的直线 KK 的轨迹称为渐开螺旋面，它就是斜齿轮的齿面，β_b 称为基圆柱螺旋角。

斜齿轮啮合传动时，齿面上的接触线是一系列与轴线成角 β_b 的斜线（见图 9-42b），长度是由短变长，再由长变短。即轮齿是逐渐进入啮合，再逐渐退出啮合的，故传动平稳，冲击、振动和噪声较小，适宜于高速传动。

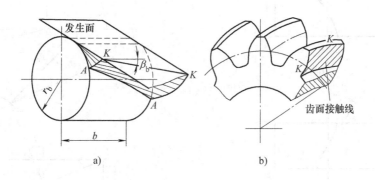

图 9-42 斜齿轮齿面的形成及接触线

二、斜齿轮的基本参数及几何尺寸计算

1. 斜齿轮的基本参数

（1）螺旋角 斜齿轮的齿面与其分度圆柱面的交线为螺旋线，该螺旋线的切线与齿轮轴线之间所夹的锐角 β 称为分度圆柱螺旋角，简称螺旋角，通常用它来表示轮齿的倾斜程度。轮齿螺旋的方向有左、右之分，故螺旋角 β 也有正负之别，如图 9-43 所示。

（2）端面基本参数 垂直于齿轮轴线的截面称为端面。斜齿轮的端面齿形仍为渐开线（见图 9-44），故端面参数与直齿轮完全相同，分别为端面模数 m_t、端面压力角 α_t、端面齿顶高系数 h_{at}^*、端面顶隙系数 c_t^*。端面基本参数为非标准值。

（3）法向基本参数 垂直于分度圆柱螺旋线方向的截面称为法向截面，简称法面。斜齿轮的法向齿形不再是渐开线（见图 9-44），其基本参数为法向模数 m_n、法向压力角 α_n、法向齿顶高系数 h_{an}^*、法向顶隙系数 c_n^*。由于在切制斜齿轮时，刀具沿轮齿的螺旋线方向进给，故其法向参数与刀具的参数相同，所以规定为标准值，即 m_n 按表 9-1 取值，$\alpha_n = 20°$、$h_{an}^* = 1$、$c_n^* = 0.25$。

（4）端面、法向基本参数换算 若给定法向基本参数和螺旋角，可按下列公式求出端面基本参数。

$$m_t = \frac{m_n}{\cos\beta} \tag{9-25}$$

$$\tan\alpha_t = \frac{\tan\alpha_n}{\cos\beta} \tag{9-26}$$

$$h_{at}^* = h_{an}^* \cos\beta \tag{9-27}$$

$$c_t^* = c_n^* \cos\beta \tag{9-28}$$

综上所述，标准斜齿轮的基本参数有六个，即 m_n、z、β、α_n、h_{an}^*、c_n^*。

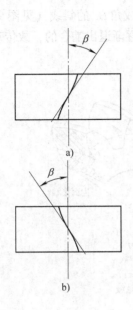

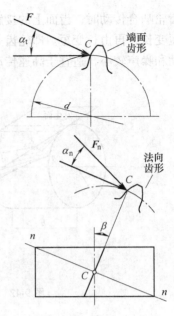

图 9-43　斜齿轮的螺旋角　　　　　　图 9-44　斜齿轮的端面齿形和法向齿形
a）右旋　b）左旋

2. 斜齿轮的几何尺寸计算

斜齿轮的几何尺寸应按端面来计算，计算公式见表 9-10。

表 9-10　渐开线标准斜齿圆柱齿轮几何尺寸的计算公式

名　称	符　号	计　算　公　式
分度圆直径	d	$d = m_n z / \cos\beta$
齿顶高	h_a	$h_a = h_{an}^* m$
齿根高	h_f	$h_f = (h_{an}^* + c_n^*) m_n$
全齿高	h	$h = h_a + h_f = (2h_{an}^* + c_n^*) m_n$
齿顶圆直径	d_a	$d_a = d + 2h_a$
齿根圆直径	d_f	$d_f = d - 2h_f$
基圆直径	d_b	$d_b = d\cos\alpha_t$
顶隙	c	$c = c_n^* m_n$
标准中心距	a	$a = (d_1 + d_2)/2 = m_n(z_1 + z_2)/2\cos\beta$
传动比	i_{12}	$i_{12} = \omega_1/\omega_2 = n_1/n_2 = d_2/d_1 = z_2/z_1$

三、斜齿轮的当量齿轮和当量齿数

若一直齿轮的端面齿形（渐开线）与一斜齿轮的法向齿形（非渐开线）非常接近，则称该直齿轮为斜齿轮的当量齿轮，其齿数称为当量齿数。根据分析，为了使两者的齿形相当，当量齿轮的模数、压力角、齿顶高系数、顶隙系数应与斜齿轮法面参数对应相等，当量齿数 z_v 为

$$z_v = \frac{z}{\cos^3\beta} \tag{9-29}$$

讨论当量齿轮的意义在于:可按当量齿轮计算斜齿轮的强度;在用成形法切制斜齿轮时,按当量齿数选择铣刀;可确定标准斜齿轮不发生根切的最少齿数,即

$$z_{min} = z_{vmin} \cos^3 \beta \qquad (9\text{-}30)$$

式中,z_{vmin} 为当量齿轮不发生根切的最少齿数,正常齿为 17。由此可知,标准斜齿轮不发生根切的最少齿数比标准直齿轮少,故采用斜齿轮传动可得到更为紧凑的结构。

四、斜齿轮啮合传动

1. 正确啮合条件

一对斜齿轮要正确啮合,除了两齿轮的模数和压力角分别相等外,两轮的螺旋角必须大小相等,旋向相同(内啮合)或相反(外啮合),即

$$\left. \begin{array}{l} m_{n1} = m_{n2} = m_n \\ \alpha_{n1} = \alpha_{n2} = \alpha \\ \beta_1 = \pm \beta_2 \end{array} \right\} \qquad (9\text{-}31)$$

2. 标准中心距

一对标准斜齿轮正确安装,两分度圆也必须相切,故中心距为

$$a = \frac{d_1 + d_2}{2} = \frac{m_n(z_1 + z_2)}{2\cos\beta} \qquad (9\text{-}32)$$

由上式可知,除采取变位外,改变螺旋角 β 的大小也可配凑斜齿轮传动的中心距。

3. 重合度

图 9-45a 所示为圆柱齿轮传动的端面啮合图。图 9-45b 中的上图为直齿轮传动啮合面(两基圆柱的内公切面)的实形图,下图为斜齿轮传动啮合面的实形图,为便于比较,两者的端面参数相同。图 9-45b 中 B_2B_2 为起始接触线,B_1B_1 为终止接触线,其间的区域为轮齿的实际啮合区。

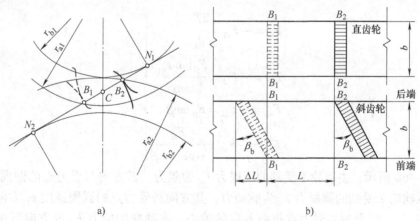

图 9-45 斜齿轮传动的重合度

对直齿轮传动,从轮齿在 B_2B_2 处沿整个齿宽进入啮合,到在 B_1B_1 处沿整个齿宽脱离啮合,实际啮合线段长为 L,故其重合度 $\varepsilon_t = L/p_{bt}$。p_{bt} 为端面基圆齿距。

对斜齿轮传动,从轮齿的后端在 B_2B_2 处进入啮合,到轮齿的前端在 B_1B_1 处脱离啮合,实际啮合线段长为 $L + \Delta L$,$\Delta L = b\tan\beta_b$。因此,斜齿轮传动的重合度为

$$\varepsilon = \frac{L + \Delta L}{p_{bt}} = \frac{L}{p_{bt}} + \frac{b\tan\beta_b}{p_{bt}} = \varepsilon_t + \varepsilon_\beta \tag{9-33}$$

式中，ε_t 称为端面重合度，ε_β 称为轴向重合度，ε_β 随 b 和 β_b 的增大而增大，因此，斜齿轮传动的重合度总大于直齿轮传动的重合度，适宜于重载传动。

4. 传动比

$$i_{12} = \frac{\omega_1}{\omega_2} = \frac{d_2}{d_1} = \frac{z_2}{z_1} \tag{9-34}$$

5. 传动特点

如上所述，与直齿轮传动相比，斜齿轮传动具有以下特点：

（1）啮合性能好　轮齿逐渐进入啮合，逐渐脱离啮合，传动平稳，噪声小。

（2）重合度大　同时参与啮合的齿对数多，承载大，尺寸小，并使传动平稳。

（3）结构紧凑　不易发生根切，可选较少的齿数，使尺寸变小。

（4）会产生无用的轴向力（见图 9-46）　因轴向力随螺旋角 β 的增大而增大，为发挥斜齿轮的优点，又不致轴向力过大，一般取 $\beta = 8° \sim 20°$。采用人字齿轮时（见图 9-2e），因其结构左右对称，轴向力可相互抵消，可取 $\beta = 20° \sim 30°$。人字齿轮适于高速、重载传动，但制造、安装困难。

五、斜齿轮传动的强度计算

1. 轮齿的受力分析

两斜齿轮啮合传动，略去齿面间的摩擦力，轮齿间的相互作用力为法向力 F_n，按在节点 C 处进行受力分析，如图 9-46a 所示。为便于分析计算，将法向力 F_n 分解为三个正交分力，即圆周力 F_t、径向力 F_r 和轴向力 F_a。各力的大小可按下列公式计算，各力的单位为 N：

$$\left.\begin{aligned} F_{t1} &= -F_{t2} = \frac{2T_1}{d_1} \\ F_{r1} &= -F_{r2} = \frac{F_{t1}\tan\alpha_n}{\cos\beta} \\ F_{a1} &= -F_{a2} = F_{t1}\tan\beta \\ F_{n1} &= -F_{n2} = \frac{F_{t1}}{\cos\alpha_n\cos\beta} \end{aligned}\right\} \tag{9-35}$$

如图 9-46b 所示，主动轮 1 受到的圆周力 F_{t1} 为阻力，其方向与受力点的圆周速度 v_1 方向相反；从动轮 2 受到的圆周力 F_{t2} 为驱动力，其方向与受力点的圆周速度 v_2 方向相同。两轮的径向力 F_{r1}、F_{r2} 分别由受力点指向各自的轮心。主动轮轴向力 F_{a1} 的方向可用左、右手定则判定：左旋齿轮用左手，右旋齿轮用右手，握住齿轮轴线，让四指弯曲的方向与齿轮转向相同，则大拇指的指向即为齿轮所受轴向力 F_{a1} 的方向。而从动轮所受轴向力 F_{a2} 的方向与主动轮的相反。

斜齿轮啮合传动，法向力 F_n 作用在法面内，而法向齿形近似于当量齿轮的齿形，因此，斜齿轮传动的强度计算可转化为当量齿轮的强度计算。

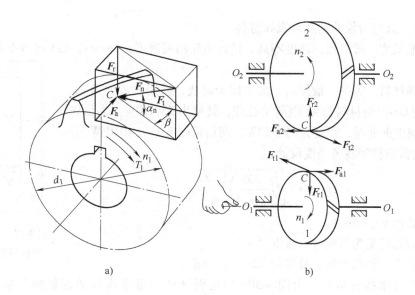

图 9-46 斜齿轮传动的受力分析

2. 齿面接触疲劳强度计算

校核公式
$$\sigma_H = 305\sqrt{\frac{(u\pm1)^3 KT_1}{uba^2}} \leqslant [\sigma_H] \tag{9-36}$$

设计公式
$$a \geqslant (u\pm1)\sqrt[3]{\left(\frac{305}{[\sigma_H]}\right)^2 \frac{KT_1}{\psi_a u}} \tag{9-37}$$

式中，305 为一对钢制齿轮的导出系数，若配对齿轮材料为钢对铸铁或铸铁对铸铁，则应将 305 分别改为 260 和 228；其余参数的意义同直齿轮。

3. 齿根弯曲疲劳强度计算

校核公式
$$\sigma_F = \frac{1.6KT_1 Y_F \cos\beta}{bm_n^2 z_1} \leqslant [\sigma_F] \tag{9-38}$$

设计公式
$$m_n \geqslant \sqrt[3]{\frac{3.2KT_1\cos^2\beta}{\psi_a(u\pm1)z_1^2}\left(\frac{Y_F}{[\sigma_F]}\right)} \tag{9-39}$$

式中 m_n——法向模数（mm）；

  β——螺旋角；

  Y_F——斜齿轮的齿形系数，需按当量齿数 z_v 由表 9-8 查取。

  其余参数的意义同直齿轮。

【案例分析】

  问题回顾 图 9-47 所示为带式运输机中的一级斜齿圆柱齿轮减速器，已求得输入轴功率 $P_1 = 3.55\text{kW}$、转速 $n_1 = 343\text{rpm}$、转矩 $T_1 = 98.84\text{N}\cdot\text{m}$、传动比 $i = 4.4$。其他相关条件为：两班制工作，单向运转，载荷较平稳；运输带速度允许误差为 ±5%。试设计该斜齿轮传动。

解 （1）选定齿轮的精度等级和材料

1）运输机为一般机器，速度不高，估计齿轮圆周速度 $v<9\mathrm{m/s}$，参照表9-5初选8级精度。

2）选择材料。因系一般传动，为了便于制造，采用软齿面齿轮。由表9-4选择小齿轮材料为45钢调质处理，硬度为230HBW；大齿轮材料为45钢正火处理，硬度为190HBW，两齿轮硬度差为40HBW。

（2）按齿面接触疲劳强度设计

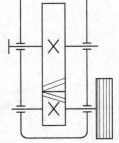

图9-47　一级斜齿
圆柱齿轮减速器

$$a \geqslant (u \pm 1)\sqrt[3]{\left(\frac{305}{[\sigma_\mathrm{H}]}\right)^2 \frac{KT_1}{\psi_\mathrm{a} u}}$$

1）齿数比 $u=i=4.4$。

2）该齿轮传动为外啮合，故取"＋"。

3）两齿轮材料均为钢，故系数305不用修正。

4）确定许用接触应力。由图9-30c按齿面硬度查得小齿轮的接触疲劳极限 $\sigma_\mathrm{Hlim1}=560\mathrm{MPa}$；大齿轮的接触疲劳极限 $\sigma_\mathrm{Hlim2}=530\mathrm{MPa}$。

由表9-7查得安全系数 $S_\mathrm{H}=1.1$，由式（9-21）得

$$[\sigma_\mathrm{H}]_1 = \frac{\sigma_\mathrm{Hlim1}}{S_\mathrm{H}} = \frac{560}{1.1}\mathrm{MPa} = 509\mathrm{MPa}$$

$$[\sigma_\mathrm{H}]_2 = \frac{\sigma_\mathrm{Hlim2}}{S_\mathrm{H}} = \frac{530}{1.1}\mathrm{MPa} = 482\mathrm{MPa}$$

取 $[\sigma_\mathrm{H}]=[\sigma_\mathrm{H}]_2=482\mathrm{MPa}$。

5）由表9-6查得载荷系数 $K=1.1$。

6）已知小齿轮转矩 $T_1=98840\mathrm{N\cdot mm}$。

7）取齿宽系数 $\psi_\mathrm{a}=0.4$。

将以上参数代入，得初算中心距

$$a_0 \geqslant (4.4+1)\sqrt[3]{\left(\frac{305}{482}\right)^2 \frac{1.1 \times 98840}{0.4 \times 4.4}}\mathrm{mm} = 157.3\mathrm{mm}$$

（3）确定基本参数，计算主要尺寸

1）初选螺旋角 $\beta=12°$。

2）选择模数和齿数。

根据中心距公式及其初算值，模数和齿数应满足

$$a_0 = \frac{m_\mathrm{n}(z_1+z_2)}{2\cos\beta} = \frac{m_\mathrm{n}z_1(1+i)}{2\cos\beta}$$

$$m_\mathrm{n}z_1 \geqslant \frac{2a_0\cos\beta}{1+i} = \frac{2 \times 157.3\cos12°}{1+4.4}\mathrm{mm} = 57\mathrm{mm}$$

因系闭式软齿面传动，取小齿轮齿数 $z_1=20\sim40$，动力齿轮模数 $m\geqslant2\mathrm{mm}$。则当 $m_\mathrm{n}=2\mathrm{mm}$ 时，$z_1\geqslant29$；当 $m_\mathrm{n}=2.5\mathrm{mm}$ 时，$z_1\geqslant23$；$m_\mathrm{n}=3\mathrm{mm}$ 时，$z_1\geqslant19$。这里取 $m_\mathrm{n}=2\mathrm{mm}$，$z_1=29$，则大齿轮齿数 $z_2=iz_1=4.4\times29=127.6$，圆整后 $z_2=128$。因齿数圆整引起的输送带

速度误差肯定在 ±5% 以内，故可用。

3）确定中心距。将模数、齿数和螺旋角代入中心距公式得

$$a = \frac{m_n(z_1 + z_2)}{2\cos\beta} = \frac{2(29 + 128)}{2\cos 12°}mm = 160.5mm$$

中心距取为整数 $a = 160mm$，大于初算值 $a_0 = 157.3mm$。

4）修正螺旋角。

$$\beta = \arccos \frac{m_n(z_1 + z_2)}{2a} = \arccos \frac{2(29 + 128)}{2 \times 160} = 11°6'45''$$

5）计算两齿轮的分度圆直径、齿顶圆直径、齿根圆直径

$$d_1 = \frac{mz_1}{\cos\beta} = \frac{2 \times 29}{\cos 11°6'45''}mm = 59.108mm$$

$$d_2 = \frac{mz_2}{\cos\beta} = \frac{2 \times 128}{\cos 11°6'45''}mm = 260.892mm$$

$$d_{a1} = d_1 + 2h_a = 59.108 + 2 \times 2 \times 1mm = 63.108mm$$

$$d_{a2} = d_2 + 2h_a = 260.892 + 2 \times 2 \times 1mm = 264.892mm$$

$$d_{f1} = d_1 - 2h_f = 59.108 - 2 \times 2(1 + 0.25)mm = 54.108mm$$

$$d_{f2} = d_2 - 2h_f = 260.892 - 2 \times 2(1 + 0.25)mm = 255.892mm$$

6）计算齿宽

$$b = \psi_a a = 0.4 \times 160mm = 64mm$$

为便于安装和调整，使小轮齿宽略大于大轮，故取 $b_2 = 64mm$，$b_1 = 70mm$。

（4）校核齿根弯曲疲劳强度

$$\sigma_F = \frac{1.6KT_1 Y_F \cos\beta}{bm_n^2 z_1} \leq [\sigma_F]$$

1）计算当量齿数

$$z_{v1} = \frac{z_1}{\cos^3\beta} = \frac{29}{\cos^3 11°6'45''} = 30.7$$

$$z_{v2} = \frac{z_2}{\cos^3\beta} = \frac{128}{\cos^3 11°6'45''} = 135.5$$

2）按 z_{v1}、z_{v2} 由表 9-8 查得齿形系数 $Y_{F1} = 2.51$，$Y_{F2} = 2.15$。

3）确定许用弯曲应力。由图 9-32c 查得 $\sigma_{Flim1} = 195MPa$，$\sigma_{Flim2} = 180MPa$。由表 9-7 查得安全系数 $S_F = 1.4$，由式（9-24）得

$$[\sigma_F]_1 = \frac{\sigma_{Flim1}}{S_F} = \frac{195}{1.4}MPa = 139MPa$$

$$[\sigma_F]_2 = \frac{\sigma_{Flim2}}{S_F} = \frac{180}{1.4}MPa = 129MPa$$

将以上参数代入得

$$\sigma_{F1} = \frac{1.6KT_1 Y_{F1} \cos\beta}{bm_n^2 z_1} = \frac{1.6 \times 1.1 \times 98840 \times 2.51 \times \cos 11°6'45''}{64 \times 2^2 \times 29}MPa = 57.7MPa < [\sigma_F]_1$$

$$\sigma_{F2} = \sigma_{F1}\frac{Y_{F2}}{Y_{F1}} = 57.7 \times \frac{2.15}{2.51}MPa = 49.4MPa < [\sigma_F]_2$$

可见，取 $m_n = 2mm$，齿根弯曲疲劳强度已足够。如取 $m_n = 2.5mm$ 或 $m_n = 3mm$，弯曲疲劳强度将会更富余。

（5）验算圆周速度

$$v = \frac{\pi d_1 n_1}{60 \times 1000} = \frac{\pi \times 59.108 \times 343}{60 \times 1000}m/s = 1.06m/s$$

由表9-5知 $v < 9m/s$，取8级精度合适。

（6）计算齿轮之间的作用力　由式（9-35）可求得两齿轮的受力为

$$F_{t1} = -F_{t2} = \frac{2T_1}{d_1} = \frac{2 \times 98840}{59.108}N = 3344N$$

$$F_{r1} = -F_{r2} = F_{t1}\frac{\tan\alpha}{\cos\beta} = 3344 \times \frac{\tan 20°}{\cos 11°6'45''}N = 1240N$$

$$F_{a1} = -F_{a2} = F_{t1}\tan\beta = 3344 \times \tan 11°6'45''N = 657N$$

（7）结构设计及绘制齿轮零件图　因小齿轮的齿根圆直径比较小，故初定为齿轮轴结构；因大齿轮的齿顶圆直径 $200mm < d_{a2} < 500mm$，故采用腹板式结构。齿轮的零件图可参考机械设计手册绘制。

（8）选择润滑方式和润滑剂　因减速器为闭式齿轮传动，且齿轮圆周速度 $v \leqslant 12m/s$，故采用浸油润滑。根据 $v = 1.06m/s$ 查表9-9，选润滑油的运动粘度为 $220mm^2/s$。

第十二节　直齿锥齿轮传动

一、概述

锥齿轮传动是用来传递两相交轴之间的运动和动力的。轴交角 Σ 可根据传动的需要来确定。在一般机械中，多采用 $\Sigma = 90°$ 的传动（见图9-48）。锥齿轮的轮齿有直齿、斜齿和曲齿等多种形式。由于直齿锥齿轮的设计、制造和安装均较简便，故应用最为广泛。曲齿锥齿轮传动平稳，承载能力较高，主要用于高速、重载的传动，如飞机、汽车、拖拉机等的传动机构中。本节主要介绍 $\Sigma = 90°$ 直齿锥齿轮传动。以下将直齿锥齿轮简称为锥齿轮。

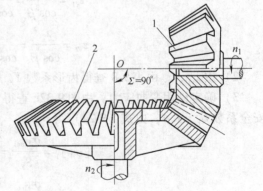

图9-48　直齿锥齿轮传动

锥齿轮的轮齿分布在一个截锥体上，轮齿的尺寸从大端到小端逐渐变小，所以相应于圆柱齿轮中的各有关"圆柱"都变为圆锥，如齿顶圆锥、分度圆锥、齿根圆锥、基圆锥等。为了计算和测量的方便，通常取锥齿轮大端的参数为标准值。

二、锥齿轮齿面的形成与背锥

1. 齿面的形成

锥齿轮齿面的形成与圆柱齿轮相似。如图 9-49 所示，一圆发生面 S 与一基圆锥相切于 ON，设圆发生面 S 的半径 R（称为锥距）和基圆锥的母线长度相等，且圆心 O 与锥顶重合。当圆发生面 S 在基圆锥上作纯滚动时，发生面上的任一点 K 是在以 O 为球心、OK 为半径的球面上运动的，故 K 点展成的曲线 AK 称为球面渐开线，线段 OK 展成的曲面称为球面渐开线锥面，它就是直齿锥齿轮的齿面。

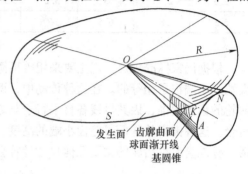

2. 背锥

锥齿轮的齿廓曲线为球面渐开线，而球面无法展成平面，这给锥齿轮的设计和制造带来了困难，故需采用下述近似方法。

图 9-49 锥齿轮齿面的形成

如图 9-50a 所示，锥齿轮的锥距为 R、分度圆锥角为 δ、大端分度圆直径为 d，则与大端球面相切于分度圆处的圆锥 $O'AB$ 称为锥齿轮的背锥。图 9-50b 为锥齿轮的轴向半剖视图，$\triangle OAB$、$\triangle Oaa$、$\triangle Off$、$\triangle O'AB$ 分别代表其分度圆锥、齿顶圆锥、齿根圆锥和背锥，弧 aA 和弧 Af 分别为大端球面上齿形的齿顶高和齿根高。将球面渐开线的齿廓沿球的半径方向向背锥上投影，在轴剖面上得点 a' 及 f'。由图 9-50b 可见 $\overline{a'f'}$ 与弧 af 相差极小，所以可用背锥上的投影齿形来近似地替代球面上的渐开线齿形。因此，锥齿轮的主要参数和尺寸是在背锥上定义的。

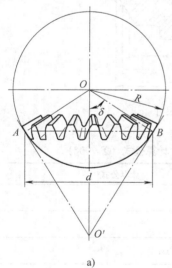
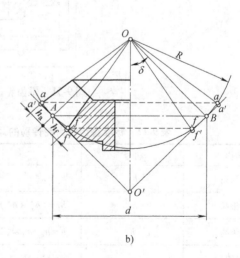

a)   b)

图 9-50 锥齿轮的背锥

三、锥齿轮的基本参数和几何尺寸计算

标准锥齿轮的基本参数有六个，分别为大端模数 m、齿数 z、锥距 R、大端分度圆压力

角 α、大端齿顶高系数 h_a^* 和顶隙系数 c^*。模数 m 按表9-11选取,压力角 $\alpha = 20°$。对于正常齿,当 $m \leqslant 1\mathrm{mm}$ 时,$h_a^* = 1$,$c^* = 0.25$;$m > 1\mathrm{mm}$ 时,$h_a^* = 1$,$c^* = 0.2$。对于短齿,$h_a^* = 0.8$,$c^* = 0.3$。

表9-11　锥齿轮的模数(摘自 GB 12368—1990)　　　　(单位:mm)

...	1	1.125	1.25	1.375	1.5	1.75	2	2.25
2.5	2.75	3	3.25	3.5	3.75	4	4.5	5
5.5	6	6.5	7	8	9	10	11	...

根据国家标准规定,现主要采用等顶隙锥齿轮传动(见图9-51),即两轮的顶隙由轮齿大端到小端都是相等的。在这种传动中,两轮的分度圆锥和齿根圆锥的锥顶重合于一点。而两轮的齿顶圆锥,因其母线各自平行于与之啮合的另一圆锥齿轮的齿根圆锥母线,锥顶不再重合。这种锥齿轮降低了轮齿小端的高度,相对提高了强度。另外,等顶隙也有利于储油润滑。标准直齿锥齿轮的主要几何尺寸计算公式见表9-12。

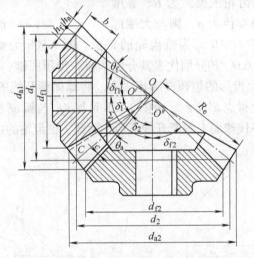

图9-51　锥齿轮的几何尺寸

表9-12　标准直齿锥齿轮传动的几何尺寸计算公式($\Sigma = 90°$)

名称	符号	计算公式
齿顶高	h_a	$h_a = h_a^* m$
齿根高	h_f	$h_f = (h_a^* + c^*)m$
全齿高	h	$h = h_a + h_f = (2h_a^* + c^*)m$
顶隙	c	$c = c^* m$
分度圆锥角	δ	$\delta_1 = 90° - \delta_2, \delta_2 = \arctan \dfrac{z_2}{z_1}$
分度圆直径	d	$d_1 = mz_1, d_2 = mz_2$
齿顶圆直径	d_a	$d_{a1} = d_1 + 2h_a \cos\delta_1, d_{a2} = d_2 + 2h_a \cos\delta_2$

（续）

名称	符号	计算公式
齿根圆直径	d_f	$d_{f1} = d_1 - 2h_f\cos\delta_1$，$d_{f2} = d_2 - 2h_f\cos\delta_2$
锥距	R	$R = \dfrac{\sqrt{d_1^2 + d_2^2}}{2} = \dfrac{m\sqrt{z_1^2 + z_2^2}}{2}$
齿宽	b	$b = \psi_R R$，$\psi_R = 0.25 \sim 0.3$
齿根角	θ_f	$\theta_f = \arctan(h_f/R)$
顶锥角	δ_a	$\delta_{a1} = \delta_1 + \theta_f$，$\delta_{a2} = \delta_2 + \theta_f$
根锥角	δ_f	$\delta_{f1} = \delta_1 - \theta_f$，$\delta_{f2} = \delta_2 - \theta_f$
传动比	i_{12}	$i_{12} = \dfrac{\omega_1}{\omega_2} = \dfrac{n_1}{n_2} = \dfrac{d_2}{d_1} = \dfrac{z_2}{z_1}$

四、锥齿轮的当量齿轮和当量齿数

如图 9-52 所示，将两锥齿轮的背锥展成平面，则形成分度圆半径为 r_{v1}、r_{v2} 的两个扇形齿轮。该扇形齿轮的齿形（平面曲线）可近似地代替锥齿轮大端的球面渐开线齿形（空间曲线）。

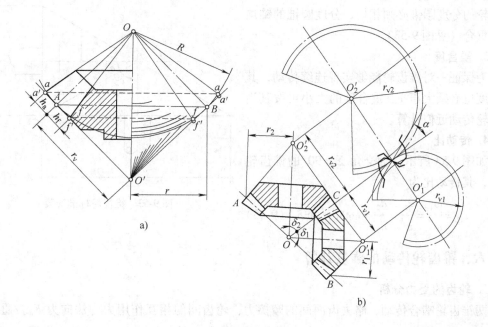

a)

b)

图 9-52 锥齿轮的当量齿轮

若一直齿圆柱齿轮的端面齿形（渐开线）与一直齿锥齿轮大端背锥的展开齿形（球面

渐开线的近似曲线）非常接近，则称该直齿圆柱齿轮为该直齿锥齿轮的当量齿轮，其齿数称为当量齿数。根据分析，为了使两者的齿形相当，当量齿轮的模数、压力角、齿顶高系数、顶隙系数应与锥齿轮大端的参数对应相等，当量齿数 z_v 为

$$z_v = \frac{z}{\cos\delta} \tag{9-40}$$

讨论当量齿轮的意义在于：可按当量齿轮确定锥齿轮传动的正确啮合条件和重合度；可按当量齿轮计算锥齿轮的强度；在用成形法切制锥齿轮时，按当量齿数选择铣刀；可确定标准锥齿轮不发生根切的最少齿数，即

$$z_{min} = z_{vmin}\cos\delta \tag{9-41}$$

式中　z_{vmin}——当量齿轮不发生根切的最少齿数，正常齿为 17。

五、锥齿轮的啮合传动

1. 正确啮合条件

一对标准锥齿轮的啮合传动，除了要求两个锥齿轮大端模数和压力角分别相等外，还要求两锥齿轮的锥距相等。因此，标准锥齿轮传动的正确啮合条件为

$$\left.\begin{array}{l} m_1 = m_2 = m \\ \alpha_1 = \alpha_2 = \alpha \\ R_1 = R_2 = R \end{array}\right\} \tag{9-42}$$

2. 标准安装

锥齿轮传动，因两齿轮的轴线相交，故无中心距可言。一对标准锥齿轮标准安装时，两锥齿轮的分度圆锥必须相切，分度圆锥的锥顶必须重合（见图 9-53）。

3. 重合度

为保证一对锥齿轮能够实现连续传动，其重合度也必须大于 1。重合度的大小可按其当量齿轮传动近似计算。

4. 传动比

如图 9-53 所示，轴交角 $\Sigma = 90°$ 的锥齿轮传动，其传动比为

$$i_{12} = \frac{\omega_1}{\omega_2} = \frac{z_2}{z_1} = \frac{d_2}{d_1} = \cot\delta_1 = \tan\delta_2 \tag{9-43}$$

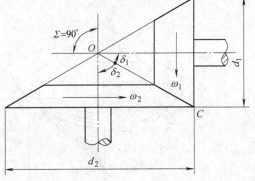

图 9-53　锥齿轮标准安装

六、锥齿轮传动的强度计算

1. 轮齿的受力分析

两锥齿轮啮合传动，略去齿面间的摩擦力，轮齿间的相互作用力为法向力 F_n。通常将法向力视为集中作用在齿宽中截面平均分度圆上节点 C 处，如图 9-54a 所示。为便于分析计算，将法向力 F_n 分解为三个正交分力，即圆周力 F_t、径向力 F_r 和轴向力 F_a。各力的大小可按下列公式计算，各力的单位为 N。

$$F_{t1} = -F_{t2} = \frac{2T_1}{d_{m1}}$$

$$F_{r1} = -F_{a2} = F_{t1}\tan\alpha\cos\delta_1$$

$$F_{a1} = -F_{r2} = F_{t1}\tan\alpha\sin\delta_1$$

$$F_{n1} = -F_{n2} = \frac{F_{t1}}{\cos\alpha}$$

$$(9\text{-}44)$$

式中 d_{m1}——小锥齿轮的平均分度圆直径，$d_{m1} = d_1(1 - 0.5b/R)$。

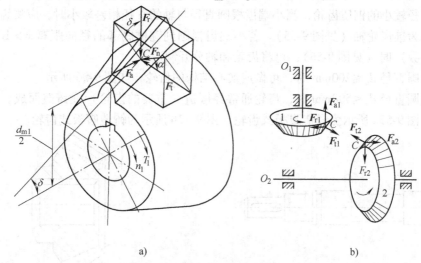

a) b)

图 9-54 锥齿轮传动的受力分析

如图 9-54b 所示，主动轮 1 受到的圆周力 F_{t1} 为阻力，其方向与受力点的圆周速度 v_1 方向相反；从动轮 2 受到的圆周力 F_{t2} 为驱动力，其方向与受力点的圆周速度 v_2 方向相同。两轮的径向力 F_{r1}、F_{r2} 分别由受力点指向各自的轮心。两轮的轴向力 F_{a1}、F_{a2} 分别由受力点指向各自的大端。

锥齿轮传动的强度可近似地按平均分度圆处的当量齿轮传动进行计算。

2. 齿面接触疲劳强度计算

校核公式 $$\sigma_H = \frac{335}{R - 0.5b}\sqrt{\frac{\sqrt{(u^2 + 1)^3}KT_1}{ub}} \leqslant [\sigma_H] \qquad (9\text{-}45)$$

设计公式 $$R \geqslant \sqrt{u^2 + 1} \sqrt[3]{\left(\frac{335}{(1 - 0.5\psi_R)[\sigma_H]}\right)^2 \frac{KT_1}{\psi_R u}} \qquad (9\text{-}46)$$

式中，335 为一对钢制齿轮的导出系数，若配对齿轮材料为钢对铸铁或铸铁对铸铁，则应将 335 分别改为 285 和 250；$\psi_R = b/R$ 称为锥齿轮的齿宽系数，一般取 $\psi_R = 0.25 \sim 0.3$。因为锥齿轮安装时要求两齿轮分度圆锥的锥顶重合，大端面对齐，所以大小齿轮的齿宽应相等。即，按 $b = \psi_R R$ 计算出的齿宽应圆整，并取 $b_1 = b_2$。其余参数的意义同直齿轮。

3. 齿根弯曲疲劳强度计算

校核公式 $$\sigma_F = \frac{2KT_1 Y_F}{bm^2 z_1(1 - 0.5\psi_R)^2} \leqslant [\sigma_F] \qquad (9\text{-}47)$$

设计公式

$$m \geqslant \sqrt[3]{\frac{4KT_1}{\psi_R(1-0.5\psi_R)^2 z_1^2 \sqrt{u^2+1}}\left(\frac{Y_F}{[\sigma_F]}\right)} \qquad (9-48)$$

式中　m——大端模数；

　　　Y_F——齿形系数，按锥齿轮的当量齿数 z_v 在表9-8中查取；

　　　其余参数的意义同直齿轮。

七、锥齿轮的结构

对于直径较小的钢质齿轮，当小端齿根圆直径与轴的直径相差较小时，应将齿轮和轴做成一体，称为锥齿轮轴（见图9-55）。若小端齿根圆到键槽底部的径向距离 $x > 1.6m$（m 为齿轮大端模数）时（见图9-56），可将齿轮和轴分开制造。

当齿顶圆直径 $d_a \leqslant 200\text{mm}$ 时，可做成实心结构的齿轮，如图9-56所示。

当齿顶圆直径 $d_a \leqslant 500\text{mm}$ 时，齿轮通常经锻造（重要的齿轮）或铸造而成，并采用腹板式结构。图9-57a所示为锻造腹板式齿轮，图9-57b所示为铸造腹板式齿轮。

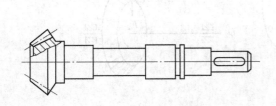

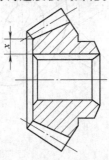

图9-55　齿轮轴　　　　　　　　　　图9-56　实心式齿轮

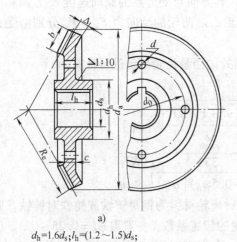

a)

$d_h=1.6d_s; l_h=(1.2\sim1.5)d_s;$
$c=(0.2\sim0.3)b;$
$\Delta=(2.5\sim4)m,$但不小于10mm；
d_0 和 d 按结构取定

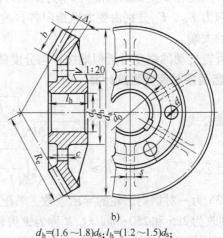

b)

$d_h=(1.6\sim1.8)d_s; l_h=(1.2\sim1.5)d_s;$
$c=(0.2\sim0.3)b; s=0.8c;$
$\Delta=(2.5\sim4)m,$但不小于10mm；
d_0 和 d 按结构取定

图9-57　腹板式齿轮

a）锻造腹板式齿轮　b）铸造腹板式齿轮

【案例分析】

试设计图 9-58 所示带式运输机中的锥齿轮传动。现已确定：小齿轮传递功率 P_1 = 2.11kW，转速 $n_1 = 343r/min$，转矩 $T_1 = 58.83N \cdot m$，传动比 $i = 3$。其他相关条件为：两班制工作，单向运转，载荷较平稳；运输带速度允许误差为 $\pm 5\%$。

解 （1）选定精度等级和材料

1）运输机为一般机器，速度不高，估计齿轮圆周速度 $v < 3m/s$，参照表 9-5 初选 8 级精度。

2）选择材料。因系一般传动，为了便于制造，采用软齿面齿轮。由表 9-4 选择小齿轮材料为 40Cr 钢调质处理，硬度为 250HBW；大齿轮材料为 42SiMn 钢调质处理，硬度为 220HBW，两齿轮硬度差为 30HBW。

（2）按齿面接触疲劳强度设计

$$R \geqslant \sqrt{u^2 + 1} \sqrt[3]{\left(\frac{335}{(1 - 0.5\psi_R)[\sigma_H]}\right)^2 \frac{KT_1}{\psi_R u}}$$

1）齿数比 $u = i = 3$。

2）两齿轮材料均为钢，故系数 335 不用修正。

3）确定许用接触应力。由图 9-30c 按齿面硬度查得小齿轮的接触疲劳极限 $\sigma_{Hlim1} = 680MPa$；大齿轮的接触疲劳极限 $\sigma_{Hlim2} = 560MPa$。

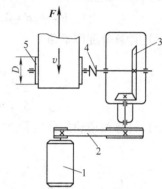

图 9-58 带式运输机传动简图
1—电动机 2—带传动 3—一级圆锥齿轮减速器 4—联轴器 5—滚筒

由表 9-7 查得安全系数 $S_H = 1.1$，由式（9-21）得

$$[\sigma_H]_1 = \frac{\sigma_{Hlim1}}{S_H} = \frac{680}{1.1}MPa = 618MPa$$

$$[\sigma_H]_2 = \frac{\sigma_{Hlim2}}{S_H} = \frac{560}{1.1}MPa = 509MPa$$

取 $[\sigma_H] = [\sigma_H]_2 = 509MPa$。

4）由表 9-6 查得载荷系数 $K = 1.1$。

5）已知小齿轮转矩 $T_1 = 58830N \cdot mm$。

6）取齿宽系数 $\psi_R = 0.3$。

将以上参数代入，得初算锥距

$$R_0 = \sqrt{3^2 + 1} \sqrt[3]{\left[\frac{335}{(1 - 0.5 \times 0.3)509}\right]^2 \frac{1.1 \times 58830}{0.3 \times 3}}mm = 111mm$$

（3）确定基本参数，计算主要尺寸

1）选择模数和齿数。根据锥距公式及其初算值，模数和齿数应满足

$$R = \frac{m}{2}\sqrt{z_1^2 + z_2^2} = \frac{mz_1}{2}\sqrt{1 + i^2}$$

$$mz_1 \geqslant \frac{2R_0}{\sqrt{1 + i^2}} = \frac{2 \times 111}{\sqrt{1 + 3^2}}mm = 70.2mm$$

因系闭式软齿面传动，取小齿轮齿数 $z_1 = 20 \sim 40$，动力齿轮模数 $m \geqslant 2$mm。则当 $m = 2$mm 时，$z_1 \geqslant 36$；当 $m = 2.5$mm 时，$z_1 \geqslant 28$；$m = 3$mm 时，$z_1 \geqslant 24$。这里取 $m = 3$mm，$z_1 = 24$，则大齿轮齿数 $z_2 = iz_1 = 3 \times 24 = 72$。

2）计算锥距

$$R = \frac{m}{2}\sqrt{z_1^2 + z_2^2} = \frac{3}{2}\sqrt{24^2 + 72^2}\text{mm} = 113.84\text{mm}$$

3）计算齿宽

$$b = \psi_R R = 0.3 \times 113.84\text{mm} = 35.5\text{mm}, b_1 = b_2 = 36\text{mm}$$

4）计算分度圆锥角

$$\delta_2 = \arctan\frac{z_2}{z_1} = \arctan\frac{72}{24} = 71°33'54''$$

$$\delta_1 = 90° - \delta_2 = 90° - 71.565° = 18°26'6''$$

5）计算两齿轮的分度圆直径、齿顶圆直径和齿根圆直径

$$d_1 = mz_1 = 3 \times 24\text{mm} = 72\text{mm}$$

$$d_2 = mz_2 = 3 \times 72\text{mm} = 216\text{mm}$$

$$d_{a1} = d_1 + 2h_a\cos\delta_1 = 72\text{mm} + 2 \times 3 \times 1 \times \cos18°26'6''\text{mm} = 77.692\text{mm}$$

$$d_{a2} = d_2 + 2h_a\cos\delta_2 = 216\text{mm} + 2 \times 3 \times 1 \times \cos71°33'54''\text{mm} = 217.897\text{mm}$$

$$d_{f1} = d_1 - 2h_f\cos\delta_1 = 72\text{mm} - 2 \times 3(1 + 0.2) \times \cos18°26'6''\text{mm} = 65.169\text{mm}$$

$$d_{f2} = d_2 - 2h_f\cos\delta_2 = 216\text{mm} - 2 \times 3(1 + 0.2) \times \cos71°33'54''\text{mm} = 213.723\text{mm}$$

（4）校核齿根弯曲疲劳强度

$$\sigma_F = \frac{2KT_1 Y_F}{bm^2 z_1(1 - 0.5\psi_R)^2} \leqslant [\sigma_F]$$

1）计算当量齿数

$$z_{v1} = \frac{z_1}{\cos\delta_1} = \frac{24}{\cos18°26'6''} = 25.3$$

$$z_{v2} = \frac{z_2}{\cos\delta_2} = \frac{72}{\cos71°33'54''} = 227.7$$

2）由表 9-8 按齿数 z_{v1}、z_{v2} 查得齿形系数 $Y_{F1} = 2.62$，$Y_{F2} = 2.12$。

3）确定许用弯曲应力。由图 9-32c 查得 $\sigma_{Flim1} = 230$MPa，$\sigma_{Flim2} = 190$MPa。由表 9-7 查得安全系数 $S_F = 1.4$，由式（9-24）得

$$[\sigma_F]_1 = \frac{\sigma_{Flim1}}{S_F} = \frac{230}{1.4}\text{MPa} = 164\text{MPa}$$

$$[\sigma_F]_2 = \frac{\sigma_{Flim2}}{S_F} = \frac{190}{1.4}\text{MPa} = 136\text{MPa}$$

将以上参数代入得

$$\sigma_{F1} = \frac{2KT_1 Y_{F1}}{bm^2 z_1(1 - 0.5\psi_R)^2} = \frac{2 \times 1.1 \times 58830 \times 2.62}{36 \times 3^2 \times 24(1 - 0.5 \times 0.3)^2}\text{MPa} = 60.4\text{MPa} < [\sigma_F]_1$$

$$\sigma_{F2} = \sigma_{F1} \frac{Y_{F2}}{Y_{F1}} = 60.4 \times \frac{2.12}{2.62} MPa = 48.9 MPa < [\sigma_F]_2$$

可见，取 $m = 3mm$，齿根弯曲疲劳强度足够。故也可取 $m = 2.5mm$ 那一组参数。

（5）验算圆周速度 小齿轮平均分度圆直径

$$d_{m1} = d_1(1 - 0.5b/R) = 72(1 - 0.5 \times 36/113.84) mm = 60.615 mm$$

$$v = \frac{\pi d_{m1} n_1}{60 \times 1000} = \frac{\pi \times 60.615 \times 343}{60 \times 1000} m/s = 1.1 m/s$$

由表 9-5 知 $v < 3m/s$，取 8 级精度合适。

（6）计算齿轮之间的作用力 由式（9-44）可求得两齿轮的受力为

$$F_{t1} = -F_{t2} = \frac{2T_1}{d_{m1}} = \frac{2 \times 58830}{60.615} N = 1941 N$$

$$F_{r1} = -F_{a2} = F_{t1} \tan\alpha \cos\delta_1 = 1941 \times \tan20° \times \cos18°26'6'' N = 670 N$$

$$F_{a1} = -F_{r2} = F_{t1} \tan\alpha \sin\delta_1 = 1941 \times \tan20° \times \sin18°26'6'' N = 223 N$$

（7）结构设计及绘制齿轮零件图 因小齿轮的齿根圆直径比较小，故初定为齿轮轴结构；因大齿轮的齿顶圆直径 $200mm < d_{a2} < 500mm$，故采用锻造腹板式结构。齿轮的零件图可参考机械设计手册绘制。

（8）选择润滑方式和润滑剂 因减速器为闭式齿轮传动，且齿轮圆周速度 $v \leqslant 12m/s$，故采用浸油润滑。根据 $v = 1.1 m/s$ 查表 9-9，选润滑油的运动粘度为 $220mm^2/s$。

实训与练习

9-1 绘制直齿圆柱齿轮传动的啮合图

一对外啮合正常齿制的标准直齿圆柱齿轮传动，已知 $m = 5mm$，$z_1 = 20$，$i_{12} = 2$，小齿轮主动，顺时针转动。

1）计算两齿轮的分度圆直径、齿顶圆直径、齿根圆直径、基圆直径、标准中心距、齿距、齿厚、齿槽宽和基圆齿距。

2）按 1:1 的比例，参考图 9-13 作出其标准安装时的啮合图（不画齿形）。要求画出齿轮的分度圆、基圆、齿顶圆、啮合线，标出轴心 O_1 和 O_2、节点 C、极限啮合点 N_1 和 N_2、起始啮合点 B_2、终止啮合点 B_1、啮合角 α'。

3）从图中量取实际啮合线段 B_1B_2 的长度，根据重合度的定义公式计算重合度，并说明运动是否连续。

9-2 绘制直齿轮齿条传动的啮合图

一正常齿制的直齿轮齿条传动，已知 $m = 5mm$，$z_1 = 20$，齿轮主动，顺时针转动。

1）计算齿轮的分度圆直径、齿顶圆直径、齿根圆直径、基圆直径、齿距、齿厚、齿槽宽和基圆齿距。

2）按 1:1 的比例，类比图 9-13 作出其标准安装时的啮合图（不画齿形）。要求画出齿轮的分度圆、基圆、齿顶圆、啮合线，标出轴心 O_1、节点 C、极限啮合点 N_1、起始啮合点 B_2、终止啮合点 B_1、啮合角 α'。

3）从图中量取实际啮合线段 B_1B_2 的长度，根据重合度的定义公式计算重合度，并说明运动是否连续。

9-3 齿轮加工模拟与参观

在实验室的齿轮展成仪和教学插齿机上模拟加工齿轮，体会理解齿轮加工的展成法原理。在校办工厂机加工车间参观，了解铣齿、滚齿、插齿、刨齿、剃齿、珩齿和磨齿加工过程，建立对齿轮加工机床、齿轮刀具、各种齿轮、齿轮零件图样等的感性认识，加深理解齿轮的加工原理。

9-4 分析齿轮传动的受力

图9-59所示为直齿锥齿轮和斜齿圆柱齿轮传动减速器。主动轮的转向如图9-59所示，为使中间轴Ⅱ上的轴向力抵消，试确定斜齿轮3和4的螺旋方向，并画出各齿轮的受力图。要求画分离体，标出每个齿轮的转向及所受的三个正交分力。

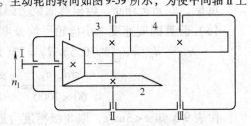

图9-59 直齿锥齿轮和斜齿
圆柱齿轮传动减速器

9-5 带式输送机传动装置设计（续）

本阶段设计任务：沿用第六章实训与练习6-3中的传动方案及设计数据，参照本章设计案例，完成其中的所有齿轮传动设计。要求提交设计报告，并用计算机绘制两齿轮的零件图。

9-6 试设计一铣床中的标准直齿圆柱齿轮传动。已知传递功率 $P = 7.5\text{kW}$，小齿轮转速 $n_1 = 450\text{r/min}$，传动比 $i = 2.08$。

9-7 试设计一电动机驱动的闭式标准斜齿圆柱齿轮传动。已知传递功率 $P = 13\text{kW}$，小齿轮转速 $n_1 = 970\text{r/min}$，传动比 $i = 4.5$，载荷有中等冲击，要求结构紧凑。

9-8 试设计一闭式直齿锥齿轮传动。已知输入转矩 $T_1 = 90.5\text{N} \cdot \text{m}$，输入转速 $n_1 = 970\text{r/min}$，传动比 $i = 2.5$，载荷平稳，长期运转。

第十章 蜗杆传动

【案例导入】

图 10-1a 所示为一带式运输机传动简图，它采用蜗杆传动减速（见图 10-1b）。现已确定蜗杆传递的功率 $P_1 = 3.46\text{kW}$，蜗杆的转速 $n_1 = 1440\text{r/min}$，传动比 $i = 18.8$。运输机单向运转，载荷平稳，运输带速度允许误差为 $\pm 5\%$。试设计该蜗杆传动。

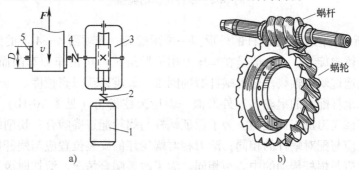

a)　　　　　　　　　　　　b)

图 10-1　带式运输机与蜗杆传动

1—电动机　2—联轴器　3——级蜗杆减速器　4—联轴器　5—滚筒

【初步分析】

蜗杆传动由蜗杆和蜗轮组成（见图 10-1b），用于传递两交错轴之间的运动和动力。通常交错角 $\Sigma = 90°$，并以蜗杆为主动件作减速传动。蜗杆有左旋和右旋之分，一般采用右旋蜗杆。

蜗杆传动设计的主要内容是：根据使用要求，选择蜗杆传动类型、材料、精度、润滑方式和润滑剂；确定蜗杆和蜗轮的基本参数、结构形式和几何尺寸；最后绘制出蜗杆和蜗轮的工作图。

本章主要介绍蜗杆传动的特点，阿基米德蜗杆传动的基本参数、几何尺寸计算、传动条件、失效形式、设计准则、常用材料、受力分析和强度计算。

第一节　蜗杆传动的类型和特点

一、蜗杆传动的类型

按照蜗杆形状的不同，蜗杆传动可分为圆柱蜗杆传动（见图 10-2a）、环面蜗杆传动（见图 10-2b）和锥面蜗杆传动（见图 10-2c）。其中圆柱蜗杆传动在工程中应用最广。

圆柱蜗杆传动又分为普通圆柱蜗杆传动和圆弧齿圆柱蜗杆传动。按照蜗杆齿廓曲线的不同，普通圆柱蜗杆传动可分为阿基米德蜗杆传动、渐开线蜗杆传动、法面直廓蜗杆传动和锥面包络蜗杆传动等四种。其中阿基米德蜗杆传动最为简单，故本章主要通过阿基米德蜗杆传动，介绍蜗杆传动的一些基本知识。

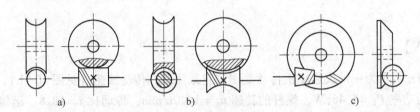

图 10-2　蜗杆传动的类型

如图 10-3 所示，阿基米德蜗杆的外形似一梯形螺旋，其轴面 A—A 上的齿廓是直线，端面齿廓为阿基米德螺旋线。它一般是在车床上用刃形角 $\alpha = 20°$ 的车刀车削而成的。车削时，切削刃顶面必须通过蜗杆轴线。这种蜗杆磨削困难，故难以获得高精度。

与阿基米德蜗杆配对的蜗轮，其外形似一斜齿圆柱齿轮（见图 10-1b）。蜗轮一般是在滚齿机上用滚刀或飞刀加工而成的。为了保证蜗杆与蜗轮能正确啮合，切削蜗轮的滚刀，其直径和齿形参数应与配对蜗杆的相同；滚刀相对蜗轮坯的安装位置应与蜗杆传动一致；滚切时的中心距，也应与蜗杆传动的中心距相同。为了改善啮合情况，滚切时滚刀沿蜗轮的轴线方向没有进给运动。因此，蜗轮在齿宽中截面上的齿廓为渐开线（见图 10-4a），蜗轮的轴面齿廓近似为一内凹弧形（见图 10-4b），其可在啮合时部分包住蜗杆。

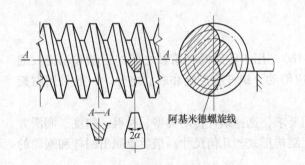

图 10-3　阿基米德蜗杆

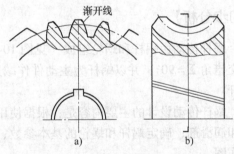

图 10-4　与阿基米德蜗杆配对的蜗轮

二、蜗杆传动的特点

（1）传动比大　在动力传动中，传动比 $i = 5 \sim 80$。在分度机构和手动机构中，传动比可达 300；若只传递运动，传动比可达 1000。由于传动比大，零件数目又少，因而结构很紧凑。

（2）传动平稳性好　由于蜗杆齿是连续不断的螺旋齿，它和蜗轮齿是逐渐进入啮合及逐渐退出啮合的，同时啮合的齿对数又较多，故冲击载荷小，传动平稳，噪声小。

（3）可以自锁　当蜗杆的导程角小于当量摩擦角时，可以实现自锁。

（4）传动效率低 效率一般为 0.7~0.9，自锁时仅为 0.4 左右。

（5）制造成本高 由于蜗杆传动在啮合处有较大的滑动速度，为了减摩耐磨，提高齿面抗胶合能力，蜗轮齿圈常用青铜等非铁金属制造。

由于蜗杆传动具有上述特点，故常用于传动比较大，且要求结构紧凑的场合；或为了安全保护作用，需要传动具有自锁性能的场合。

第二节 蜗杆传动的主要参数及几何尺寸计算

图 10-5 所示为阿基米德蜗杆传动。通过蜗杆轴线并垂直于蜗轮轴线的平面称为中间平面。在中间平面内，阿基米德蜗杆传动相当于齿轮与齿条传动。因此，蜗杆传动的设计计算以中间平面的参数和几何关系为准。

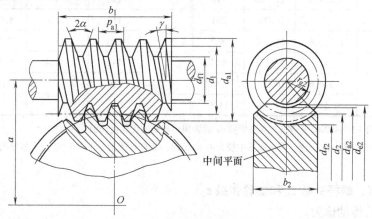

图 10-5 阿基米德蜗杆传动

一、蜗杆传动的主要参数及其选择

1. 模数 m、压力角 α、齿顶高系数 h_a^* 和顶隙系数 c^*

由于中间平面为蜗杆的轴面和蜗轮的端面，故规定蜗杆轴向模数 m_{a1} 和蜗轮的端面模数 m_{t2} 为标准值 m，按表 10-1 查取；轴向压力角 α_{a1} 和端面压力角 α_{t2} 为标准值 α，$\alpha = 20°$；齿顶高系数 $h_a^* = 1$（正常齿），顶隙系数 $c^* = 0.2$（正常齿）。

蜗杆传动的正确啮合条件为

$$\left.\begin{array}{l} m_{a1} = m_{t2} = m \\ \alpha_{a1} = \alpha_{t2} = \alpha \\ \gamma = \beta \end{array}\right\} \qquad (10\text{-}1)$$

式中 γ——蜗杆的导程角，即蜗杆分度圆柱螺旋线的切线与蜗杆端面之间的夹角；

β——蜗轮的螺旋角；

$\gamma = \beta$，表示两者大小相等，且蜗杆与蜗轮的旋向相同（见图 10-6）。

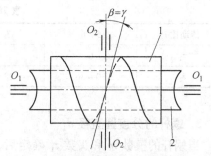

图 10-6 蜗杆导程角与蜗轮螺旋角的关系
1—蜗杆 2—蜗轮

表 10-1 圆柱蜗杆的基本参数和尺寸

m /mm	d_1 /mm	z_1	q	$m^2 d_1$ /mm³	m /mm	d_1 /mm	z_1	q	$m^2 d_1$ /mm³
1	18	1	18.000	18	5	50	1,2,4,6	10.000	1250
1.25	20	1	16.000	31.25		90	1	18.000	2250
	22.4	1	17.920	35	6.3	63	1,2,4,6	10.000	2500
1.6	20	1,2,4	12.500	51.2		112	1	17.778	4445
	28	1	17.500	71.68	8	80	1,2,4,6	10.000	5120
2	22.4	1,2,4,6	11.200	89.6		140	1	17.500	8960
	35.5	1	17.750	142	10	90	1,2,4,6	9.000	9000
2.5	28	1,2,4,6	11.200	175		160	1	16.000	16000
	45	1	18.000	281	12.5	112	1,2,4	8.960	17500
3.15	35.5	1,2,4,6	11.270	352		200	1	16.000	31250
	56	1	17.778	556	16	140	1,2,4	8.750	35840
4	40	1,2,4,6	10.000	640		250	1	15.625	64000
	71	1	17.750	1136					

注：1. 本表摘自 GB/T 10085—1988，本表所列 d_1 值为国标规定的优先使用值。

2. 若同一模数有两个 d_1 值，当选取其中较大的 d_1 值时，蜗杆导程角 γ 小于 3°30′，有较好的自锁性。

2. 传动比 i、蜗杆头数 z_1 和蜗轮齿数 z_2

蜗杆传动的传动比为

$$i = \frac{\omega_1}{\omega_2} = \frac{z_2}{z_1} \tag{10-2}$$

因蜗杆头数越多，加工越困难，故通常取 z_1 为 1、2、4、6。当要求蜗杆传动具有大的传动比或反行程自锁时，取 $z_1 = 1$。当要求蜗杆传动具有较高传动效率时，取 $z_1 = 2$、4、6。

蜗轮齿数 $z_2 = iz_1$。为避免标准蜗轮根切和干涉，应使 $z_2 \geq 17$；为保证一定的重合度，应使 $z_2 \geq 28$，但不宜大于 80。因为 $z_2 > 80$ 后，当蜗轮直径不变时会导致模数过小而削弱轮齿的弯曲强度；当模数不变时会使蜗轮直径增大、蜗杆跨距加长、蜗杆挠曲变形增大而影响正常的啮合。故在动力蜗杆传动中，$z_2 = 28 \sim 80$。z_1、z_2 的荐用值见表 10-2。

表 10-2 z_1、z_2 的荐用值

传动比 i	5~6	7~13	14~27	28~40	>40
z_1	6	4	2	2、1	1
z_2	30~36	28~52	28~54	28~80	>40

3. 蜗杆的分度圆直径 d_1

当蜗杆的模数 m 和头数 z_1 确定后，蜗杆的分度圆直径 d_1 并不能确定，而可以独立变化。这是因为蜗杆的模数是在轴面上定义的，它与分度圆直径没有直接的联系。由于在加工蜗轮时，蜗轮滚刀的直径和齿形参数必须与相应的蜗杆相同。因此，加工同一模数的蜗轮，

有几种蜗杆分度圆直径，就得有几种蜗轮滚刀。为了限制蜗轮滚刀的数目及便于滚刀的标准化，就对每一标准模数规定了一定数量的蜗杆分度圆直径 d_1，而把比值

$$q = \frac{d_1}{m} \tag{10-3}$$

称为蜗杆的直径系数。d_1 与 q 为标准值，见表 10-1。

4. 蜗杆的导程角 γ

蜗杆头数 z_1 和蜗杆的直径系数 q 选定之后，蜗杆分度圆柱的导程角 γ 就确定了。由图 10-7 得

$$\tan\gamma = \frac{z_1 p_{a1}}{\pi d_1} = \frac{z_1 m}{d_1} = \frac{z_1}{q} \tag{10-4}$$

式中 p_{a1}——蜗杆的轴向齿距，$p_{a1} = \pi m$。

5. 蜗杆传动的标准中心距 a

蜗杆传动的标准中心距为

$$a = \frac{1}{2}(d_1 + d_2) = \frac{1}{2}m(q + z_2) \tag{10-5}$$

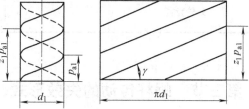

图 10-7 蜗杆的导程角

同齿轮传动一样，为了配凑中心距或提高蜗杆传动的承载能力及传动效率，常采用变位蜗杆传动。由于 d_1 已标准化，故蜗杆不能变位，只对蜗轮进行变位修正。

二、蜗杆传动的几何尺寸计算

阿基米德蜗杆传动的几何关系如图 10-5 所示，其主要尺寸计算公式见表 10-3。

表 10-3 蜗杆传动主要几何尺寸的计算公式

名　称	符　号	计算公式
齿顶高	h_a	$h_a = h_a^* m$，正常齿 $h_a^* = 1$
齿根高	h_f	$h_f = (h_a^* + c^*)m$，正常齿 $c^* = 0.2$
全齿高	h	$h = h_a + h_f = (2h_a^* + c^*)m$
分度圆直径	d	$d_1 = mq, d_2 = mz_2$
齿顶圆直径	d_a	$d_{a1} = d_1 + 2h_a, d_{a2} = d_2 + 2h_a$
齿根圆直径	d_f	$d_{f1} = d_1 - 2h_f, d_{f2} = d_2 - 2h_f$
蜗杆导程角	γ	$\tan\gamma = z_1/q$
标准中心距	a	$a = (d_1 + d_2)/2 = m(q + z_2)/2$
顶隙	c	$c = c^* m$
传动比	i_{12}	$i_{12} = \omega_1/\omega_2 = n_1/n_2 = z_2/z_1$
蜗杆螺旋部分长度	b_1	当 $z_1 \leqslant 2$ 时，$b_1 \geqslant (11 + 0.06z_2)m$ 当 $z_1 > 2$ 时，$b_1 \geqslant (12.5 + 0.09z_2)m$

（续）

名　　称	符　　号	计算公式
蜗轮齿顶圆弧半径	r_{g2}	$r_{g2} = \dfrac{d_1}{2} - m$
蜗轮外圆直径	d_{e2}	当 $z_1 = 1$ 时，$d_{e2} \leqslant d_{a2} + 2m$ 当 $z_1 = 2$ 时，$d_{e2} \leqslant d_{a2} + 1.5m$ 当 $z_1 = 4,6$ 时，$d_{e2} \leqslant d_{a2} + m$
蜗轮齿宽	b_2	当 $z_1 \leqslant 2$ 时，$b_2 \leqslant 0.75 d_{a1}$ 当 $z_1 > 2$ 时，$b_2 \leqslant 0.67 d_{a1}$

第三节　蜗杆传动的失效形式、设计准则、常用材料和精度选择

一、蜗杆传动的失效形式

由于蜗杆是连续的螺旋齿，且材料为钢，而蜗轮齿不连续，材料又为铜合金或铸铁，所以蜗杆齿的强度总高于蜗轮齿的强度，失效常发生在蜗轮齿上。由于蜗杆传动齿面间的相对滑动速度大、效率低、发热大，因此，闭式传动多因蜗轮齿面胶合和点蚀而失效，开式传动多因磨损和轮齿折断而失效。

二、蜗杆传动的设计准则

闭式传动，通常按蜗轮的齿面接触疲劳强度进行设计；只是当 $z_2 > 80 \sim 100$，或蜗轮进行负变位时，才进行蜗轮的齿根弯曲疲劳强度校核。此外，由于闭式传动散热困难，还应作热平衡核算。开式传动，通常只需按蜗轮的齿根弯曲疲劳强度进行设计。对蜗杆来说，只需按轴的计算方法验算其强度和刚度。

三、蜗杆传动的常用材料

由上述蜗杆传动的失效形式可知，蜗杆、蜗轮的材料不仅要求具有足够的强度，更重要的是要具有良好的减摩、耐磨和抗胶合能力。

蜗杆一般是用碳素钢或合金钢制成。高速重载且载荷变化较大的条件下，常用 15Cr、20Cr 或 20CrMnTi 渗碳淬火到 58 ~ 63HRC；高速重载且载荷稳定的条件下，常用 45、42SiMn 或 40Cr 表面淬火到 45 ~ 55HRC；对于不太重要的低速中载的蜗杆，可采用 40 或 45 钢调质处理，其硬度为 220 ~ 250HBW。

蜗轮常用材料为铸造锡青铜（ZCuSn10Pb1、ZCuSn5Pb5Zn5）、铸造铝铁青铜（ZCuAl10Fe3）和灰铸铁（HT150、HT200）等。锡青铜的抗胶合、减摩和耐磨性能最好，但价格较贵，用于滑动速度 $v_s \geqslant 3\text{m/s}$ 的重要传动；铝铁青铜的抗胶合能力比锡青铜差，但强度较高，价格便宜，一般用于滑动速度 $v_s \leqslant 4\text{m/s}$ 的传动；灰铸铁用于滑动速度 $v_s < 2\text{m/s}$ 的不重要场合。

四、蜗杆传动的精度等级选择

GB/T 10089—1988 对蜗杆、蜗轮和蜗杆传动规定了 12 个精度等级；1 级精度最高，依次降低。普通圆柱蜗杆传动的精度，一般以 6 ~ 9 级应用的最多。具体可参考表 10-4 选择。

表 10-4 蜗杆传动的常用精度等级选择

精度等级	蜗轮圆周速度 $v_2/(\mathrm{m/s})$	适用范围
6	>5	中等精度机床的分度机构等
7	≤7.5	中等精度工业运转机构的动力传动,如机床进给、操纵机构、电梯曳引装置等
8	≤3	每天工作时间不长的一般动力传动,如起重运输机械减速器、纺织机械传动装置等
9	≤1.5	低速传动或手动机构,如舞台升降装置,塑料蜗杆传动等

第四节   蜗杆传动的强度计算

一、蜗杆传动的受力分析

蜗杆蜗轮啮合传动，略去齿面间的摩擦力，轮齿间的相互作用力为法向力 F_n，按在节点 C 处进行受力分析，如图 10-8a 所示。为便于分析计算，将法向力 F_n 分解为三个正交分力，即圆周力 F_t、径向力 F_r 和轴向力 F_a。各力的大小可按下列公式计算，各力的单位为 N。

$$\left. \begin{array}{l} F_{t1} = -F_{a2} = \dfrac{2T_1}{d_1} \\[2mm] F_{a1} = -F_{t2} = \dfrac{2T_2}{d_2} \\[2mm] F_{r1} = -F_{r2} = F_{t2}\tan\alpha \\[2mm] F_{n1} = -F_{n2} = \dfrac{F_{t2}}{\cos\alpha_n\cos\gamma} \end{array} \right\} \qquad (10\text{-}6)$$

式中　T_1、T_2——分别为蜗杆和蜗轮上的转矩（N·mm）；

d_1、d_2——分别为蜗杆和蜗轮的分度圆直径（mm）。

如图 10-8b 所示，蜗杆 1 受到的圆周力 F_{t1} 为阻力，其方向与受力点的圆周速度 v_1 方向相反；蜗轮 2 所受轴向力 F_{a2} 的方向与蜗杆圆周力 F_{t1} 的方向相反。两轮的径向力 F_{r1}、F_{r2} 分别由受力点指向各自的轮心。蜗杆轴向力 F_{a1} 和蜗轮圆周力 F_{t2} 的方向可用左、右手定则判定（蜗杆主动）：左旋蜗杆用左手，右旋蜗杆用右手，握住蜗杆轴线，让四指弯曲的方向与蜗杆转向相

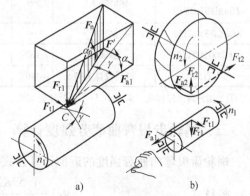

图 10-8   蜗杆传动的受力分析

同，则大拇指的指向即为蜗杆所受轴向力 F_{a1} 的方向，大拇指的反方向即为蜗轮 2 受到的圆周力 F_2 的方向，也是蜗轮在受力点的圆周速度 v_2 的方向。

二、蜗轮齿面接触疲劳强度计算

根据接触疲劳强度理论，可得到蜗轮齿面的接触疲劳强度计算公式

校核公式
$$\sigma_H = 500 \sqrt{\frac{KT_2}{m^2 d_1 z_2^2}} \leqslant [\sigma_H] \tag{10-7}$$

设计公式
$$m^2 d_1 \geqslant \left(\frac{500}{z_2 [\sigma_H]}\right)^2 KT_2 \tag{10-8}$$

式中　500——钢制蜗杆与青铜蜗轮或铸铁蜗轮配对时的导出系数；

K——载荷系数，$K = 1.1 \sim 1.3$，当载荷平稳、蜗轮圆周速度 $v_2 \leqslant 3\text{m/s}$ 和传动精度高时取小值，否则取大值；

$[\sigma_H]$——许用接触应力（MPa），见表 10-5 或表 10-6；

$m^2 d_1$ 的单位为 mm^3。

按式（10-8）求出 $m^2 d_1$ 后，可按表 10-1 查取适当的 m 和 d_1。

表 10-5　铸锡青铜蜗轮的许用接触应力 $[\sigma_H]$

蜗轮材料	铸造方法	滑动速度 $v_s/(\text{m/s})$	适用的许用应力 $[\sigma_H]/\text{MPa}$	
			蜗杆齿面硬度	
			≤350HBW	>45HRC
ZCuSn10Pb1	砂型	≤12	180	200
	金属型	≤25	200	220
ZCuSn5Pb5Zn5	砂型	≤10	110	125
	金属型	≤12	135	150

表 10-6　铸铝青铜、铸黄铜及铸铁蜗轮的许用接触应力 $[\sigma_H]$

蜗轮材料	蜗杆材料	$[\sigma_H]/\text{MPa}$							
		滑动速度 $v_s/(\text{m/s})$							
		0.25	0.5	1	2	3	4	6	8
ZCuAl10Fe3 ZCuAl10Fe3Mn2	钢经淬火[①]	—	250	230	210	180	160	120	90
ZCuZn38Mn2Pb2	钢经淬火[①]	—	215	200	180	150	135	95	75
HT200,HT150	渗碳钢	160	130	115	90	—	—	—	—
HT150	调质或淬火钢	140	110	90	70	—	—	—	—

① 蜗杆若未经淬火，则表中 $[\sigma_H]$ 值降低 20%。

三、蜗轮齿根弯曲疲劳强度计算

蜗轮齿根弯曲疲劳强度的近似计算公式为

校核式
$$\sigma_F = \frac{1.53 KT_2 \cos\gamma Y_F}{m^2 d_1 z_2} \leqslant [\sigma_F] \tag{10-9}$$

设计式
$$m^2 d_1 \geqslant \frac{1.53 K T_2 \cos\gamma Y_{F2}}{z_2 [\sigma_F]}$$
(10-10)

式中 Y_{F2}——蜗轮的齿形系数，按其实际齿数 z_2 查表 10-7；

$[\sigma_F]$——蜗轮材料的许用弯曲应力（MPa），查表 10-8。

表 10-7 蜗轮的齿形系数 Y_{F2} （$\alpha=20°$、$h_a^*=1$、$c^*=0.2$）

z_2	24	26	28	30	35	40	45	50	60	70	80	90	100
Y_{F2}	2.57	2.51	2.48	2.44	2.36	2.32	2.27	2.24	2.20	2.17	2.14	2.12	2.10

表 10-8 蜗轮材料的许用弯曲应力 $[\sigma_F]$ （单位：MPa）

蜗轮材料	铸造方法	蜗杆齿面硬度≤45HRC	蜗杆齿面硬度>45HRC 磨光或抛光
ZCuSn10Pb1	砂型	46(32)	58(40)
	金属型	58(42)	73(52)
ZCuSn5Pb5Zn5	砂型	32(24)	40(30)
	金属型	41(32)	51(40)
ZCuAl10Fe3	砂型	112(91)	140(116)
HT150	砂型	40	50

注：表中括号内的数值系用于双向传动的场合。

第五节 蜗杆传动的效率、润滑和热平衡计算

一、蜗杆传动的效率

闭式蜗杆传动的功率损耗包括啮合摩擦损耗、轴承摩擦损耗及蜗杆或蜗轮搅油损耗三部分，相应的效率为啮合效率 η_1、轴承效率 η_2 和搅油效率 η_3。因此其总效率为

$$\eta = \eta_1 \eta_2 \eta_3$$

因轴承效率和搅油效率比较高，故一般取 $\eta_2 \eta_3 = 0.95 \sim 0.96$。可见，蜗杆传动的总效率主要取决于啮合效率。当蜗杆主动时，根据螺旋传动的效率公式求得啮合效率为

$$\eta_1 = \frac{\tan\gamma}{\tan(\gamma + \rho_v)}$$
(10-11)

式中 γ——蜗杆导程角；

ρ_v——当量摩擦角，其值可根据滑动速度 v_s 由表 10-9 查取。

滑动速度 v_s （m/s）可根据图 10-9 求得

$$v_s = \frac{v_1}{\cos\gamma} = \frac{\pi d_1 n_1}{60 \times 1000\cos\gamma}$$
(10-12)

蜗杆传动的总效率按下式计算

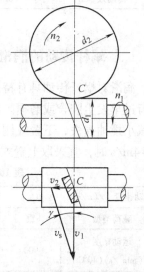

图 10-9 齿面间的
相对滑动速度

$$\eta = (0.95 \sim 0.96)\frac{\tan\gamma}{\tan(\gamma + \rho_v)} \qquad (10\text{-}13)$$

在设计之初，为了近似地求出蜗轮轴上的功率和转矩，蜗杆传动效率可按表 10-10 估取。

表 10-9 蜗杆传动的当量摩擦角 ρ_v

蜗轮齿圈材料	锡青铜		铝铁青铜	灰铸铁	
蜗杆齿面硬度	≥45HRC	<45HRC	≥45HRC	≥45HRC	<45HRC
滑动速度 v_s/(m/s)	ρ_v				
0.25	3°43′	4°17′	5°43′	5°43′	6°51′
0.50	3°09′	3°43′	5°09′	5°09′	5°43′
1.0	2°35′	3°09′	4°00′	4°00′	5°09′
1.5	2°17′	2°52′	3°43′	3°43′	4°43′
2.0	2°00′	2°35′	3°09′	3°09′	4°00′
2.5	1°43′	2°17′	2°52′		
3.0	1°36′	2°00′	2°35′		
4	1°22′	1°47′	2°00′		
5	1°10′	1°40′	1°43′		
8	1°02′	1°29′			
10	0°55′	1°22′			
15	0°48′	1°09′			
24	0°45′				

表 10-10 闭式蜗杆传动效率的估计值

蜗杆头数 z_1	1	2	4	6
传动效率 η	0.7～0.75	0.75～0.82	0.87～0.92	0.87～0.92

二、蜗杆传动的润滑

润滑对蜗杆传动具有特别重要的意义。如果润滑不良，传动效率将显著降低，并且会使轮齿过早发生胶合或磨损。润滑油粘度和给油方法可从表 10-11 中查取。采用浸油润滑时，为减小搅油损失，下置或侧置式蜗杆传动浸油不能过深，但也不能小于一个齿高；蜗杆速度 $v_1 > 4$m/s 时，宜采取上置式蜗杆传动，且浸油深度不超过蜗轮顶圆半径的 1/3。

表 10-11 蜗杆传动的润滑油粘度荐用值及给油方法

滑动速度 v_s/(m/s)	0～1	0～2.5	0～5	>5～10	>5～15	>15～25	>25
载荷类型	重	重	中	（不限）	（不限）	（不限）	（不限）
运动粘度 ν/(mm²/s)(40℃)	900	500	350	220	150	100	80
给油方法	油池润滑			喷油润滑或油池润滑	喷油润滑时的喷油压力/MPa		
					0.7	2	3

三、蜗杆传动的热平衡计算

由于蜗杆传动效率低、发热量大，若不及时散热，会使箱体油温升高、润滑失效，导致齿面磨损加剧，甚至产生胶合。因此，对闭式蜗杆传动应进行热平衡计算。

在闭式传动中，热量通过箱体散发，要求箱体内的油温 t 和周围空气温度 t_0（常温下可取 $20℃$）之差不超过允许值，即

$$\Delta t = \frac{1000P(1-\eta)}{\alpha_t A} \leq [\Delta t] \tag{10-14}$$

式中　Δt——温度差（℃），$\Delta t = t - t_0$；

$[\Delta t]$——润滑油的许用温差，一般为 $60 \sim 70℃$；并应使油温 $t(t = t_0 + \Delta t)$ 小于 $90℃$；

P——蜗杆传递的功率（kW）；

η——传动效率；

α_t——箱体的表面散热系数，可取 $\alpha_t = (8.15 \sim 17.45) \mathrm{W/(m^2 \cdot ℃)}$，当环境通风良好时，取偏大值；

A——有效散热面积（$\mathrm{m^2}$），指内部有油浸溅，而外部与流通空气接触的箱体外表面积（对于箱体上的散热片，其散热面积按 50% 计算）。

蜗杆传动的箱体带散热片时，其总散热面积可按下式估算

$$A = 0.33 \left(\frac{a}{100}\right)^{1.75} \tag{10-15}$$

式中　a——蜗杆传动的中心距（mm）。

当 Δt 不满足要求时，可采用下述冷却措施：

1）在箱体外表面铸出或焊上散热片，以增加散热面积。

2）在蜗杆轴上装置风扇，或在箱体油池内装设蛇形冷却水管，或用循环油冷却，以提高表面散热系数（见图10-10）。

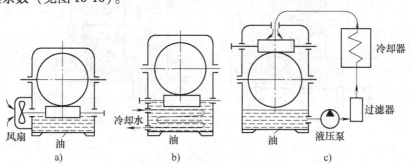

图 10-10　螺杆传动的散热方法

第六节　蜗杆、蜗轮的结构

蜗杆通常与轴制成一体，称为蜗杆轴，其结构形式如图 10-11 所示。图 10-11a 所示的结构无退刀槽，螺旋部分只能铣制；图 10-11b 所示的结构有退刀槽，螺旋部分既可车制也可

铣制，但刚度没有前一种好。当蜗杆螺旋部分的直径较大时，可以将蜗杆与轴分开制作。

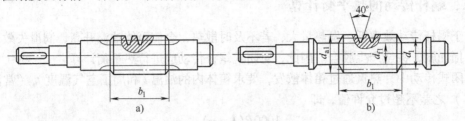

图 10-11 蜗杆的结构形式

常用的蜗轮结构形式有以下几种：

（1）整体式（见图 10-12a） 主要用于铸铁蜗轮或尺寸很小（$d < 100\text{mm}$）的青铜蜗轮。

（2）镶铸式（见图 10-12b） 这种结构是在铸铁轮心上加铸青铜齿圈，然后切齿。为了结合紧固，应在轮心上预制出榫槽。这种结构只用于成批制造的蜗轮。

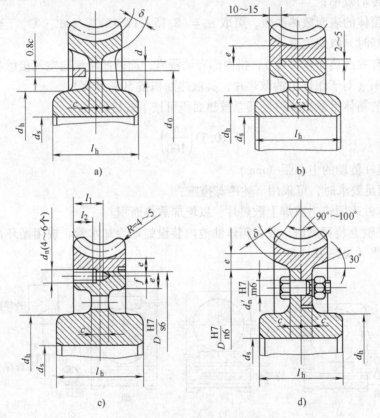

图 10-12 蜗轮的结构形式

$$e = 2m；\quad f \approx 2 \sim 3\text{mm}；\quad d_n = (1.2 \sim 1.5)m；\quad l_2 = 3d_n；\quad l_1 = l_2 + 0.5d_n；$$

$$c \geqslant 1.7m；\quad d_h = (1.6 \sim 2)d_s；\quad l_h = (1.2 \sim 1.8)d_s；\quad d \approx d_0/4；\quad \delta = e = 2m；$$

$$d_0 = (d_h + D)/2；\quad d_n' \text{ 由螺栓组计算确定；} \quad m \text{ 为模数；} \quad d_s \text{ 为轴的直径}$$

（3）轮箍式（见图 10-12c） 这种结构由青铜齿圈和铸铁轮心组成。齿圈和轮心多用 H7/s6 或 H7/r6 过盈配合连接，为了增加连接的可靠性，通常沿着结合面圆周装置 4 ~ 8 个紧定螺钉。为了便于钻孔，应将螺钉孔的中心线由配合面向材料较硬的轮心部分偏移 2 ~

3mm。这种结构多用于尺寸不太大或工作温度变化较小的地方，以免热胀冷缩，影响配合质量。

（4）螺栓联接式（见图 10-12d） 这种结构装拆比较方便，多用于尺寸较大（$d > 600$mm）或容易磨损的蜗轮。

【案例分析】

问题回顾 试设计图 10-1a 所示带式运输机中的蜗杆传动。已知蜗杆传递的功率 $P_1 = 3.46$kW，蜗杆的转速 $n_1 = 1440$r/min，传动比 $i = 18.8$，运输机单向运转，载荷平稳，运输带速度允许误差为 $\pm 5\%$。

解 （1）选定蜗杆传动类型、精度等级和材料

1）选择蜗杆类型。选用阿基米德蜗杆传动。

2）选择精度等级。估计蜗轮圆周速度 $v < 3$m/s，查表 10-4，初选 8 级精度。

3）选择材料。蜗杆选用 45 钢，表面淬火处理，硬度为 $45 \sim 50$HRC；蜗轮选用 ZCuSn10Pb1，砂型铸造，时效处理。

（2）按蜗轮齿面接触疲劳强度设计

$$m^2 d_1 \geq \left(\frac{500}{z_2 [\sigma_H]} \right)^2 K T_2$$

1）确定蜗杆头数和蜗轮齿数。查表 10-2，选蜗杆头数 $z_1 = 2$，蜗轮齿数 $z_2 = i z_1 = 18.8 \times 2 = 37.6$，取 $z_2 = 38$。因齿数圆整引起的输送带速度误差肯定在 $\pm 5\%$ 以内，故可用。

2）确定许用接触应力。查表 10-5，$[\sigma_H] = 200$MPa。

3）确定载荷系数。因载荷较平稳，蜗轮转速不高，故取 $K = 1.2$。

4）确定蜗轮转速。$n_2 = n_1/i = 1440/18.8$r/min $= 76.6$r/min。

5）初估传动效率。按 $z_1 = 2$ 查表 10-10，$\eta = 0.82$。

6）计算蜗轮传递的功率。$P_2 = P_1 \eta = 3.46 \times 0.82$kW $= 2.84$kW。

7）计算蜗轮上的转矩

$$T_2 = 9.55 \times 10^6 \frac{P_2}{n_2} = 9.55 \times 10^6 \times \frac{2.84}{76.6} \text{N} \cdot \text{mm} = 354073 \text{N} \cdot \text{mm}$$

故
$$m^2 d_1 \geq \left(\frac{500}{38 \times 200} \right)^2 \times 1.2 \times 354073 \text{mm}^3 = 1839 \text{mm}^3$$

查表 10-1，取 $m = 6.3$mm，$d_1 = 63$mm，$q = 10$，对应的 $m^2 d_1 = 2500$mm³，满足要求。

（3）计算主要几何尺寸

蜗杆齿顶圆直径 $d_{a1} = d_1 + 2h_a = (63 + 2 \times 6.3)$mm $= 75.6$mm

蜗杆齿根圆直径 $d_{f1} = d_1 - 2h_f = (63 - 2 \times 1.2 \times 6.3)$mm $= 47.88$mm

蜗杆齿宽 $b_1 \geq (11 + 0.06 z_2) m = (11 \times 6.3 + 0.06 \times 38 \times 6.3)$mm $= 83.664$mm，取 $b_1 = 85$mm

蜗杆导程角 $\gamma = \arctan \frac{z_1}{q} = \arctan \frac{2}{10} = 11°18'36''$

蜗轮分度圆直径 $d_2 = m z_2 = 6.3 \times 38$mm $= 239.4$mm

蜗轮齿顶圆直径 $d_{a2} = d_2 + 2h_a = (239.4 + 2 \times 6.3)$mm $= 252$mm

蜗轮齿根圆直径　$d_{f2} = d_2 - 2h_f = (239.4 - 2 \times 1.2 \times 6.3)\,\text{mm} = 224.28\,\text{mm}$

蜗轮齿顶圆弧半径　$r_{g2} = d_1/2 - m = (63/2 - 6.3)\,\text{mm} = 25.2\,\text{mm}$

蜗轮外圆直径　$d_{e2} \leqslant d_{a2} + 1.5m = (252 + 1.5 \times 6.3)\,\text{mm} = 261.45\,\text{mm}$，取 $d_{e2} = 260\,\text{mm}$

蜗轮齿宽　$b_2 \leqslant 0.75d_{a1} = 0.75 \times 75.6\,\text{mm} = 56.7\,\text{mm}$，取 $b_2 = 56\,\text{mm}$

蜗杆传动中心距　$a = \dfrac{1}{2}m(q + z_2) = \dfrac{1}{2} \times 6.3(10 + 38)\,\text{mm} = 151.2\,\text{mm}$

（4）计算蜗杆线速度、齿面滑动速度和蜗轮线速度

1）蜗杆线速度　$v_1 = \dfrac{\pi d_1 n_1}{60 \times 1000} = \dfrac{\pi \times 63 \times 1440}{60 \times 1000}\,\text{m/s} = 4.75\,\text{m/s}$

2）齿面滑动速度　$v_s = \dfrac{v_1}{\cos\gamma} = \dfrac{4.75}{\cos 11°18'36''}\,\text{m/s} = 4.84\,\text{m/s}$

3）蜗轮线速度　$v_2 = \dfrac{\pi d_2 n_2}{60 \times 1000} = \dfrac{\pi \times 239.4 \times 76.6}{60 \times 1000}\,\text{m/s} = 0.96\,\text{m/s}$

因蜗轮线速度 $v_2 < 3\,\text{m/s}$，选择 8 级精度合适。

（5）计算传动效率　按 v_s 查表 10-9，当量摩擦角 $\rho_v = 1°12'$。代入式（10-12）有

$$\eta = 0.955\,\frac{\tan\gamma}{\tan(\gamma + \rho_v)} = 0.955 \times \frac{\tan 11°18'36''}{\tan(11°18'36'' + 1°12')} = 0.86$$

因实际传动效率与估算效率接近，故前面的计算不作修正。

（6）热平衡计算

$$\Delta t = \frac{1000 P_1(1 - \eta)}{\alpha_t A} \leqslant [\Delta t]$$

1）确定散热系数。设通风条件一般，取 $\alpha_t = 15\,\text{W/m}^2 \cdot \text{℃}$。

2）估算散热面积。设箱体带散热片，将中心矩 $a = 151.2\,\text{mm}$ 代入式（10-15）得

$$A = 0.33\left(\frac{a}{100}\right)^{1.75} = 0.33\left(\frac{151.2}{100}\right)^{1.75}\,\text{m}^2 = 0.68\,\text{m}^2$$

故

$$\Delta t = \frac{1000 \times 3.46(1 - 0.86)}{15 \times 0.68}\,\text{℃} = 47.5\,\text{℃} < 55 \sim 70\,\text{℃}$$

设室温 $t_0 = 20\,\text{℃}$，则热平衡时的油温 $t = t_0 + \Delta t = (20 + 47.5)\,\text{℃} = 67.5\,\text{℃} < 90\,\text{℃}$。

（7）计算蜗杆蜗轮之间的作用力

蜗杆转矩　$T_1 = 9.55 \times 10^6\,\dfrac{P_1}{n_1} = 9.55 \times 10^6 \times \dfrac{3.46}{1440}\,\text{N} \cdot \text{mm} = 22947\,\text{N} \cdot \text{mm}$

蜗轮转矩　$T_2 = 9.55 \times 10^6\,\dfrac{P_1 \eta}{n_2} = 9.55 \times 10^6 \times \dfrac{3.46 \times 0.86}{76.6}\,\text{N} \cdot \text{mm} = 370979\,\text{N} \cdot \text{mm}$

由式（10-6）可求得蜗杆和蜗轮的受力为

蜗杆圆周力（蜗轮轴向力）　$F_{t1} = -F_{a2} = \dfrac{2T_1}{d_1} = \dfrac{2 \times 22947}{63}\,\text{N} = 728\,\text{N}$

蜗杆轴向力（蜗轮圆周力）　$F_{a1} = -F_{t2} = \dfrac{2T_2}{d_2} = \dfrac{2 \times 370979}{239.4}\,\text{N} = 3099\,\text{N}$

蜗杆（蜗轮）径向力 $F_{r1} = -F_{r2} = F_{r2}\tan\alpha = 3099\tan20°\text{N} = 1128\text{N}$

（8）蜗杆、蜗轮的结构设计 蜗杆采用蜗杆轴；蜗轮采用图 10-12c 所示的轮箍式结构。其零件图可参考机械设计手册绘制。

（9）选择润滑剂与润滑方式 按 v_s 查表 10-11，选用运动粘度为 $350\text{mm}^2/\text{s}$ 的润滑油，采用油池润滑。因蜗杆线速度 $v_1 > 4\text{m/s}$，为减少搅油损失，故采用上蜗杆传动。

实训与练习

10-1 分析蜗杆传动的受力

图 10-13 所示为蜗杆、齿轮传动装置，右旋蜗杆 1 为主动件，为使Ⅱ轴上的轴向力和Ⅲ轴上的轴向力能分别抵消。试求：标出各轴的转向；标出蜗轮 2、斜齿轮 3 和 4 的螺旋方向；画出各轴的分离体，并标出各齿轮的三个正交分力（用箭头、叉、点符号表示力的方向）。

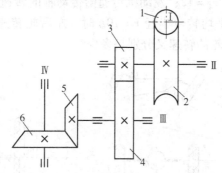

图 10-13 蜗杆、齿轮传动装置

10-2 带式输送机传动装置设计（续）

本阶段设计任务：沿用第六章实训与练习 6-3 中的传动方案及设计数据，参照本章设计案例，完成其中的蜗杆传动设计。要求提交设计报告，并用计算机绘制蜗杆和蜗轮的零件图。

10-3 设计一搅拌机中的闭式蜗杆传动。已知蜗杆传递的功率 $P = 5.5\text{kW}$，转速 $n_1 = 960\text{r/min}$，传动比 $i = 21$，载荷平稳，单向运转。

第十一章 轮 系

【案例导入】

图 11-1a 所示为一汽车绕 P 点左转弯时的示意图。图 11-1b 所示为该汽车后桥减速与差速器的传动示意图，其中，锥齿轮 5、4 组成减速部分；锥齿轮 1、2、3 和构件 H 组成差速部分；齿轮 1、3 分别与左、右后轮固联；齿轮 5 与传动轴固联。若汽车后轮中心距为 $2L$；锥齿轮齿数 $z_1 = z_3$，$z_5 = 14$，$z_4 = 42$；发动机传递给传动轴的转速 $n_5 = 1200 \mathrm{r/min}$，方向如图 11-1b 所示。试求：当汽车平均转弯半径 $r = 10L$ 时，左后轮转速 n_1 和右后轮转速 n_3 是多少？汽车直线前进时，两后轮的转速又分别是多少？

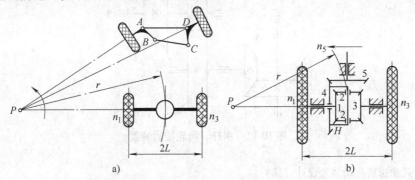

图 11-1 汽车后桥减速与差速器传动示意图

【初步分析】

为了减小轮胎与地面的摩擦，应使车轮作纯滚动。因此，当汽车直线行驶时，其四个车轮的转速应相同（车轮直径相同时）；而当汽车转弯时，内侧的两轮应转慢一点，外侧的两轮应转快一点，且其转速的比例关系应随转弯半径的变化而变化。对于图 11-1 所示的后轮驱动汽车，由于两前轮是浮套在轮轴上的，故可以适应任意转弯半径而与地面保持纯滚动；至于两个后轮，则是通过差速器来自动调整转速的。在本案例中，为了满足汽车直线和转弯行驶的工作要求，其后桥减速与差速器采用了多对锥齿轮传动。这种由一系列齿轮所组成的传动系统称为轮系。本章主要讨论轮系的类型、传动比计算及其功用。

第一节 轮系的类型

根据轮系运转时，其各齿轮是否都是在同一平面或互相平行的平面内运动的，轮系可分为平面轮系和空间轮系；根据轮系运转时，其各齿轮的轴线相对于机架的位置是否都是固定的，又可将轮系分为定轴轮系、周转轮系和复合轮系三类。

一、定轴轮系

当轮系运转时，若其中各齿轮的轴线相对于机架的位置都是固定的，这种轮系称为定轴轮系，如图 11-2 所示。其中，图 11-2a 所示为平面定轴轮系，图 11-2b 所示为空间定轴轮系。

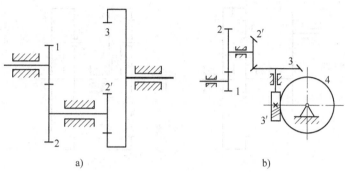

图 11-2　定轴轮系

a）平面定轴轮系　b）空间定轴轮系

二、周转轮系

当轮系运转时，若其中至少有一个齿轮的轴线相对于机架的位置不固定，而是绕着其他齿轮的固定轴线回转，则这种轮系称为周转轮系。图 11-3 所示为一常见的平面周转轮系，它由齿轮 1、2、3 和构件 H 组成。此轮系运转时，齿轮 2 一方面绕着自身轴线 O_2O_2 自转，另一方面其轴线 O_2O_2 又随构件 H 一起绕着固定轴线 OO 作公转，故称齿轮 2 为行星轮；支承行星轮的构件 H 称为行星架（又称系杆或转臂）；齿轮 1、3 分别与行星轮 2 相啮合，且绕着自身固定的轴线 OO 转动，称为太阳轮（或中心轮）。

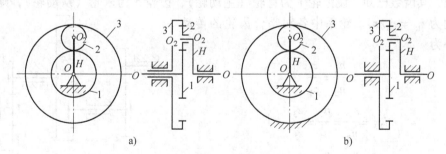

图 11-3　周转轮系

a）差动轮系　b）行星轮系

由上所述可见，一个基本周转轮系由一个行星架、若干个行星轮、1~3 个太阳轮及机架组成。其中，太阳轮和行星架一般作为运动的输入和输出构件，称为基本构件。周转轮系中各基本构件的回转轴线必须重合，否则轮系不能运动。

周转轮系按其自由度的不同可分为两类，若自由度为 2，称其为差动轮系（见图 11-3a）；若自由度为 1，称其为行星轮系（见图 11-3b）。

三、复合轮系

既包含定轴轮系，又包含周转轮系（见图 11-4a），或者是包含几个基本周转轮系（见图 11-4b），这种轮系称为复合轮系。

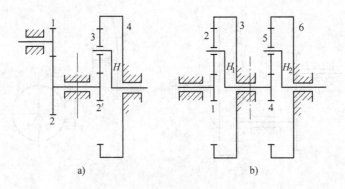

图 11-4 复合轮系

第二节 定轴轮系的传动比计算

轮系的传动比，是指轮系中首、末两构件的角速度（或转速）之比。计算轮系的传动比，包括确定传动比的大小和确定首、末两构件的转向关系两项内容。

一、传动比大小的计算

现以图 11-5 所示轮系为例来介绍定轴轮系传动比大小的计算方法。该轮系由 4 对圆柱齿轮组成，其齿数已知，设齿轮 1 为首轮（主动轮），齿轮 5 为末轮（从动轮），则此轮系的传动比为 $i_{15} = n_1/n_5$。轮系中各对啮合齿轮的传动比的大小为

$$i_{12} = \frac{n_1}{n_2} = \frac{z_2}{z_1}$$

$$i_{2'3} = \frac{n_{2'}}{n_3} = \frac{n_2}{n_3} = \frac{z_3}{z_{2'}}$$

$$i_{3'4} = \frac{n_{3'}}{n_4} = \frac{n_3}{n_4} = \frac{z_4}{z_{3'}}$$

$$i_{45} = \frac{n_4}{n_5} = \frac{z_5}{z_4}$$

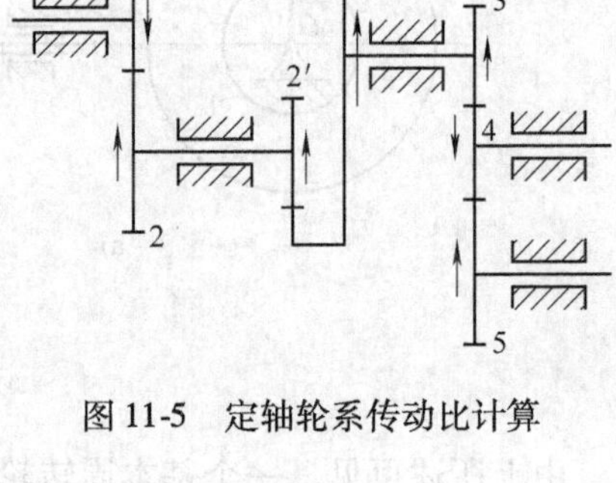

图 11-5 定轴轮系传动比计算

将以上各式等号两边分别连乘，得

$$i_{12}i_{2'3}i_{3'4}i_{45} = \frac{n_1}{n_2} \cdot \frac{n_2}{n_3} \cdot \frac{n_3}{n_4} \cdot \frac{n_4}{n_5} = \frac{n_1}{n_5} = \frac{z_2}{z_1} \cdot \frac{z_3}{z_{2'}} \cdot \frac{z_4}{z_{3'}} \cdot \frac{z_5}{z_4}$$

即
$$i_{15} = \frac{n_1}{n_5} = i_{12}i_{2'3}i_{3'4}i_{45} = \frac{z_2 z_3 z_4 z_5}{z_1 z_{2'} z_{3'} z_4}$$

上式说明：定轴轮系的传动比等于该轮系中各对啮合齿轮传动比的连乘积；也等于各对啮合齿轮中所有从动轮齿数的连乘积与所有主动轮齿数的连乘积之比。

推广到一般情况，设定轴轮系的首轮为 A、末轮为 B，则其传动比的一般计算式为

$$i_{AB} = \frac{n_A}{n_B} = \frac{A\ 至\ B\ 间所有从动轮齿数的连乘积}{A\ 至\ B\ 间所有主动轮齿数的连乘积} \qquad (11\text{-}1)$$

二、首、末轮转向关系的确定

1. 平面定轴轮系

平面定轴轮系由平行轴圆柱齿轮传动组成，其首、末两轮的转向不是相同就是相反，具体可用下面两种方法确定。

（1）通过画箭头确定　在图 11-5 中，设首轮 1 的转向已知，并如图 11-5 中箭头所示（箭头方向表示齿轮可见侧的圆周速度的方向）。因一对外啮合圆柱齿轮的转向相反，一对内啮合圆柱齿轮的转向相同，故可依此画出其余各轮的转向。由图 11-5 可见，该轮系首、末轮的转向相反。

（2）根据外啮合齿轮的对数确定　由于轮系每经过一对外啮合就改变一次转向，故设轮系中外啮合齿轮的对数为 m，则当 m 为奇数时，首、末轮转向相反；当 m 为偶数时，首、末轮转向相同。在图 11-5 所示轮系中，$m = 3$，为奇数，故首、末轮的转向相反，与画箭头的结果一致。

为了同时表示轮系传动比的大小和首、末轮的转向关系，特规定：首、末轮转向相同时，其传动比为" + "，反之为" − "。按此规则，图 11-5 所示轮系的传动比为

$$i_{15} = \frac{n_1}{n_5} = -\frac{z_2 z_3 z_4 z_5}{z_1 z_{2'} z_{3'} z_4} = -\frac{z_2 z_3 z_5}{z_1 z_{2'} z_{3'}}$$

在图 11-5 所示的轮系中，齿轮 4 同时与齿轮 3′、5 相啮合。与 3′ 啮合时，它为从动轮；与 5 啮合时，它又为主动轮；故齿数 z_4 在传动比计算式的分子和分母中同时出现而被约去。由此可见，其齿数的多少并不影响传动比的大小，而仅起着中间过渡和改变末轮转向的作用。轮系中的这种齿轮称为惰轮或中介轮。

2. 空间定轴轮系

空间定轴轮系，由锥齿轮或蜗杆传动等组成，其首、末两轮的转向只能通过画箭头来确定，具体有两种情况。

（1）首、末两轮的轴线平行　图 11-6 所示的空间定轴轮系由两对锥齿轮组成，其首轮 1 和末轮 3 的轴线平行。对锥齿轮传动，表示方向的箭头应该同时指向节点或同时背离节点，依此可画出各轮的转向。由图 11-6 可见，该轮系首、末轮的转向相反，其传动比应为" − "，即

$$i_{13} = \frac{n_1}{n_3} = -\frac{z_2 z_3}{z_1 z_{2'}}$$

（2）首、末两轮的轴线不平行　图 11-7 所示的空间定轴轮系，由一对圆柱齿轮、一对

锥齿轮和一对蜗杆蜗轮组成，其首轮 1 和末轮 4 的轴线不平行。在该轮系中，对于圆柱齿轮和锥齿轮，其转向的画法同上；对蜗杆蜗轮，其转向可按第十章讲述的左右手定则确定。此时，由于首、末两轮的轴线不平行，其转向关系不能再用轮系传动比的"＋"、"－"来表示，而只能在图上用箭头表示，传动比只表示本身的大小。该轮系传动比的大小为

$$i_{14} = \frac{n_1}{n_4} = \frac{z_2 z_3 z_4}{z_1 z_{2'} z_{3'}}$$

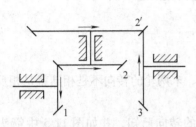

图 11-6　首、末两轮轴线
平行的空间定轴轮系

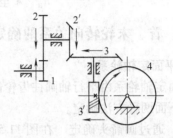

图 11-7　首、末两轮轴线不
平行的空间定轴轮系

第三节　周转轮系的传动比计算

由于周转轮系中行星轮的轴线不固定，故其传动比不能直接用定轴轮系的公式来计算。但可以先把周转轮系转化为定轴轮系，然后再套用定轴轮系的公式，进而求出周转轮系的传动比。这一方法称为转化轮系法或反转法。

在图 11-8a 所示的平面差动轮系中，设各轮和行星架的绝对转速分别为 n_1、n_2、n_3 和 n_H，且均为顺时针方向。假定给整个轮系附加一个与行星架 H 转速大小相等而方向相反的公共转速（$-n_H$），使其绕轴线 OO 回转，则轮系中各构件之间的相对运动关系保持不变，但行星架的相对转速变为 $n_H - n_H = 0$，即行星架 H 相对静止不动了（相当于选择行星架 H 为运动参考系）。这样，就把周转轮系转化成了假想的定轴轮系（见图 11-8b），称之为周转轮系的转化轮系。转化前后各构件的转速见表 11-1。

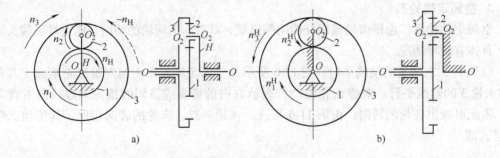

a)　　　　　　　　　　　　　　　　b)

图 11-8　周转轮系的转化
a) 周转轮系　b) 转化轮系

表 11-1　周转轮系转化前后各构件的转速

构件代号	绝对转速(周转轮系中)	相对转速(转化轮系中)
1	n_1	$n_1^H = n_1 - n_H$
2	n_2	$n_2^H = n_2 - n_H$
3	n_3	$n_3^H = n_3 - n_H$
H	n_H	$n_H^H = n_H - n_H = 0$

在此转化轮系中，设轮 1 为首轮、轮 3 为末轮，套用定轴轮系传动比的计算公式，则转化轮系的传动比为

$$i_{13}^H = \frac{n_1^H}{n_3^H} = \frac{n_1 - n_H}{n_3 - n_H} = -\frac{z_2 z_3}{z_1 z_2} = -\frac{z_3}{z_1}$$

式中，右端的"－"号，表示轮 1 和轮 3 在转化轮系中的转向相反，即 n_1^H 与 n_3^H 的方向相反。因该转化轮系为平面轮系，故其可通过画箭头（见图 11-8b），或按外啮合齿轮对数（此处 $m = 1$）来确定。

推广到一般情况，设周转轮系的两个太阳轮分别为 A 和 B，行星架为 H，则其转化轮系传动比的一般计算式为

$$i_{AB}^H = \frac{n_A^H}{n_B^H} = \frac{n_A - n_H}{n_B - n_H} = \pm \frac{A \text{ 至 } B \text{ 间所有从动轮齿数的连乘积}}{A \text{ 至 } B \text{ 间所有主动轮齿数的连乘积}} \quad (11\text{-}2)$$

由上式可知，若给定周转轮系三个基本构件转速 n_A、n_B、n_H 中的任意两个，即可求出第三个，从而可求得任意两个基本构件之间的传动比。

应用式（11-2）时应注意：

1）A、B 为太阳轮，H 为行星架，三者的回转轴线必须重合。

2）齿数比前的"±"号，由齿轮 A、B 在转化轮系中的转向关系决定，其确定方法与定轴轮系相同。

3）n_A、n_B、n_H 均为代数值，既代表构件转速的大小，又代表构件的转向，在计算时必须代入相应的"＋"、"－"号。如两构件转向相同，则可同时代"＋"号；如转向不同，则一个代"＋"号，另一个代"－"号。第三个构件的转向，由计算结果的"＋"、"－"号来判断。

例 11-1　在图 11-8a 所示的平面差动轮系中，设 $z_1 = z_2 = 30$，$z_3 = 90$；设齿轮 1、3 的转速大小分别为 $n_1 = 200 \text{r/min}$ 和 $n_3 = 100 \text{r/min}$。试求当齿轮 1、3 转向相同和相反时，行星架转速 n_H 的大小和转向。

解　由式（11-2）可求得

$$i_{13}^H = \frac{n_1 - n_H}{n_3 - n_H} = -\frac{z_2 z_3}{z_1 z_2} = -\frac{z_3}{z_1} = -\frac{90}{30} = -3$$

即

$$n_H = \frac{n_1 + 3 n_3}{4}$$

1）当 n_1、n_3 转向相同时，令两者同为"＋"。将 $n_1 = +200 \text{r/min}$ 和 $n_3 = +100 \text{r/min}$ 代入上式，有

$$n_H = \frac{200 + 3 \times 100}{4} r/min = 125 r/min$$

此时，该轮系基本构件在机架参照系和行星架参照系中的转速及相对方向见下表。

构件代号	绝对转速/（r/min）		相对转速/（r/min）	
	代数值	相对方向	代数值	相对方向
1	$n_1 = 200$	1 与 3 相同	$n_1^H = n_1 - n_H = 75$	
3	$n_3 = 100$	1 与 H 相同	$n_3^H = n_3 - n_H = -25$	1 与 3 相反
H	$n_H = 125$	3 与 H 相同	$n_H^H = n_H - n_H = 0$	

2）当 n_1、n_3 转向相反时，令 n_1 为 "＋"，则 n_3 为 "－"。将 $n_1 = +200 r/min$ 和 $n_3 = -100 r/min$ 代入上式，有

$$n_H = \frac{200 - 3 \times 100}{4} r/min = -25 r/min$$

此时，该轮系基本构件在机架参照系和行星架参照系中的转速及相对方向见下表。

构件代号	绝对转速/（r/min）		相对转速/（r/min）	
	代数值	相对方向	代数值	相对方向
1	$n_1 = 200$	1 与 3 相反	$n_1^H = n_1 - n_H = 225$	
3	$n_3 = -100$	1 与 H 相反	$n_3^H = n_3 - n_H = -75$	1 与 3 相反
H	$n_H = -25$	3 与 H 相同	$n_H^H = n_H - n_H = 0$	

从该例可知，差动轮系可把两个运动（n_1、n_3）合成为一个运动（n_H）。

例 11-2 在图 11-9 所示空间行星轮系中，已知各轮齿数为：$z_1 = z_2 = 48$，$z_2' = 18$，$z_3 = 24$，轮 1 转速 n_1 的转向如图 11-9 所示。试求传动比 i_{1H}，并确定 H 构件的转向。

解 该轮系中，轮 2、2′是双联行星轮；轮 1、3 是太阳轮；H 为行星架。太阳轮 1、3 和行星架 H 的回转轴线重合。由于轮 3 固定不动，即 $n_3 = 0$。由式（11-2）可求得其转化轮系的传动比为

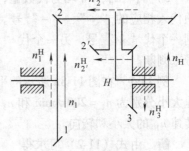

图 11-9 空间行星轮系

$$i_{13}^H = \frac{n_1 - n_H}{n_3 - n_H} = \frac{n_1 - n_H}{0 - n_H} = -\frac{z_2 z_3}{z_1 z_2'} = -\frac{48 \times 24}{48 \times 18} = -\frac{4}{3}$$

式中，"－"号表示齿轮 1、3 在转化轮系中的转向相反，即 n_1^H 与 n_3^H 方向相反。因该转化轮系为空间轮系，故其只能通过在图上画箭头确定（虚线箭头所示）。上式化简后得

$$i_{1H} = \frac{n_1}{n_H} = \frac{7}{3}$$

求得的 i_{1H} 为 "＋"，表示 n_H 与 n_1 转向相同，如图 11-9 中箭头所示。

第四节 复合轮系的传动比计算

复合轮系是由定轴轮系和周转轮系或是由几个基本周转轮系组成的复杂轮系。计算其传动比一般分为四个步骤。

(1) 划分轮系 分析轮系，先找出轴线可动的行星轮，然后找出支持行星轮转动的行星架（注意，行星架可能由其他构件兼任），再找出与行星轮啮合且轴线与行星架回转轴线重合的太阳轮，这样就找出了一个基本周转轮系。依此方法，找出所有的基本周转轮系（每一个行星架对应一个基本周转轮系），剩下的便是定轴轮系部分了。

(2) 分列方程 对各定轴轮系部分按式（11-1）分别列出其传动比方程式；对各基本周转轮系部分的转化轮系按式（11-2）分别列出其传动比方程式。

(3) 找出联系 找出各基本轮系之间的运动联系，列出补充方程。

(4) 联立求解 将各基本轮系传动比的方程式联立求解，得出结果。

例 11-3 在图 11-10 所示的轮系中，各轮齿数为 $z_1 = z_{2'} = 20$，$z_2 = 40$，$z_3 = 30$，$z_4 = 80$。试计算传动比 i_{1H}。

解 由图 11-10 可知，齿轮 3 的轴线不固定，是一个行星轮；H 为行星架，与行星轮相啮合的齿轮 $2'$、4 为太阳轮，故齿轮 3、$2'$、4 及 H 组成一个基本行星轮系。剩下的齿轮 1 和 2 组成定轴轮系。因此，该轮系为一平面复合轮系，应分别列传动比方程。

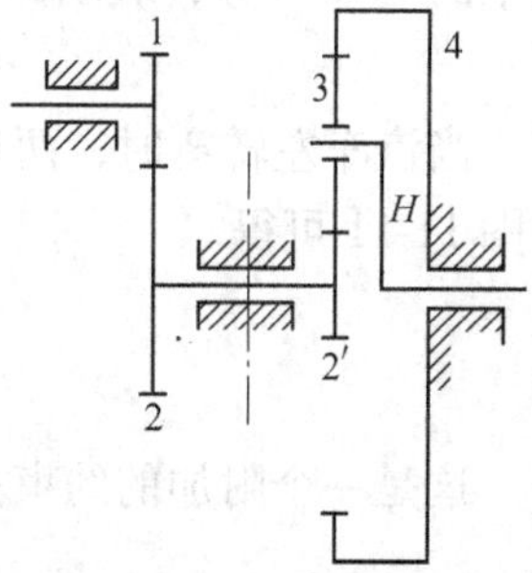

对定轴轮系部分有

$$i_{12} = \frac{n_1}{n_2} = -\frac{z_2}{z_1} = -\frac{40}{20} = -2 \qquad (a)$$

对行星轮系部分有

$$i_{2'4}^{H} = \frac{n_{2'} - n_H}{n_4 - n_H} = -\frac{z_4}{z_{2'}} = -\frac{80}{20} = -4$$

图 11-10 平面复合轮系

因齿轮 2、$2'$ 为同一构件，故 $n_{2'} = n_2$；因齿轮 4 固定不动，故 $n_4 = 0$。将其代入上式得

$$\frac{n_2 - n_H}{0 - n_H} = -4 \qquad (b)$$

联立式（a）、式（b）消去 n_2 求得

$$i_{1H} = \frac{n_1}{n_H} = -10$$

计算结果为负值，表明行星架 H 与齿轮 1 转向相反。

【案例分析】

问题回顾 在图 11-11 所示汽车后桥减速与差速器中，已知汽车后轮中心距为 $2L$；锥齿轮齿数 $z_1 = z_3$，$z_5 = 14$，$z_4 = 42$；传动轴转速 $n_5 = 1200 \text{r/min}$。试求：当汽车平均转弯半径 $r = 10L$ 时，左后轮转速 n_1 和右后轮转速 n_3 是多少？汽车直线前进时，两后轮的转速又分别是多少？

解 由图 11-11 可知，锥齿轮 2 的轴线不固定，是一个行星轮；与锥齿轮 4 固联的 H 杆为行星架；与行星轮 2 相啮合的锥齿轮 1、3 为太阳轮；故锥齿轮 1、2、3 及 H 组成一个空间差动轮系，剩下的锥齿轮 4 和 5 组成空间定轴轮系。因此，该轮系为一空间复合轮系，应分别列传动比方程。

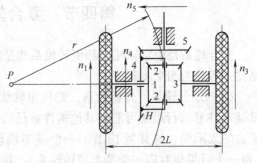

图 11-11　汽车后桥减速与差速器

对空间定轴轮系部分有

$$i_{54} = \frac{n_5}{n_4} = \frac{1200}{n_4} = \frac{z_5}{z_4} = \frac{42}{14} = 3$$

因锥齿轮 5、4 的轴线不平行，故上式仅表示传动比的大小，锥齿轮 4 的转向如图 11-11 所示。由上式可求得

$$n_4 = n_H = 400 \text{r/min}$$

对空间差动轮系部分有

$$i_{13}^H = \frac{n_1 - n_H}{n_3 - n_H} = \frac{n_1 - 400}{n_3 - 400} = -\frac{z_3}{z_1} = -1$$

式中的"$-$"号，表示锥齿轮 1、3 在转化轮系中的转向相反。化简后得

$$n_1 + n_3 = 800 \text{r/min} \qquad\qquad (a)$$

当汽车左转弯时，两后轮在与地面不打滑的条件下，其转速应与车轮弯道半径成正比，由图 11-11 可得

$$\frac{n_1}{n_3} = \frac{r - L}{r + L} = \frac{10L - L}{10L + L} = \frac{9}{11} \qquad\qquad (b)$$

这是一个附加的约束方程。联立式（a）、式（b），即可求得两后轮的转速

$$n_1 = 360 \text{r/min}, n_3 = 440 \text{r/min}$$

计算结果均为正值，表明两后轮与行星架 H（锥齿轮 4）转向相同。

当汽车直行时，其转弯半径 $r = \infty$，此时两后轮的转速相等，即 $n_1 = n_3$。由式（a）可得

$$n_1 = n_3 = 400 \text{r/min}$$

由此可见，传动轴的转速 n_5 通过减速器减至 n_4，又通过差速器分解成转速 n_1 和 n_3，这两个转速随转弯半径的不同而不同。

第五节　轮系的功用

轮系在各种机械设备中获得了广泛应用，它的功用可以概括为以下几个方面。

一、获得较大的传动比

当两轴之间需要较大的传动比时，如果仅采用一对齿轮传动，不仅外廓尺寸过大（见图 11-12a 双点画线所示），而且造成两轮的寿命悬殊，所以一对齿轮的传动比一般不大于 5 ~7。当需要较大的传动比时，应采用轮系来实现（见图 11-12a 所示实线）。特别是采用周转轮系传动时，可用很少的齿轮，获得很大的传动比，例如图 11-12b 所示的行星轮系（括

号内为齿数），由两对齿轮组成，其传动比 i_{1H} 为 10000。

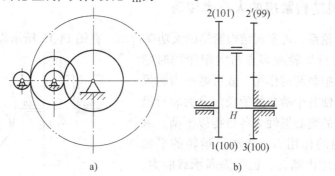

图 11-12　实现大的传动比

二、实现分路传动

利用轮系可将主动轴的转速同时传给几个从动轴，以获得所需的各种转速。如图 11-13 所示滚齿机主传动系统示意图中，电动机带动主动轴转动时，一路通过齿轮 1、2 组成的定轴轮系驱动滚刀 A 转动；另一路通过齿轮 3、4、5、6、7、8、9 组成的定轴轮系驱动轮坯 B 转动，从而使滚刀与轮坯之间具有确定的展成运动关系。

三、实现变速与换向传动

在主动轴转速和方向不变的条件下，利用轮系可改变从动轴的转速和方向。如图 11-14 所示汽车变速箱传动简图中，Ⅰ是输入轴，Ⅱ是输出轴；牙嵌离合器的一半 A 和齿轮 1 固联在Ⅰ轴上，其另一半 B 则固联在双联滑移齿轮（4-6）上；齿轮 2、3、5、7 固联在Ⅲ轴上；齿轮 8 固联在Ⅳ轴上。通过操纵离合器和滑移齿轮，可以使输出轴Ⅱ获得三种前进转速、一种倒车转速。

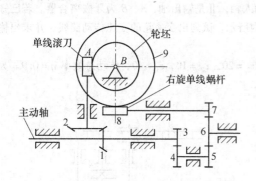

图 11-13　滚齿机主传动简图

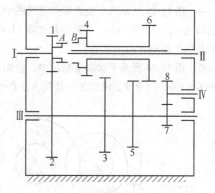

图 11-14　汽车变速箱传动简图

四、实现运动的合成和分解

差动轮系具有 2 个自由度，故可利用其将两个运动合成为一个运动（如例 11-1）；或将一个运动分解为两个运动（如本章案例中所讨论的汽车差速器）。在机床、计算机构和补偿装置中，广泛应用差动轮系实现运动的合成和分解。

五、实现结构紧凑的大功率传动

应用周转轮系，可实现结构紧凑的大功率传动。在图 11-15 所示周转轮系中，由于采用
了多个均布的行星轮在多点与太阳轮同时啮
合，起到了分担载荷的作用，故可减小齿轮尺
寸；同时又可使各个啮合处的径向分力和行星
轮公转所产生的离心惯性力各自得以平衡，减
小了主轴承内的作用力，增加了运转的平稳
性。此外，采用内啮合，也可提高承载能力，
并节省空间，加上其输入轴和输出轴在同一轴
线上，使径向尺寸非常紧凑。

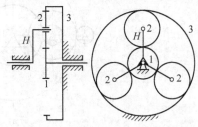

图 11-15　采用多个行星轮的周转轮系

实训与练习

11-1　图 11-16 所示为磨床砂轮架进给传动系统图。已知 $z_1 = 28$，$z_2 = 56$，$z_3 = 38$，$z_4 = 57$，丝杠为
Tr50×3。当手轮按图 11-16 所示方向以 $n_1 = 50r/min$ 转
动时，求砂轮架移动速度及方向。

11-2　图 11-17 所示为一手摇提升装置。试求其传
动比 i_{15}，并标出当提升重物时各轮的转向。

11-3　图 11-18 所示为某车床拖板箱传动系统图，
齿条 9 固定不动。已知 $z_1 = 2$，$z_2 = 60$，$z_3 = 20$，$z_4 = 40$，
$z_5 = 30$，$z_6 = 90$，$z_7 = 30$，$z_8 = 20$，$m_8 = 2mm$。当主动轴
按图 11-18 所示方向以 $n_1 = 1500r/min$ 转动时，求拖板
箱移动速度及方向。又当手轮以 $n_7 = 50r/min$ 转动时，
求拖板箱移动速度及方向。

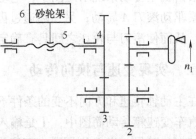

图 11-16　磨床砂轮架进给传动系统图

11-4　图 11-19 所示汽车变速箱传动简图中，Ⅰ是输入轴，Ⅱ是输出轴，A、B 为牙嵌离合器。若已知
Ⅰ轴的转速 $n_Ⅰ = 1000r/min$，各轮齿数如图 11-9 中括号内所示。试列出变速箱的变速传动路线，并求出输
出轴的各挡转速和方向。

11-5　图 11-20 所示手动起重葫芦中，已知 $z_1 = 10$，$z_2 = 20$，$z_{2'} = 10$，$z_3 = 40$，传动总效率 $\eta = 0.9$。为
提升重 $G = 10kN$ 的重物，求施加于链轮 A 上的圆周力 F。

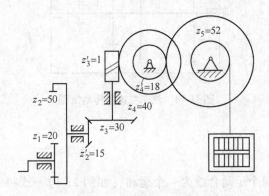

图 11-17　手摇提升装置

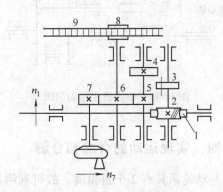

图 11-18　拖板箱传动系统图

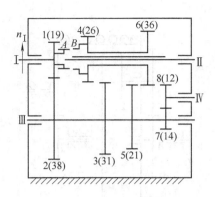

图 11-19 汽车变速箱传动简图

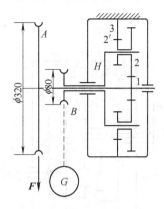

图 11-20 手动起重葫芦

11-6 图 11-21 所示为车床电动自动定心卡盘机构。已知 $z_1 = 6$，$z_2 = z_{2'} = 25$，$z_3 = 57$，$z_4 = 56$，求 i_{14}。

11-7 图 11-22 所示轮系 1 中，已知 $z_1 = 60$，$z_2 = 20$，$z_{2'} = 25$，$z_3 = 15$，$n_1 = 50\text{r/min}$，$n_3 = 200\text{r/min}$。试求当 n_1、n_3 方向相同（见图 11-22a）和相反（见图 11-22b）时 n_H 的大小及转向。

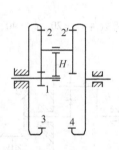

图 11-21 车床电动自定心卡盘机构

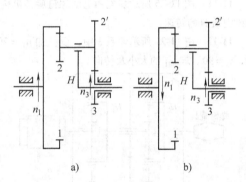

图 11-22 轮系 1

11-8 图 11-23 所示轮系 2 中，已知 $z_1 = 20$，$z_2 = 24$，$z_{2'} = 30$，$z_3 = 40$，$n_1 = 200\text{r/min}$，$n_3 = 100\text{r/min}$，方向如图 11-23 所示。求两轮系 n_H 的大小及转向。

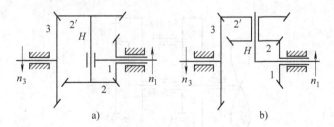

图 11-23 轮系 2

11-9 图 11-24 所示自行车里程表机构中，C 为车轮轴，B 为指针。已知 $z_1 = 17$，$z_3 = 23$，$z_4 = 19$，$z_{4'} = 20$，$z_5 = 24$，轮胎受压变形后的有效直径约为 0.7m。若车行 1km 时指针 B 正好转一圈，z_2 应为多少？

11-10 图 11-25 所示卷扬机卷筒机构中，轮系置于卷筒 H 内。已知 $z_1 = 24$，$z_2 = 33$，$z_{2'} = 21$，$z_3 = 78$，$z_{3'} = 18$，$z_4 = 30$，$z_5 = 78$，动力由齿轮 1 输入，$n_1 = 750\text{r/min}$，经卷筒 H 输出。求卷筒转速 n_H。

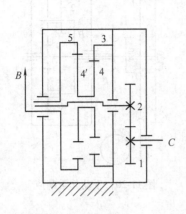

图 11-24 自行车里程表机构

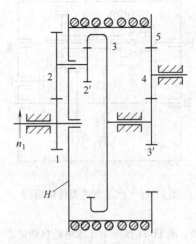

图 11-25 卷扬机卷筒机构

11-11 图 11-26 所示装配用电动螺钉旋具机构中，已知 $z_1 = z_4 = 7$，$z_3 = z_6 = 39$，若 $n_1 = 3000 \text{r/min}$，试求螺钉旋具的转速。

11-12 图 11-27 所示轮系 3 中，设已知 $n_1 = 2000 \text{r/min}$，各齿轮齿数为 $z_1 = 20$，$z_2 = 40$，$z_3 = 30$，$z_4 = 30$，$z_5 = 90$。求 n_H 的大小及转向。

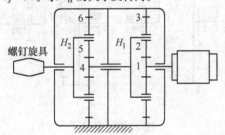

图 11-26 装配用电动螺钉旋具机构

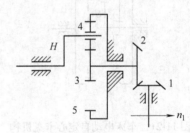

图 11-27 轮系 3

11-13 图 11-28 所示为某涡轮螺旋桨发动机主减速器传动简图。试求其减速比 i_{1H}。

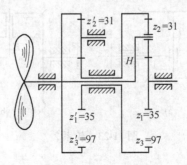

图 11-28 涡轮螺旋桨发动机主减速器传动简图

第四篇　常用机械连接的分析与设计

【教学目标】

1) 熟悉螺纹联接、螺旋传动、键联接、销联接的类型、特点及应用。
2) 能够正确选择螺纹联接、键联接、花键联接和销联接的类型及尺寸。

第十二章　螺纹联接和螺旋传动

【案例导入】

在图12-1所示压力容器盖螺栓联接中，已知容器内压强$p = 3MPa$（静载荷），容器内径$D = 200mm$，螺栓数目$z = 12$，容器与容器盖凸缘壁厚度$\delta = 18mm$，拧紧螺母时不控制预紧力。试选择螺栓、螺母及垫片的规格。

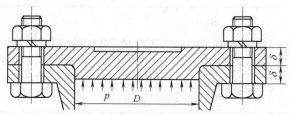

图12-1　压力容器盖螺栓联接

【初步分析】

螺纹联接是利用螺纹联接件将两个或两个以上的零件相对固定起来的可拆联接，其应用非常广泛，且螺纹联接件已经标准化。螺纹联接设计的主要内容是根据使用要求合理选择联接的类型、联接件的数目及布置形式、联接件的规格等。

第一节　螺纹的类型和主要参数

一、螺纹的类型及应用

螺纹分为内螺纹和外螺纹，内外螺纹组成螺旋副。按用途螺纹可分为联接螺纹和传动螺纹；按母体形状螺纹可分为圆柱螺纹和圆锥螺纹；按牙型螺纹可分为三角形、矩形、梯形、锯齿形螺纹等；按螺旋方向螺纹可分为右旋螺纹和左旋螺纹，常用的是右旋螺纹；按螺旋线数目螺纹可分为单线和多线螺纹。常用螺纹的类型、特点和应用见表 12-1。

表 12-1　常用螺纹的类型、特点和应用

类　型		牙型图	特点和应用
联接螺纹	三角形螺纹（普通螺纹）		牙型为等边三角形，牙型角 $\alpha = 60°$；牙根厚，强度高；当量摩擦角大，易自锁。同一公称直径分为粗牙和细牙，一般用粗牙，细牙用于薄壁零件和微调装置
传动螺纹	矩形螺纹		牙型为正方形，牙型角 $\alpha = 0°$，传动效率高，但牙根强度低，加工困难，对中性差，磨损后间隙难以补偿。尚未标准化，正逐渐被梯形螺纹所替代
	梯形螺纹		牙型为等腰梯形，牙型角 $\alpha = 30°$，牙根强度高，对中性好，工艺性好，用剖分螺母可调整间隙，效率略低于矩形螺纹。是应用最广的传动螺纹
	锯齿形螺纹		牙型为不等腰梯形，工作面牙型斜角为 3°，非工作面牙型斜角为 30°，兼有矩形螺纹效率高和梯形螺纹牙根强度高、对中性好的优点。只能用于单向受力的传动

二、螺纹的主要参数

现以图 12-2 所示圆柱普通螺纹为例说明螺纹的主要几何参数。

（1）大径 d　与外螺纹牙顶或内螺纹牙底相重合的假想圆柱面的直径，为螺纹的公称直径。

（2）小径 d_1　与外螺纹牙底或内螺纹牙顶相重合的假想圆柱面的直径。

（3）中径 d_2　通过螺纹轴向截面内牙厚和牙槽宽度相等处的假想圆柱面的直径。

（4）线数 n　螺纹的螺旋线数目。

（5）螺距 P　螺纹相邻两牙在中径线上对应点间的轴向距离。

（6）导程 P_h　螺纹上任一点沿同一条螺旋线转一周所移动的轴向距离。单线螺纹 $P_h = P$；多线螺纹 $P_h = nP$（见图 12-3）。

（7）螺纹升角 ϕ　又称导程角。在中径圆柱面上螺旋线的切线与螺纹轴线垂直面间的夹角（见图 12-3），即

$$\tan\phi = \frac{P_h}{\pi d_2} = \frac{nP}{\pi d_2} \tag{12-1}$$

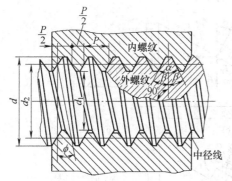

图 12-2　螺纹的主要参数

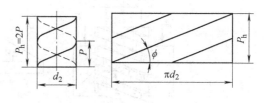

图 12-3　螺纹升角

（8）牙型角 α　螺纹轴向截面内，螺纹牙两侧边的夹角。

（9）牙侧角 β　螺纹轴向截面内，螺纹牙的侧边与螺纹轴线的垂直平面的夹角。对于对称牙型 $\beta = \alpha/2$。

在常用螺纹中，除矩形螺纹外，都已标准化。标准螺纹的基本尺寸可查阅设计手册。

第二节　螺旋副的摩擦、效率和自锁

一、矩形螺旋副

图 12-4a 所示为矩形螺纹（$\beta = 0°$）螺旋副。螺母在转矩 T 驱动下克服轴向载荷 F_a 相对轴线匀速转动和移动，可简化为一滑块在圆周力 F_t 驱动下克服轴向载荷 F_a 沿螺杆中径 d_2 上的螺旋线移动。因螺旋线可以展开，故其又可简化为一滑块在水平力 F_t 驱动下克服轴向载荷 F_a 沿倾角为 ϕ 的斜平面移动。

1. 拧紧螺母时的受力分析

拧紧螺母时（称为正行程），相当于滑块在水平力 F_t 的驱动下沿斜面等速上升（见图 12-4b）。此时，斜面给滑块的法向反力为 F_N，摩擦力为 F_f。F_N 与 F_f 的合力即总反力为 F_R，它们的方向如图 12-4 所示。设总反力 F_R 与法向反力 F_N 之间的夹角为 ρ，由于 $\tan\rho = F_f/F_N$ $=f$（f 为接触面的摩擦因数），故 ρ 称为摩擦角。滑块在 F_t、F_a 和 F_R 三力作用下平衡，于是由力的封闭三角形（见图 12-4c）可求出水平驱动力 F_t 的大小为

$$F_t = F_a\tan(\phi + \rho) \tag{12-2}$$

在拧紧螺母时，为了克服螺旋副中的摩擦力，施加在螺母上的驱动力矩应为

$$T = F_t\frac{d_2}{2} = F_a\frac{d_2}{2}\tan(\phi + \rho) \tag{12-3}$$

当螺母转动一周时，输入功为 $W_1 = F_t\pi d_2 = F_a\pi d_2\tan(\phi + \rho)$；举升滑块所作的有效功，即输出功为 $W_2 = F_aP_h = F_a\pi d_2\tan\phi$。故螺旋副此时的效率为

$$\eta = \frac{W_2}{W_1} = \frac{\tan\phi}{\tan(\phi+\rho)} \tag{12-4}$$

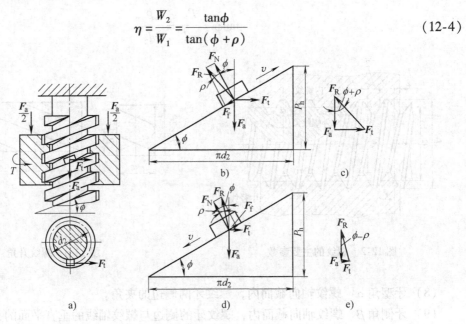

图 12-4 矩形螺旋副的受力分析

2. 退松螺母时的受力分析

当退松螺母时（称为反行程），相当于滑块在轴向力 F_a 的驱动下沿着斜面等速下降（见图 12-4d）。此时，滑块所受摩擦力 F_f 的方向沿斜面向上，F_t 则为维持滑块等速下滑的支持力。滑块在 F_t、F_a 和 F_R 三力作用下平衡，于是由力的封闭三角形（见图 12-4e）可得

$$F_t = F_a\tan(\phi-\rho) \tag{12-5}$$

由上式可知，当 $\phi\leqslant\rho$ 时，$F_t\leqslant0$，此时，F_t 的方向应与图示方向相反，即 F_t 为驱动力。这表明，当 $\phi\leqslant\rho$ 时，要使滑块沿斜面等速下滑，必须对滑块再施加一个驱动力 F_t，否则，不论原驱动力 F_a 有多大，滑块也不会自行下滑，这种现象称为自锁。由此可知，矩形螺旋副反行程的自锁条件为

$$\phi\leqslant\rho \tag{12-6}$$

二、非矩形螺旋副

非矩形螺旋副的螺纹是指牙侧角 $\beta\neq0°$ 的三角形螺纹、梯形螺纹和锯齿形螺纹。非矩形螺旋副中的摩擦可等效转化为矩形螺旋副中的摩擦。如图 12-5 所示，1 为螺杆，2 为螺母，若忽略螺纹升角的影响，矩形螺旋副（见图 12-5a）的摩擦力为

$$F_f = fF_N = fF_a \tag{12-7}$$

而非矩形螺旋副（见图 12-5b）的摩擦力为

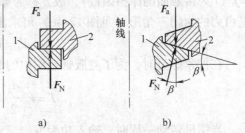

图 12-5 矩形螺纹和非矩形螺纹的摩擦力

$$F_f = fF_N = f\frac{F_a}{\cos\beta} = \frac{f}{\cos\beta}F_a = f_v F_a \tag{12-8}$$

式中，f_v 为与矩形螺旋副相当的摩擦因数，简称为当量摩擦因数，$f_v = f/\cos\beta$。而与摩擦因数相对应的摩擦角称为当量摩擦角，用 ρ_v 表示，$\rho_v = \arctan f_v$。

在引入当量摩擦因数及当量摩擦角之后，只要把矩形螺旋副有关公式中的 f 和 ρ 用 f_v 及 ρ_v 来代替，就可以得到非矩形螺旋副的相应的计算公式。

拧紧螺母时

$$F_t = F_a \tan(\phi + \rho_v) \tag{12-9}$$

$$T = F_a \frac{d_2}{2}\tan(\phi + \rho_v) \tag{12-10}$$

$$\eta = \frac{\tan\phi}{\tan(\phi + \rho_v)} \tag{12-11}$$

退松螺母时

$$F_t = F_a \tan(\phi - \rho_v) \tag{12-12}$$

$$\phi \leqslant \rho_v \tag{12-13}$$

由以上分析可知，牙侧角 β 越大，则当量摩擦角 ρ_v 越大，螺旋副的效率越低，反行程的自锁性越好。三角形螺纹因其牙侧角 β 大，自锁性好，故常用于联接；矩形螺纹、梯形螺纹和锯齿形螺纹因其牙侧角 β 小，传动效率高，故常用于传动。

由式 (12-11) 和式 (12-13) 可知，螺旋副的效率及自锁还与螺纹升角 ϕ 有关。经分析，在一定的范围内，升角 ϕ 越大，螺旋副的效率越高，但反行程越不容易自锁。当反行程自锁时，其传动效率不超过50%。又由式 (12-1) 可知，在螺纹中径 d_2 和螺距 P 一定的情况下，螺旋线数 n 越多，升角 ϕ 越大。因此，传动螺纹为提高效率，常采用多线螺纹；而联接螺纹为了自锁，常采用单线螺纹。

第三节 螺纹联接的类型、预紧和防松

一、螺纹联接的基本类型

螺纹联接的类型很多，其基本类型如图 12-6 所示。

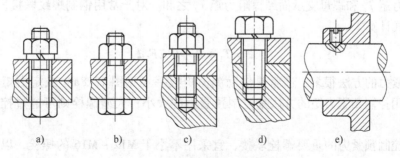

a)　　　　b)　　　　c)　　　　d)　　　　e)

图 12-6 螺纹联接的基本类型

1. 螺栓联接

图 12-6a 所示为普通螺栓联接，将螺栓穿过被联接件的通孔，旋上螺母并拧紧而实现联接，工作时，螺栓主要承受拉力的作用；该联接的结构特点是被联接件上的通孔与螺栓杆间留有间隙，通孔的加工精度要求低，结构简单，装拆方便，使用时不受材料的限制，因此应用最广。图 12-6b 所示为铰制孔螺栓联接，孔和螺栓杆多采用基孔制过渡配合（H7/m6，H7/n6），工作时，螺栓承受剪切和挤压力的作用；该联接能精确固定被联接件的相对位置，但孔的加工精度要求高。

2. 双头螺柱联接

如图 12-6c 所示，将螺柱的一端拧入一个被联接件的螺纹孔中，另一端则穿过另一被联接件的通孔，旋上螺母并拧紧而实现联接，工作时，螺柱主要承受拉力的作用。该联接拆卸时，螺柱无须拆下，故适用于被联接件之一太厚不宜制成通孔且需要经常拆装的场合。

3. 螺钉联接

如图 12-6d 所示，将螺栓或螺钉穿过一个被联接件的通孔，拧入另一个被联接件的螺纹孔内而实现联接，工作时，螺钉主要承受拉力的作用。该联接不用螺母，其结构比双头螺柱简单，适用于被联接件之一较厚的场合，但不宜经常拆装，否则易使被联接件的螺纹孔损坏。

4. 紧定螺钉联接

如图 12-6e 所示，将紧定螺钉拧入一个被联接件的螺纹孔中，并以末端顶紧另一个被联接件的表面，以固定两零件的相对位置，并可传递不大的力或转矩。

螺纹联接件，如螺栓、螺柱、螺钉、螺母、垫圈等，其类型繁多，且均已标准化，需用时可参考设计手册选取。

二、螺纹联接的预紧

绝大多数螺纹联接在装配时都必须拧紧，使联接在承受工作载荷之前，预先受到力的作用。这个预加的作用力称为预紧力。如图 12-7 所示，螺栓联接预紧后，螺栓受到预紧拉力 F_0 的作用，被联接件则受到预紧压力 F_0 的作用。预紧的目的是为了增强联接的可靠性和紧密性，以防止受载后被联接件间出现缝隙或发生相对滑移。预紧力的大小应适当，若太小则达不到预紧的目的，若太大又易使联接失效。对于重要的螺栓联接，预紧力的数值应在装配图上注明，以便在装配时进行控制。

预紧力 F_0 和拧紧力矩 T 的大小有关。如图 12-7 所示，拧紧螺母时，拧紧力矩 T 等于螺旋副摩擦阻力矩 T_1 和螺母支承面摩擦阻力矩 T_2 之和。对于常用钢制螺纹联接，拧紧力矩 T 可近似按下式计算

$$T = T_1 + T_2 \approx 0.2 F_0 d \tag{12-14}$$

控制预紧力的方法很多，通常是借助测力矩扳手（见图 12-8a）或定力矩扳手（见图 12-8b），利用控制预紧力矩的方法来控制预紧力的大小；大型螺栓则可通过控制其伸长来实现。

对于不控制预紧力的重要螺栓联接，宜采用不小于 M12 ~ M16 的螺栓，以免装配时拧断。

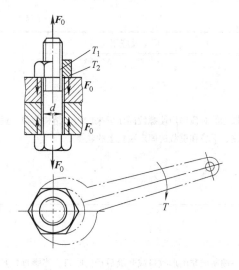

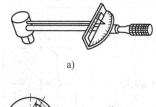

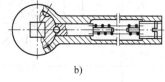

图 12-7　螺纹联接的预紧

图 12-8　力矩扳手
a) 测力矩扳手　b) 定力矩扳手

三、螺纹联接的防松

螺纹联接通常采用三角形螺纹，标准螺纹的升角 ϕ（1.5°~3.5°）小于当量摩擦角 ρ_v（5°~6°），故联接具有自锁性。在静载荷作用下，工作温度变化不大时，这种自锁性可以防止螺母松脱。但如果联接受冲击、振动、变载荷作用或工作温度变化很大时，则可能松动。因此，在设计螺栓联接时，应考虑防松措施。防松的根本问题是防止螺旋副相对转动，防松的方法很多，常用的几种防松方法见表 12-2。

表 12-2　常用的防松方法

防松方法		结构形式	特点及应用
摩擦防松	弹簧垫圈		靠压平垫圈后的反弹力使螺纹间压紧来防松。结构简单、使用方便，但因弹力不均，在冲击、振动的工作条件下，其防松效果差。一般用于不重要的联接
	弹性带齿垫圈		分为内齿（左下图）和外齿（右下图）。靠压平垫圈后的反弹力使螺纹间压紧来防松。弹力均匀，防松效果好。不宜用在经常装拆和被联接件材料较软的联接

（续）

防松方法		结构形式	特点及应用
摩擦防松	对顶螺母		靠两螺母的对顶作用使螺纹间压紧来防松。结构简单，适用于低速、平稳和重载的固定装置上的联接
	自锁螺母		螺母一端制成非圆形收口或开缝后径向收口。当螺母拧紧后，收口胀开，利用收口的弹力使螺纹间压紧防松。结构简单，防松可靠，可多次装拆而不降低防松性能
机械防松	槽形螺母加开口销		螺母拧紧后，将开口销穿入螺栓尾部小孔和螺母的槽内，并将开口销尾部掰开与螺母侧面贴紧。适用于较大冲击、振动的高速机械中运动部件的联接
	圆螺母与带翅垫圈		将垫圈内翅嵌入螺杆的槽内，拧紧螺母后将垫圈的外翅之一嵌入螺母的槽内，从而将螺母锁住。多用于轴端零件紧固的防松
	止动垫圈		螺母拧紧后，将垫圈分别向螺母和被联接件的侧面折弯贴紧，从而将螺母锁住。结构简单，使用方便，防松可靠

（续）

防松方法		结构形式	特点及应用
机械防松	串联钢丝	正确 不正确	用低碳钢丝穿入各螺钉头部的孔内，将各螺钉串联起来，使其相互制动。适用于螺栓组联接，防松可靠，但装拆不便
其他防松	冲点防松	(1~1.5)	用冲头在螺栓杆末端与螺母旋合缝处打冲，利用冲点塑性变形防松。防松可靠，但拆卸后联接件不能再用
	涂粘合剂	涂粘合剂	在旋合螺纹间涂以液体粘合剂，拧紧螺母后，粘合剂固化后起到防松作用

第四节　螺栓组联接的结构设计

螺纹联接中以螺栓联接最具代表性。故下面主要讨论螺栓联接的设计问题，其结论也基本适用于螺柱和螺钉联接。

大多数情况下螺栓联接都是成组使用的。螺栓组结构设计的主要目的，在于合理地确定螺栓的数目和尺寸、联接结合面的几何形状和螺栓的布置形式，力求各个螺栓和结合面受力均匀，便于加工和装配。为此，设计时应综合考虑以下几个问题：

1）通用机械上的螺栓组联接，其螺栓数目和直径一般参照现有设备，用类比法确定。

2）联接结合面的几何形状一般应设计成轴对称的简单几何形状，如圆形、环形、矩形、框形，三角形等（见图12-9），以便于加工和对称布置螺栓，使结合面受力均匀。

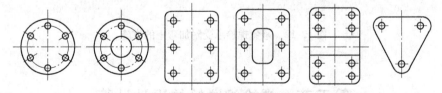

图12-9　结合面形状与螺栓分布

3）螺栓的布置在力求对称、均匀的同时，还应使各螺栓受力合理。对承受转矩 T（见图12-10a）和倾翻力矩 M（见图12-10b）作用的螺栓组联接，应使螺栓的位置适当靠近结合面的边缘，以减小螺栓的受力。对承受横向载荷 *F* 作用的铰制孔螺栓组联接（见图 12-10c），不要沿载荷方向布置 8 个以上的螺栓，以免螺栓受力不均。

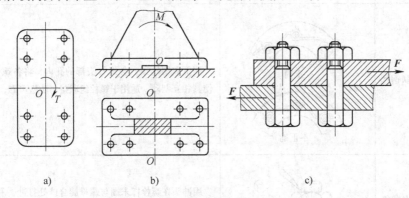

a)   b)   c)

图 12-10　螺栓的布置

4）螺栓排列应有合理的间距和边距，以满足扳手空间（见图 12-11 中 K_1 和 K_2）或紧密性要求。扳手空间尺寸可查设计手册。

5）为了加工和装配方便，同一螺栓组中螺栓的材料、直径和长度均应相同。分布在同一圆周上的螺栓数目，应取成 4，6，8 等偶数。

6）为避免螺栓承受附加弯矩，被联接件支承面应平整，并与螺栓轴线相垂直。在铸、锻件表面上安装螺栓时，应制成凸台（见图 12-12a）或沉头座（见图 12-12b）并进行加工。当支承面为倾斜面时，应采用斜面垫圈（见图 12-12c），特殊情况下，也可采用球面垫圈（见图 12-12d）等。

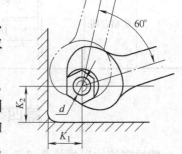

图 12-11　螺栓的扳手空间

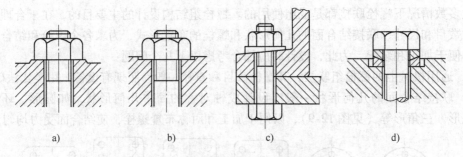

a)   b)   c)   d)

图 12-12　避免螺栓承受附加弯矩的措施

第五节　螺栓组联接的设计计算

在普通螺栓联接中，不论联接承受何种外载荷，螺栓总是受轴向拉力，联接的失效形式多为螺纹牙的塑性变形和螺杆的疲劳断裂。铰制孔螺栓联接依靠螺栓的剪切和挤压承载，联接的失效形式多为螺杆剪断和挤压面压溃。

对于不重要的螺栓联接，在用类比法确定螺栓尺寸后，不再进行强度校核。但对于重要的联接，应根据联接的工作载荷，分析各螺栓的受力情况，找出受力最大的螺栓进行强度校核。为了简化计算，在分析螺栓组联接的受力时，假设所有螺栓的材料、直径、长度和预紧力均相同；螺栓组的对称中心与联接结合面的形心重合；受载后结合面仍保持为平面。

一、受轴向载荷的松螺栓联接

松螺栓联接装配时不需拧紧，故其在承受工作载荷之前，螺栓不受力。图 12-13 所示起重吊钩的螺纹联接即为松螺栓联接。此时，螺栓承受的总拉力即为联接的轴向工作载荷 F_a，其拉伸强度条件为

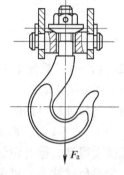

$$\sigma = \frac{F_a}{\frac{\pi d_1^2}{4}} \leqslant [\sigma] \qquad (12\text{-}15)$$

或 $$d_1 \geqslant \sqrt{\frac{4F_a}{\pi d_1^2 [\sigma]}} \qquad (12\text{-}16)$$

式中 d_1——螺纹小径（mm）；

$[\sigma]$——螺栓材料的许用拉应力（MPa）。

图 12-13 起重吊钩松螺栓联接

二、受横向载荷的紧螺栓组联接

1. 普通螺栓联接

图 12-14 所示为受横向载荷 F 的普通螺栓组联接。横向载荷的作用线与螺栓轴线垂直，并通过螺栓组的对称中心。在横向载荷 F 的作用下，被联接件之间有相对滑动的趋势。

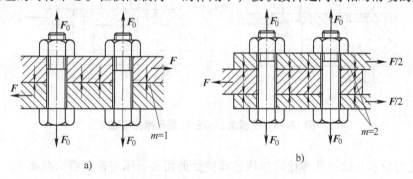

a)   b)

图 12-14 受横向载荷的普通螺栓组联接

（1）受力分析 普通螺栓联接依靠预紧后在结合面间产生的摩擦力来抵抗横向载荷 F。联接受载时，各螺栓仅受预紧力 F_0 的作用，且不受横向载荷 F 的影响。预紧力的大小根据受载时被联接件之间不发生相对滑动来确定，即

$$F_0 \geqslant \frac{CF}{fzm} \qquad (12\text{-}17)$$

式中　C——防滑系数，$C = 1.1 \sim 1.3$；

　　　f——结合面的摩擦因数，对于钢或铸铁被联接件，$f = 0.1 \sim 0.15$；

　　　z——螺栓数目；

　　　m——结合面数目。

（2）强度计算　如前所述，螺栓在预紧时承受拉伸应力和扭转切应力的联合作用，根据强度理论，其强度条件为

$$\sigma = \frac{1.3F_0}{\frac{\pi d_1^2}{4}} \leqslant [\sigma] \tag{12-18}$$

或

$$d_1 \geqslant \sqrt{\frac{5.2F_0}{\pi[\sigma]}} \tag{12-19}$$

式（12-18）中，系数 1.3 反映了扭转切应力对螺栓强度的影响。

由式（12-17）可知，若取 $C = 1.2$，$f = 0.15$，$z = 1$，$m = 1$ 时，$F_0 \geqslant 8F$。可见预紧力比外载荷大得多，据此设计的螺栓尺寸必然很大。为避免此缺点，可采用减载零件来承受横向载荷（见图 12-15），而螺栓仅起联接压紧作用，尺寸可大为减小。

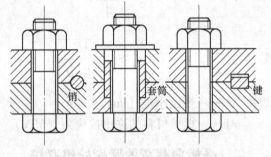

图 12-15　承受横向载荷的减载零件

2. 铰制孔螺栓联接

图 12-16 所示为受横向载荷 F 的铰制孔螺栓组联接。

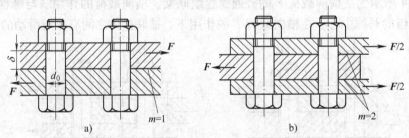

图 12-16　受横向载荷的铰制孔螺栓组联接

（1）受力分析　铰制孔螺栓联接依靠螺栓受剪切和挤压来抵抗横向载荷 F，而预紧力及其产生的摩擦力可忽略不计。此时，认为各螺栓受到的横向工作剪力 F_s 相等，即

$$F_s = \frac{F}{z} \tag{12-20}$$

（2）强度计算　根据剪切和挤压强度理论，铰制孔螺栓联接强度计算如下

螺栓杆的剪切强度条件　　　$$\tau = \frac{4F_s}{m\pi d_0^2} \leqslant [\tau] \tag{12-21}$$

螺栓杆与孔壁的挤压强度条件 $\qquad \sigma_p = \dfrac{F_s}{d_0 \delta} \leqslant [\sigma_p]$ $\qquad$ (12-22)

式中 $\quad m$——螺杆受剪面数目;

$\qquad d_0$——螺杆受剪处的直径（mm）;

$\qquad \delta$——螺杆与孔壁间的最小挤压高度（mm）;

$\qquad [\tau]$——螺杆材料的许用切应力（MPa）;

$\qquad [\sigma_p]$——螺栓和孔壁材料许用挤压应力（MPa）中的较小值。

三、受转矩的紧螺栓组联接

1. 普通螺栓联接

图 12-17a 所示为受转矩 T 的普通螺栓组联接。转矩 T 作用在联接结合面内,在转矩 T 的作用下,底板有绕通过螺栓组对称中心 O 并与结合面相垂直的轴线转动的趋势。

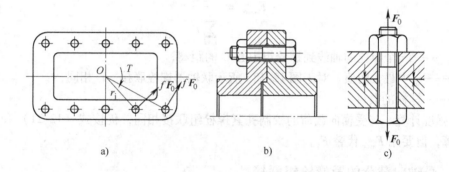

图 12-17　受转矩的普通螺栓组联接

1）受力分析　普通螺栓联接依靠预紧后在结合面间产生的摩擦力矩来抵抗转矩 T。联接受载时,各螺栓仅受预紧力 F_0 的作用（见图 12-17c）。预紧力的大小根据受载时被联接件之间不发生相对转动来确定,即

$$F_0 = \frac{CT}{f \sum\limits_{i=1}^{z} r_i}$$ $\qquad$ (12-23)

式中 $\quad C$——防滑系数, $C = 1.1 \sim 1.3$;

$\qquad f$——结合面的摩擦因数;

$\qquad z$——螺栓数目;

$\qquad r_i$——第 i 个螺栓的轴线到螺栓组中心 O 的距离。对于图 12-17b 所示联轴器螺栓组联接, r_i 相同。

2）强度计算　与受横向载荷的普通紧螺栓联接相同,仍按式（12-18）和式（12-19）计算。

2. 铰制孔螺栓联接

图 12-18a 所示为受转矩 T 的铰制孔螺栓组联接。

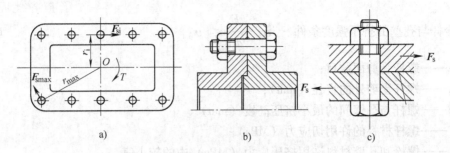

图 12-18 受转矩的铰制孔螺栓组联接

1）受力分析 铰制孔螺栓联接依靠螺栓受剪切和挤压来抵抗转矩 T（见图 12-18c）。假设底板为刚体，受载后结合面仍保持为平面，则各螺栓的剪切变形量（或剪力）与其到螺栓组中心 O 的距离成正比，此即为各螺栓的变形协调关系。根据作用在底板上的力矩平衡条件和各螺栓的变形协调条件，可求得受力最大的螺栓的工作剪力 F_{smax} 为

$$F_{smax} = \frac{Tr_{max}}{\sum\limits_{i=1}^{z} r_i^2}$$
(12-24)

式中　r_i——第 i 个螺栓的轴线到螺栓组中心 O 的距离；

　　　r_{max}——r_i 中最大的值。对于图 12-18b 所示联轴器螺栓联接，r_i 相同；

　　　z——螺栓的数目。

2）强度计算 与受横向载荷的铰制孔紧螺栓组联接相同，仍按式（12-21）和式（12-22）计算，但要用 F_{smax} 代替 F_s。

四、受轴向载荷的紧螺栓组联接

图 12-19a 所示为一受轴向载荷 F 的压力容器螺栓组联接。F 的作用线与螺栓轴线平行，并通过螺栓组的对称中心。在轴向载荷 F 的作用下，容器盖有向上抬起的趋势。

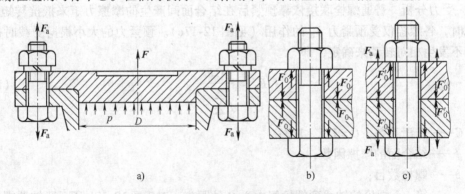

图 12-19 受轴向载荷的紧螺栓组联接

1）受力分析 如图 12-19a 所示，设容器内径为 D，流体压强为 p，螺栓数目为 z，并假定螺栓平均受载，则联接的轴向总载荷 $F = p\pi D^2/4$，每个螺栓受到的工作拉力为

$$F_a = \frac{F}{z}$$
(12-25)

工作前，螺栓受到的预紧拉力为 F_0，被联接件受到的预紧压力也为 F_0（见图 12-19b）；工作时，螺栓受工作拉力 F_a 后进一步伸长，被联接件因而被放松，其预紧压力由原来的 F_0 下降到 F_0'（见图 12-19c），F_0' 称为残余预紧力。此时，螺栓所受总拉力 F_B 为残余预紧力 F_0' 与工作拉力 F_a 之和，即

$$F_B = F_0' + F_a \tag{12-26}$$

为了保证联接的紧密性，防止结合面出现缝隙，残余预紧力 F_0' 必须大于零。F_0' 的大小可按联接的工作条件根据经验选定。当工作载荷为静载荷时，可取 $F_0' = (0.2 \sim 0.6) F_a$；当工作载荷为变载荷时，可取 $F_0' = (0.6 \sim 1.0) F_a$；对特别重要的紧密联接，可取 $F_0' = (1.5 \sim 1.8) F_a$。

2）强度计算　螺栓强度仍按式（12-18）和式（12-19）计算，但要用 F_B 代替 F_0。

五、受倾翻力矩的紧螺栓组联接

图 12-20 为一受倾翻力矩 M 的底板螺栓组联接。倾翻力矩 M 作用在通过 x—x 轴并垂直于联接结合面的对称平面内。在倾翻力矩 M 的作用下，底板有绕 O—O 轴线向右倾翻的趋势。

（1）受力分析　假设底板为刚体，受载后结合面仍保持为平面，则当底板翻转时，轴线 O—O 左侧的螺栓受拉；右侧的螺栓不受力，但地基被压紧。因翻转力矩 M 为一力偶矩，故底板右侧的压力可简化为与左侧螺栓工作拉力对称、等值、反向的集中力。根据假设，底板翻转时，各螺栓的拉伸变形（或拉力）与其到底板轴线 O—O 的距离成正比，此即为各螺栓的变形协调关系。根据作用在底板上的力矩平衡条件和各螺栓的变形协调条件，可求得受力最大的螺栓的工作载荷为

$$F_{amax} = \frac{M L_{max}}{\sum_{i=1}^{z} L_i^2} \tag{12-27}$$

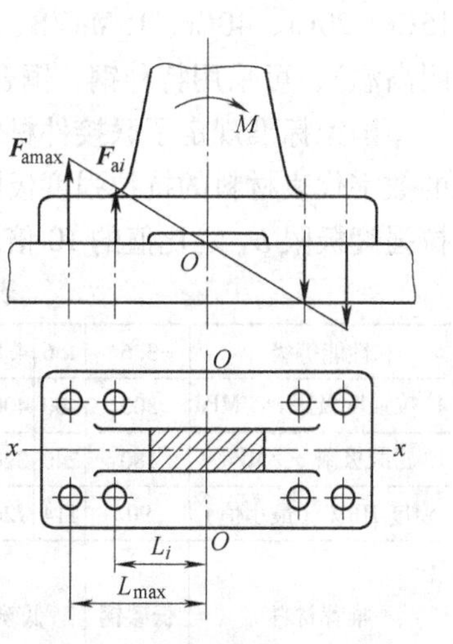

图 12-20　受倾翻力矩的
紧螺栓组联接

式中　L_i——第 i 个螺栓的轴线到底板轴线 O—O 的距离；

L_{max}——L_i 中最大的值。

仿照前述的分析方法，考虑预紧力的作用后，受力最大的螺栓的总工作拉力为

$$F_{Bmax} = F_0' + F_{amax}$$

式中，残余预紧力 F_0' 仍按前面的方法确定。

（2）强度计算　螺栓强度仍按式（12-18）和式（12-19）计算，但要用 F_{Bmax} 代替 F_0。

对于图 12-20 所示受倾翻力矩的螺栓组联接，除螺栓要满足强度条件外，还应保证结合面左侧不出现间隙，右侧不被压溃。即有

$$\sigma_{pmin} \approx \frac{z F_0}{A} - \frac{M}{W} > 0 \tag{12-28}$$

$$\sigma_{pmax} \approx \frac{z F_0}{A} + \frac{M}{W} \leqslant [\sigma_p] \tag{12-29}$$

式中 σ_{pmin}、σ_{pmax}——分别为结合面的最小和最大挤压应力；

  A——结合面的面积；

  W——结合面的抗弯截面系数；

  $[\sigma_p]$——结合面材料的许用挤压应力，见表 12-3。

表 12-3 结合面材料的许用挤压应力 $[\sigma_p]$

材料	钢	铸铁	混凝土	砖(水泥浆缝)	木料
$[\sigma_p]$/MPa	$0.8\sigma_s$	$(0.4 \sim 0.5)\sigma_b$	$2.0 \sim 3.0$	$1.5 \sim 2.0$	$2.0 \sim 4.0$

注：σ_s、σ_b 分别为材料的屈服极限和强度极限。

第六节 螺纹联接件的材料和许用应力

一、螺纹联接件的材料

螺纹联接件的常用材料为 Q215、Q235、10、35、45 钢等。对重要的螺纹联接，可采用 15Cr、20Cr、40Cr、15MnVB、30CrMnSi 等合金钢。特殊用途时（如防腐蚀、防磁、导电或耐高温），可采用特种钢、铜合金、铝合金等，并经表面处理。

国家标准规定了联接件材料的力学性能等级（见表 12-4、表 12-5）。性能等级小数点前的数字代表材料的抗拉强度极限 σ_b 的 1/100，小数点后的数字代表材料的屈服极限 σ_s 与抗拉强度极限 σ_b 之比值的 10 倍。

表 12-4 螺栓、螺柱、螺钉的性能等级

性能等级	3.6	4.6	4.8	5.6	5.8	6.8	8.8	9.8	10.9	12.9
抗拉强度极限 σ_b/MPa	300	400	400	500	500	600	800	900	1000	1200
屈服极限 σ_s/MPa	180	240	320	300	400	480	640	720	900	1080
硬度 HBW（最小值）	90	114	124	147	152	181	232	276	304	366
推荐材料	低碳钢	低碳钢或中碳钢					低碳合金钢、中碳钢，淬火并回火	中碳钢，低、中碳合金钢、合金钢，淬火并回火，		合金钢，淬火并回火

表 12-5 螺母的性能等级

性能等级	4	5	6	8	9	10	12
抗拉强度极限 σ_b/MPa	510 ($d \geqslant 16 \sim 39$)	520 ($d \geqslant 3 \sim 4$，右同)	600	800	900	1040	1150
推荐材料	易切削钢，低碳钢		低碳钢或中碳钢		中碳钢	中碳钢，低、中碳合金钢、淬火并回火	
相配螺栓的性能等级	3.6、4.6、4.8 ($d > 16$)	3.6、4.6、4.8 ($d \leqslant 16$)；5.6、5.8	6.8	8.8	8.8 ($d > 16 \sim 39$) 9.8 ($d \leqslant 16$)	10.9	12.9

二、螺纹联接件材料的许用应力

螺纹联接的许用应力计算式见表 12-6，安全系数见表 12-7。

表 12-6　螺纹联接件许用应力计算公式

材料	许用应力	计算公式
钢（联接件或被联接件）	许用拉应力	$[\sigma] = \dfrac{\sigma_s}{S}$
	许用剪应力	$[\tau] = \dfrac{\sigma_s}{S_\tau}$
	许用挤压应力	$[\sigma_p] = \dfrac{\sigma_s}{S_p}$
铸铁（被联接件）	许用挤压应力	$[\sigma_p] = \dfrac{\sigma_b}{S_p}$

表 12-7　螺纹联接的安全系数 S

受载类型			静　载　荷			变　载　荷		
松螺栓联接			1.2 ~ 1.7					
紧螺栓联接	受轴向及横向载荷的普通螺栓联接	不控制预紧力的计算	M6 ~ 16	M16 ~ 30	M30 ~ 60	M6 ~ 16	M16 ~ 30	M30 ~ 60
			碳钢 5 ~ 4	4 ~ 2.5	2.5 ~ 2	碳钢 12.5 ~ 8.5	8.5	8.5 ~ 12.5
			合金钢 5.7 ~ 5	5 ~ 3.4	3.4 ~ 3	合金钢 10 ~ 6.8	6.8	6.8 ~ 10
		控制预紧力的计算	1.2 ~ 1.5					
	铰制孔用螺栓联接		钢：$S_\tau = 2.5$，$S_p = 1.25$			钢：$S_\tau = 3.5 ~ 5.0$，$S_p = 1.5$		
			铸铁：$S_p = 2.0 ~ 2.5$			铸铁：$S_p = 2.5 ~ 3.0$		

【案例分析】

问题回顾　在图 12-1 所示压力容器盖螺栓组联接中，已知容器内压强 $p = 3\text{MPa}$（静载荷），容器内径 $D = 200\text{mm}$，螺栓数目 $z = 12$，容器与容器盖凸缘壁厚度 $\delta = 18\text{mm}$，拧紧螺母时不控制预紧力。试选择螺栓、螺母及垫片的规格。

解　（1）确定单个螺栓的工作拉力 F_a

$$F_a = \frac{p\pi D^2}{4z} = \frac{3 \times 3.14 \times 200^2}{4 \times 12}\text{N} = 7850\text{N}$$

（2）确定螺栓的总拉力 F_B　考虑到压力容器的紧密性要求，取残余预紧力 $F_0' = 1.6F_a$，则

$$F_B = F_0' + F_a = 2.6 \times 7850\text{N} = 20410\text{N}$$

（3）求螺栓直径　由表 12-4 选取螺栓性能等级为 8.8，则 $\sigma_s = 640\text{MPa}$。当不控制预紧力时，安全系数 S 与螺栓直径 d 有关，故需用试算法。设螺栓直径 $d = 16\text{mm}$，由表 12-7 暂取 $S = 3$，则螺栓许用应力为

$$[\sigma] = \frac{\sigma_s}{S} = \frac{640}{3}\text{MPa} = 213.3\text{MPa}$$

由式（12-19）求得螺栓小径为

$$d_1 \geqslant \sqrt{\frac{5.2 F_B}{\pi [\sigma]}} = \sqrt{\frac{5.2 \times 20410}{3.14 \times 213.3}} \text{mm} = 12.588 \text{mm}$$

查手册可知，当 $d = 16$ mm 时，$d_1 = 13.835$mm > 12.588mm，能满足强度要求且与原假定相符，故取 M16mm 的螺栓合适。

根据容器凸缘厚度，查手册，可选定螺栓、螺母和垫圈的规格为

螺栓　GB/T 5782　M16×60。

螺母　GB/T 6170　M16。

垫圈　GB/T 93　16。

第七节　螺旋传动

一、螺旋传动的类型及应用

螺旋传动由螺杆和螺母组成，其主要功能是依靠螺旋副将回转运动转变为直线运动，同时传递运动和动力。

螺旋传动按其用途不同，可分为以下三种类型。

（1）传力螺旋　它以传递动力为主，要求以较小的转矩克服很大的轴向阻力，如图 12-21a 所示的螺旋千斤顶。传力螺旋承受很大的轴向力，一般为间歇性工作，每次工作的时间较短，工作速度也不高，而且通常需要有自锁能力。

（2）传导螺旋　它以传递运动为主，有时也承受较大的轴向力，如图 12-21b 所示的车床进给螺旋等。传导螺旋通常在较长的时间内连续工作，工作速度较高，因此要求较高的传动精度和效率。

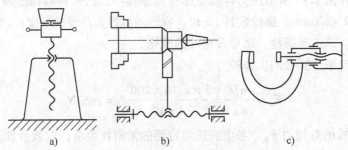

图 12-21　螺旋传动的类型

（3）调整螺旋　它用以调整、固定零件的相对位置，如图 12-21c 所示的螺旋千分尺等。调整螺旋不经常转动，一般在空载下调整。

螺旋传动按其螺旋副摩擦性质不同，又可分为滑动螺旋和滚动螺旋。滑动螺旋结构简单，便于制造，易于自锁，但摩擦阻力大，效率低（一般为 30% ~ 40%），磨损快，传动精度低等。相反，滚动螺旋的摩擦阻力小，效率高（一般为 90% 以上），寿命长，传动精度高，但结构复杂，成本高，不能自锁，主要用于高精度、高效率的重要传动，如数控、精密机床、测试装置或自动控制系统中的螺旋传动等。

二、螺旋传动的运动分析

1. 单螺旋传动

在图 12-22a 所示螺旋传动中，螺杆 1 和螺母 2 组成单螺旋副。当螺杆 1 相对机架 3 定轴转动时，螺母 2 则相对机架 3 移动。设螺纹的导程为 P_h，当螺杆 1 转过 φ 角时，螺母 2 的位移为

$$L = P_h \frac{\varphi}{2\pi} \tag{12-30}$$

此时，螺母相对螺杆移动的方向可按左、右手定则来确定。左旋螺纹用左手，右旋螺纹用右手，握住螺杆轴线，让四指弯曲的方向与螺杆转向相同，则大拇指所指的相反方向即为螺母移动的方向。如设螺纹为右旋，当螺杆按图 12-22 所示方向转动时，按右手定则可判定螺母向右移动。

2. 双螺旋传动

在图 12-22b 所示螺旋传动中，螺杆 1 有 A、B 两段螺纹，分别与固定螺母 3 和移动螺母 2 组成两个螺旋副，故称为双螺旋传动。工作时，螺杆 1 在固定螺母 3 中一方面转动，一方面移动，螺母 2 则既相对螺杆 1 移动，又相对机架 3 移动。螺母 2 的位移分下面两种情况讨论。

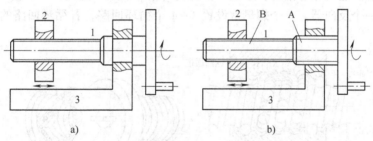

图 12-22　单螺旋、双螺旋传动
1—螺杆　2—螺母　3—机架

（1）差动螺旋　双螺旋传动中，若螺杆 A、B 两段螺纹旋向相同，则称为差动螺旋。设其导程分别为 P_{hA}、P_{hB}，根据上述左、右手定则可以判定，螺母 2 相对螺杆的移动方向与螺杆相对机架的移动方向相反，故当螺杆转过 φ 角时，螺母 2 的位移为

$$L = (P_{hA} - P_{hB}) \frac{\varphi}{2\pi} \tag{12-31}$$

上式计算结果为正，说明螺母与螺杆的移动方向相同，否则，说明螺母与螺杆的移动方向相反。如设 A、B 两段螺纹均为右旋，且 $P_{hA} > P_{hB}$，当螺杆按图 12-22b 所示方向转动时，可判定螺杆和螺母均向左移动。

由式（12-30）可知，若 P_{hA}、P_{hB} 相差很小，则当螺杆相对于机架转过较小的角度时，螺母相对于机架的位移可以更小。因此，差动螺旋也称为微调螺旋，常用于测微计、分度机构、调整机构及刀具进给量的微调机构中。

（2）复式螺旋　双螺旋传动中，若螺杆 A、B 两段螺纹旋向相反，则称为复式螺旋。此

时，根据左、右手定则可以判定，螺母 2 相对螺杆的移动方向与螺杆相对机架的移动方向相同，故当螺杆转过 φ 角时，螺母 2 的位移为

$$L = (P_{hA} + P_{hB})\frac{\varphi}{2\pi} \tag{12-32}$$

复式螺旋中，螺母与螺杆的移动方向始终相同。如设 A 段螺纹为右旋，B 段螺纹为左旋，当螺杆按图 12-22b 所示方向转动时，可判定螺杆和螺母均向左移动。复式螺旋其螺母可以产生快速移动，故常用于平口钳夹紧机构、张紧装置的调整机构等。

三、滚动螺旋传动简介

如图 12-23 所示，滚动螺旋传动又称滚动丝杠传动，其螺杆与螺母的旋合螺纹间充填有滚珠，当螺杆与螺母相对转动时，滚珠在螺纹滚道内循环滚动，使螺旋副形成滚动摩擦。

滚动螺旋传动按其滚珠循环方式的不同，可分为外循环和内循环两种形式。外循环是指滚珠在回程时脱离螺杆的螺旋槽，而在螺旋槽外进行循环，如图 12-23a 所示；外循环螺母的两端各设有一个反向器，当滚珠滚入反向器时被阻止而转弯，从返回通道回到滚道的另一端去，形成一个循环回路。内循环是指滚珠在整个循环过程中始终和螺杆接触的循环方式，如图 12-23b 所示；内循环螺母上开有侧孔，孔内镶有反向器将相邻两螺纹的滚道联通，滚珠可越过螺纹顶部进入相邻滚道，形成一个封闭的循环回路。因此，一个循环回路里只有一圈滚珠，设有一个反向器。一个螺母常设置 2～4 个循环回路，各循环回路的反向器均布在圆周上。

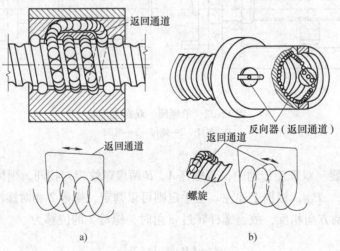

图 12-23 滚动螺旋传动

滚动螺旋副已标准化，并由专门的生产厂家制造，设计时，可根据使用要求参照标准选择合适的类型和规格。

实训与练习

12-1 带式输送机传动装置设计（续）

本阶段设计任务：沿用第六章实训与练习 6-3 中的传动方案及设计数据，参照机械设计课程设计手册，

采用类比法进行减速器各处螺纹联接的设计，要求提交设计报告。

12-2 在图 12-24 所示普通螺栓联接中，已知横向载荷 $F = 3$kN，结合面摩擦因数 $f = 0.15$，装配时不控制预紧力。试确定螺栓的性能等级、公称直径和公称长度。

12-3 如图 12-25 所示，凸缘联轴器的两个半联轴器采用 HT300 制造，用铰制孔螺栓联接。螺栓的公称直径 $d = 12$mm，螺栓数目 $z = 6$，螺栓分布圆直径 $D_0 = 185$mm，最小挤压长度为 δ。试确定该螺栓联接所能传递的转矩 T。

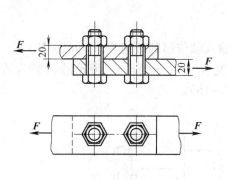

图 12-24 普通螺栓联接

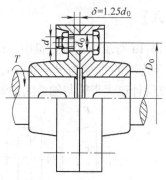

图 12-25 凸缘联轴器

12-4 在图 12-1 所示压力容器盖螺栓联接中，已知容器内压强 $p = 2.4$MPa（变载荷），容器内径 $D = 300$mm，螺栓数目 $z = 16$，容器与容器盖凸缘壁厚度 $\delta = 20$mm，拧紧螺母时控制预紧力。试选择螺栓、螺母及垫片的规格。

第十三章 键联接和销联接

【案例导入】

在图 13-1a 所示带式输送机中，已知减速器 3 输入轴传递的转矩为 $T = 98.84\text{N} \cdot \text{m}$，与大带轮配合处轴的直径为 $d = 28\text{mm}$，大带轮轮毂宽度为 $L_1 = 58\text{mm}$，带轮的材料为铸铁 HT150。试设计该大带轮与轴之间的键联接（见图 13-1b）。

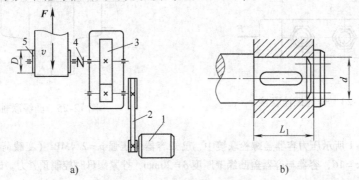

图 13-1 带式输送机中的键联接

【初步分析】

在该带式输送机中，为了能够传递运动和动力，各轴上的传动零件（带轮、齿轮、联轴器、滚筒等）均需与所在轴进行固定。轴与轴上零件的固定分为周向固定和轴向固定两类问题。周向固定的目的是，限制轴与轴上零件的相对转动以传递转矩；轴向固定的目的是，限制轴与轴上零件沿轴线方向的相对移动以传递轴向力。这种周向固定问题也称为轴毂联接。键联接是轴毂联接中最常用的一种方法。键是标准零件，键联接设计的主要任务是选择键的类型、尺寸和材料，并校核其强度。

本章仅讨论轴毂联接的方法，重点介绍键联接、花键联接、无键联接和销联接的类型、特点及应用。

第一节 键 联 接

一、键联接的类型、特点及应用

根据键的形状的不同，键联接可分为平键、半圆键、楔键和切向键联接等几类。

1. 平键联接

如图 13-2 所示，平键的两侧面是工作面，上表面与毂键槽底面间有间隙，工作时靠键与键槽两侧面的挤压和键被剪切来传递转矩。在键联接中，轴和毂孔轴线的重合程度称为定心性或对中性。平键联接因其键的顶面与毂键槽底面不接触，故定心性较好。根据其用途的不同，平键联接又可分为普通平键、导向平键和滑键联接。

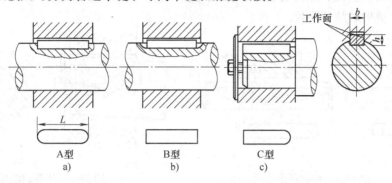

图 13-2　普通平键联接

（1）普通平键联接　其结构如图 13-2 所示，按键的端部形状分为圆头（A 型）、方头（B 型）和单圆头（C 型）三种。轴键槽可用指状铣刀加工（见图 13-2a、c）或盘状铣刀加工（见图 13-2b），毂键槽可用插削、拉削或线切割加工。圆头键在轴键槽中固定良好，但轴键槽两端的应力集中较大；方头键轴键槽的应力集中较小，且键的全长均参与工作；单圆头键多用于轴端。普通平键联接属于静联接，应用极为广泛。

（2）导向平键联接　如图 13-3a 所示，导向平键比轮毂长，通常用螺钉固定在轴槽中，且在键的中部制有起键螺纹孔，以便于键的拆卸。这种键用于轮毂需作轴向往复移动且行程较小的场合，键起导向作用，故称导向平键。导向平键联接属动联接，故键与毂键槽、轴与轴孔的配合均较松。在图 13-3b 所示齿轮变速机构中，齿轮 1、4 为双联滑移齿轮，当其沿轴向移动，分别与齿轮 2、4 啮合时，机构可获得两种输出速度。该双联滑移齿轮与轴之间即采用了导向键联接。

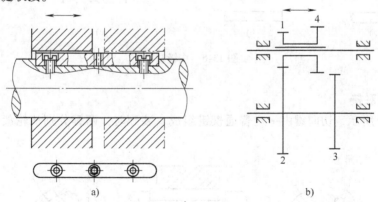

图 13-3　导向平键联接

（3）滑键联接　如图 13-4 所示，滑键通常固定在轮毂上，随轮毂沿键槽作轴向移动。滑键联接也属动联接，多用于轮毂移动行程较大的场合，如车床溜板箱与光轴之间即采用了滑键联接。

2. 半圆键联接

如图 13-5 所示，键是半圆形的，其侧面为工作面，键能在轴键槽中绕其圆心摆动，以适应毂键槽底面的斜度，装配方便。但因轴键槽太深，对轴的强度削弱较大，故适用于轻载，且多用于锥形轴端的联接。

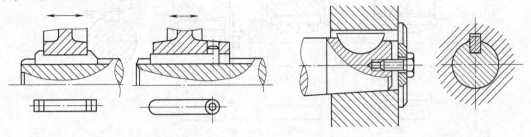

图 13-4 滑键联接   图 13-5 半圆键联接

3. 楔键联接

如图 13-6 所示，楔键的上、下表面为工作面，两侧面为非工作面。键的上表面与毂键槽底面各有 1∶100 的斜度，装配时将键打入，使键、轴、毂三者的接触面压紧，工作时，依靠轴、毂间的摩擦力传递转矩，并可承受单向轴向力，起轴向固定作用。因楔紧力会使轴毂间产生偏心，故楔键的定心性差，它只宜用于转速不高及旋转精度要求低的场合，如农业机械和建筑机械中的一些轴毂联接。楔键分为普通楔键（见图 13-6a、b）和钩头楔键（见图 13-6c）两种。钩头楔键拆装方便，但外面需加安全罩。

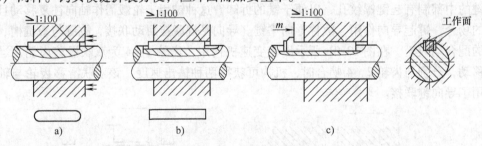

图 13-6 楔键联接

4. 切向键联接

如图 13-7 所示，切向键由一对普通楔键组成，装配时，两键分别从轮毂两端打入，使

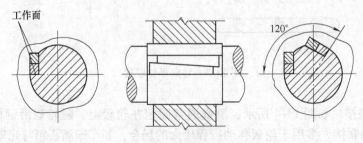

图 13-7 切向键联接

键、轴、毂三者的接触面压紧。切向键的上下两平行面为工作面，其中一个工作面在通过轴心线的平面上，工作时依靠工作面的挤压力和轴、毂间的摩擦力传递转矩。一对切向键只能传递单向转矩。传递双向转矩时，需用两对键并分布互成120°。切向键承载能力较高，但定心性较差，键槽对轴的强度削弱大，故多用于低速、直径大于100mm的重型轴上。

二、平键联接的选择及其强度计算

1. 键的选择

键的选择包括选择键的类型、尺寸和材料。键联接的类型可依据使用要求及各种键联接的特点选择。键的截面尺寸（键宽 b、键高 h），按照轴的直径由标准中选取；键的长度 L 按轮毂的宽度选定，通常键长略短于轮毂宽度，但要符合标准长度系列。导向平键的长度要按轮毂宽度及其滑动的距离而定。键的材料常采用45钢、Q275钢等。

2. 平键联接的强度校核计算

普通平键联接的主要失效形式是工作面的压溃（除严重过载，一般不会出现键的剪断），故一般只需校核联接的挤压强度。导向平键和滑键联接的主要失效形式是工作表面的过度磨损，此时作为条件性计算，通常校核工作面上的压强。计算时，假设压力沿工作面均匀分布，受力图如图13-8所示，则

静联接时的挤压强度条件为

$$\sigma_{\mathrm{p}} = \frac{4000T}{hld} \leq [\sigma_{\mathrm{p}}] \tag{13-1}$$

图13-8　平键联接受力情况

动联接时的耐磨性条件为

$$p = \frac{4000T}{hld} \leq [p] \tag{13-2}$$

式中　T——联接传递的转矩（N·m）；

　　　d——轴的直径（mm）；

　　　l——键的工作长度（mm），A型键 $l = L - b$，B型键 $l = L$，C型键 $l = L - b/2$；

　　$[\sigma_{\mathrm{p}}]$——较弱材料的许用挤压应力（MPa）；

　　$[p]$——较弱材料的许用压强（MPa），$[\sigma_{\mathrm{p}}]$ 与 $[p]$ 的值见表13-1。

表 13-1　键联接的许用挤压应力和许用压强　　　　　　　　（单位：MPa）

许用值	联接工作方式	零件材料	载荷性质		
			静载荷	轻微冲击	冲击
$[\sigma_{\mathrm{p}}]$	静联接	钢	125~150	100~120	60~90
		铸铁	70~80	50~60	30~45
$[p]$	动联接	钢	50	40	30

注：如与键有相对滑动的被联接件表面经过淬火，则动联接的 $[p]$ 可提高2~3倍。

如键联接的强度不够，可适当增加轮毂与键的长度，但不宜超过 $(1.6 \sim 1.8)d$，以免载荷分布不均；也可采用两个平键，相隔180°布置，考虑到载荷分配不均匀，强度核算时只能按1.5个键来计算。

【案例分析】

问题回顾 试设计图 13-1b 所示带轮与轴之间的键联接。已知轴的直径为 $d = 28\text{mm}$，传递的转矩为 $T = 98.84\text{N} \cdot \text{m}$，带轮轮毂宽度为 $L_1 = 58\text{mm}$，带轮的材料为铸铁 HT150。

1. 选择键联接的类型

此处的键联接属于静联接，故选择普通平键联接，圆头键（A 型）。

2. 选择键的尺寸

根据轴径 $d = 28\text{mm}$，由手册查得键宽 $b = 8\text{mm}$，键高 $h = 7\text{mm}$。由于轮毂宽为 58 mm，参考手册键长系列，取键长 $L = 50\text{mm}$。键的标记为：GB/T1096 键 $8 \times 7 \times 50$。

3. 校核键的强度

由式（13-1）有

$$\sigma_p = \frac{4000T}{hld} \leqslant [\sigma_p]$$

1）键的工作长度 $l = L - b = (50 - 8)\ \text{mm} = 42\text{mm}$。

2）因键和轴的材料为钢，带轮的材料为铸铁，故按铸铁材料、载荷为轻微冲击，查表 13-1 得 $[\sigma_p] = 55\text{MPa}$。

因

$$\sigma_p = \frac{4000 \times 98.84}{7 \times 42 \times 28}\text{MPa} = 48\text{MPa} < [\sigma_p] = 55\text{MPa}$$

故该键联接安全。

第二节 花 键 联 接

如图 13-9 所示，花键联接由内、外花键组成。外花键是一个带有多个键齿的轴（见图 13-9a），内花键是带有多个键槽的毂孔（见图 13-9b），因此可将花键联接视为由多个平键组成的联接（见图 13-9c）。花键齿的侧面为工作面，依靠内、外花键齿侧面的互相挤压来传递转矩。花键可用于静联接，也可用于动联接。花键联接受力均匀，定心性和导向性好，承载能力大，而且由于键槽深度较小，故齿根处的应力集中小，对轴和毂的强度削弱少。但花键加工需要专门的设备和工具，故成本高。因此，花键联接适用于定心精度要求高、载荷大或经常滑移的联接。

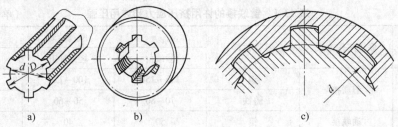

a)   b)   c)

图 13-9 矩形花键

花键联接按其齿形的不同，可分为矩形花键和渐开线花键联接两类，均已标准化。

1. 矩形花键联接

如图 13-9 所示，矩形花键的齿廓为矩形，形状简单。外花键可用铣削加工制成，内花键一般用拉削或插削加工制成。矩形花键分轻、中两个系列，轻系列的承载能力较小，多用于轻载和静联接，中系列多用于中等载荷的联接。矩形花键的定心方式为小径定心，即外花键和内花键的小径为配合面。小径定心时内、外花键经热处理后，均可用磨削方法提高定心面的精度，因此定心精度高，定心稳定性好，工作寿命长。矩形花键联接应用广泛。

2. 渐开线花键联接

如图 13-10 所示，渐开线花键的齿廓为渐开线，分度圆压力角有 30°（见图 13-10a）和 45°（见图 13-10b）两种。渐开线花键可以用制造齿轮的方法来加工，工艺性较好，制造精度也较高。渐开线花键靠齿形定心，当齿受载时，齿上的径向分力能起到自动定心作用，故定心精度高，各齿受载均匀。与矩形花键相比，渐开线花键齿根较厚，应力集中小，强度高，易于定心，当传递的转矩较大且轴径也大时，宜采用渐开线花键联接。压力角为 45° 的渐开线花键，由于齿比较小，对联接件的削弱较少，但承载能力较低，故多用于轻载和直径较小的静联接，特别适用于轴与薄壁零件的联接。花键联接的尺寸选择和强度计算可查阅机械设计手册。

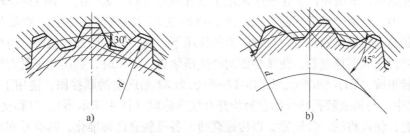

图 13-10 渐开线花键

第三节 无键联接

凡是轴与毂的联接不用键或花键，统称为无键联接。下面介绍型面联接和胀紧联接。

一、型面联接

型面联接如图 13-11 所示。把安装轮毂的那一段轴作成表面光滑的非圆形截面的柱体（见图 13-11a、b、c）或非圆形截面的锥体（见图 13-11d），并在轮毂上制成相应的孔。这种轴与毂孔相配合而构成的联接，称为型面联接。型面联接装拆方便，能保证良好的定心性；联接面上没有键槽及尖角，从而减少了应力集中，故可传递较大的转矩。由于型面联接要采用非圆形孔，加工比较困难。但随着加工技术的进步以及压铸和注塑零件的大量采用，其应用会越来越广泛。

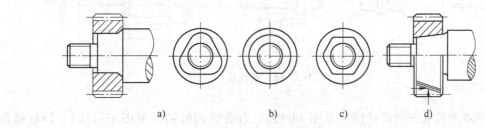

图 13-11 型面联接

二、胀紧联接

如图 13-12 所示，胀紧联接是在毂孔与轴之间装入胀紧联接套（简称胀套），可装一个（指一组）或几个，在轴向力作用下，同时胀紧轴与毂而构成的一种静联接。

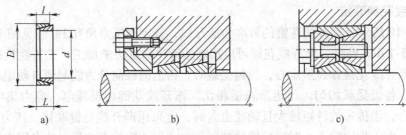

图 13-12　胀紧联接

根据胀套结构形式的不同，标准中规定了五种型号（Z1 ~ Z5 型）。图 13-12a 所示为 Z1 型胀套，它由内、外两个锥形套筒组成；图 13-12b 为 Z1 型胀套的联接图，在轴与毂孔之间安装了 2 个胀套。当拧紧螺钉时，在轴向力的作用下，内、外套筒互相楔紧。内套筒缩小而箍紧轴，外套筒胀大而撑紧毂，使接触面间产生压紧力；工作时，利用此压紧力所引起的摩擦力来传递转矩或（和）轴向力。图 13-12c 所示为 Z2 型胀套的联接图，使用了一个胀套。在 Z2 型胀套中，与轴或毂孔贴合的套筒均开有纵向缝隙（图中未示出），以利变形和胀紧。拧紧联接螺钉，便可将轴、毂胀紧，以传递载荷。各型胀套已标准化，其型号和尺寸的选择可查阅机械设计手册。

胀紧联接的定心性好，装拆方便，引起的应力集中较小，承载能力高，并且有安全保护作用。但由于要在轴和毂孔间安装胀套，应用有时受到结构尺寸的限制。

第四节　销　联　接

销为标准零件，按其用途的不同，可分为定位销（见图 13-13a、b）、联接销（见图 13-13c）和安全销（见图 13-13d）。定位销主要用来固定零件之间的相对位置，它是组合加工和装配时的重要辅助零件。联接销也用来固定零件之间的相对位置，可传递不大的载荷。安全销作为安全装置中的关键元件，当机器过载时首先被剪断，以免过载对机器造成破坏。

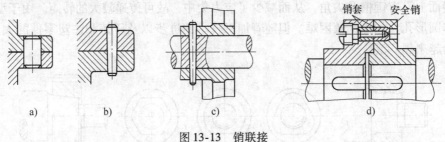

图 13-13　销联接

销的基本形式为普通圆柱销（见图 13-13a）和普通圆锥销（见图 13-13b）。圆柱销靠过盈配合固定在销孔中，经多次装拆会降低其定位精度和紧固性，主要用于定位，也可用于联接。圆锥销具有 1:50 的锥度，在受横向力时可以自锁。它安装方便，定位精度高，可多次装拆而不影响定位精度。圆锥销主要用于定位，也可用于联接，多用于经常装拆的场合。

图 13-14 所示为一些特殊的销联接。端部带螺纹的圆锥销（见图 13-14a、b）可用于不通孔或拆卸困难的场合。开尾圆锥销（见图 13-14c）适用于有冲击、振动的场合。槽销（见图 13-14d）上有辗压或模锻出的三条纵向沟槽，将槽销打入销孔后，由于材料的弹性使销挤紧在销孔中，不易松脱，因而能承受振动和变载荷。安装槽销的孔不需要铰制，加工方便，可多次装拆。

销的材料为 35、45 钢。定位销通常不受载荷或只受很小的载荷，故不作强度校核计算，其直径可按结构确定，数目一般不少于两个。销装入每一被联接件内的长度，约为销直径的 1～2 倍。联接销的类型可根据工作要求选定，其尺寸可根据连接的结构特点按经验或规范确定，必要时再按剪切和挤压强度条件进行校核计算。安全销在机器过载时应被剪断，因此，销的直径应按过载时被剪断的条件确定。

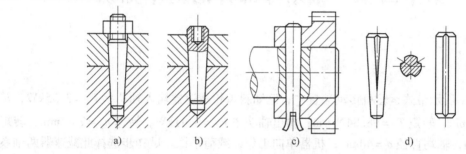

a)　　　　b)　　　　c)　　　　d)

图 13-14　特殊销联接

实训与练习

13-1　键联接和销联接的感性认识

在实验室参观机械连接陈列柜，认识键联接、花键联接、无键联接、销联接的类型和结构特点。

13-2　图 13-15 所示为带式输送机减速器低速轴系的结构图。轴伸部分安装的是钢制滚子链联轴器，此处轴的直径为 $d_1 = 40mm$，联轴器轮毂宽度为 $L_1 = 84mm$；轴中间安装的是钢制齿轮，此处轴的直径为 $d_2 = 50mm$，齿轮轮毂宽度为 $L_2 = 62mm$。设轴传递的转矩为 $T = 418N \cdot m$。试分别设计该轴上的两处键联接。

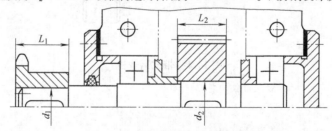

图 13-15　带式输送机减速器低速轴系结构图

第五篇　轴系结构的分析与设计

第十四章　轴系零部件的基本知识

【案例导入】

在图 14-1 所示带式运输机传动装置中，已知斜齿轮减速器输入轴功率 $P_1 = 3.55$kW，转速 $n_1 = 343$r/min，转矩 $T_1 = 98.84$N·m；输出轴功率 $P_2 = 3.41$kW，转速 $n_2 = 78$r/min，转矩 $T_2 = 418$N·m，轴端直径 $d = 40$mm；机器单向工作，载荷平稳。试初步选择此减速器两轴系中，轴承的类型、轴的结构类型和材料、联轴器的型号。

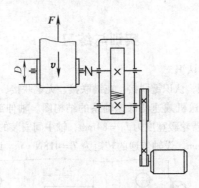

图 14-1　带式运输机

【初步分析】

轴系是以轴为中心，由传动零件、轴、轴承、机座及其他相关零件组成的独立系统。图 14-2 所示为带式运输机减速器低速轴系的结构图。

在轴系中，轴的功用是支承齿轮等回转件并传递运动和转矩；轴承的功用是支承轴；机座的功用是支承轴承等；其他零件则是起连接、定位、调整、密封等作用。轴系设计包括轴系结构设计和轴系主要零件的强度计算两项内容。本章主要介绍滑动轴承、滚动轴承、联轴器、离合器和轴的类型、特点及应用等基本知识。轴系结构设计及强度计算将在下一章介绍。

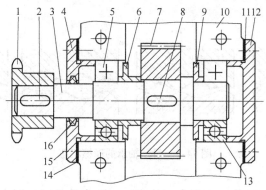

图 14-2　减速器低速轴系

1—半联轴器　2、8—键　3—轴　4、12—轴承盖
5、13—滚动轴承　6、9—挡油环　7—齿轮
10—机座　11、14—调整垫片
15—螺钉　16—密封圈

第一节　滑　动　轴　承

轴承主要用来支承轴，有时也用来支承轴上的回转零件。根据轴承中摩擦性质的不同，可把轴承分为滑动轴承和滚动轴承两大类。

一、滑动轴承的类型、特点及应用

1. 滑动轴承的摩擦状态

按两摩擦面间润滑情况的不同，滑动轴承的摩擦分为以下几种状态：

（1）干摩擦状态（见图 14-3a）　当两摩擦表面间不加任何润滑剂时，两摩擦面金属直接接触，这种摩擦状态称为干摩擦状态。此时，摩擦因数大，功耗大，轴承磨损快、温升大，轴承很容易失效。所以，在滑动轴承中不允许出现干摩擦。

（2）边界摩擦状态（见图 14-3b）　两摩擦表面间有很少量的润滑油存在，由于润滑油与金属表面的吸附作用，因而在金属表面上形成极薄的边界油膜，其厚度一般为 $0.1 \sim 0.2 \mu m$。因边界膜太薄，不能完全避免金属的直接接触和摩擦，这种摩擦状态称为边界摩擦状态。边界摩擦时，轴承的摩擦和磨损相对干摩擦时明显下降，但仍较大，其摩擦因数通常在 0.1 左右。

（3）液体摩擦状态（见图 14-3c）　两摩擦表面间有充足的润滑油，其油膜厚度大到足以将两表面完全隔开，此时两表面之间的摩擦完全来自润滑油内部，这种摩擦状态称为液体摩擦状态。液体摩擦时，轴承的摩擦极小，磨损几乎为零，摩擦因数约为 $0.001 \sim 0.008$，是最理想的摩擦状态。

（4）混合摩擦状态（见图14-3d）　当两摩擦表面间的油膜厚度较小，使两摩擦表面之间一些地方形成了液体摩擦，而另一些地方形成边界摩擦，这种状态称为混合摩擦状态。混合摩擦时的摩擦因数要比边界摩擦时小很多，但因表面间仍有金属直接接触，故仍有磨损存在。

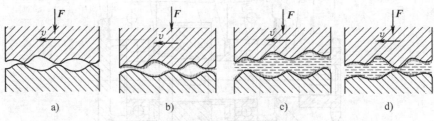

图 14-3　滑动轴承的摩擦状态

边界摩擦和混合摩擦统称为不完全液体摩擦，大多数普通机器中的滑动轴承的摩擦状态都属于这种摩擦状态。

2. 滑动轴承的类型

滑动轴承的类型很多，按其承受载荷方向的不同，可分为径向滑动轴承（用于承受径向载荷）和推力滑动轴承（用于承受轴向载荷）。根据其滑动表面间润滑状态的不同，可分为液体摩擦轴承和不完全液体摩擦润滑轴承。

3. 滑动轴承的特点

与滚动轴承相比，滑动轴承由于是面接触，且有油膜减振，故具有承载能力大、抗振性好、工作平稳、噪声小，以及径向尺寸小、可剖分等特点。如采用液体摩擦滑动轴承，则可长期保持较高的旋转精度。但是，滑动轴承的起动摩擦阻力较大，效率低，维护也较麻烦，一般需要自行设计。

4. 滑动轴承的应用

滑动轴承主要应用于以下场合：①工作转速极高的轴承；②要求轴的支承位置特别精确、回转精度要求特别高的轴承；③特重型轴承；④承受巨大冲击和振动载荷的轴承；⑤必须采用剖分结构的轴承；⑥要求径向尺寸特别小以及特殊工作条件的轴承。滑动轴承在内燃机、汽轮机、铁路机车、轧钢机、金属切削机床以及天文望远镜等设备中应用广泛。

二、滑动轴承的典型结构

1. 整体式径向滑动轴承

如图 14-4 所示，整体式径向滑动轴承由轴承座 1 和轴瓦 2 组成。轴承座上面设有安装润滑油杯的螺纹孔，在轴瓦上开有油孔和油槽。这种轴承的优点是结构简单，成本低廉，刚度大。它的缺点是当轴颈和轴瓦磨损后，无法调整其间的间隙。此外，在装拆时需要轴承或轴作较大的轴向移动，故装拆不便。所以这种轴承多用于轻载、低速、间歇工作并且不需要经常装拆的场合。此类轴承已有标准件可供选择。

2. 剖分式径向滑动轴承

如图 14-5a 所示，剖分式径向滑动轴承由轴承座 1、轴承盖 2、螺柱 3、上轴瓦 4 和下轴瓦 5 等组成。轴承盖和轴承座的剖分面常做成阶梯形止口，以便对中和防止横向错动。当载荷垂直向下或略有偏斜时，轴承的中分面常为水平面。若载荷方向有较大偏斜时，则轴承的剖分面可斜着布置（通常倾斜45°，见图14-5b），使剖分面垂直或接近垂直于载荷。这种轴承装拆方便，且在结合面之间放置垫片，通过调整垫片的厚薄，可以调整轴承间隙。此类轴承也已有标准件可供选择。

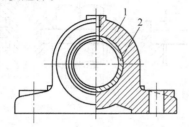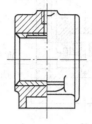

图 14-4　整体式径向滑动轴承
1—轴承座　2—轴瓦

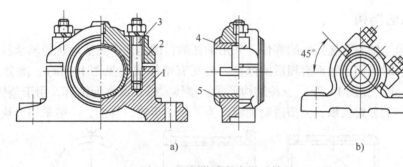

图 14-5　剖分式径向滑动轴承
1—轴承座　2—轴承盖　3—螺柱　4—上轴瓦　5—下轴瓦

3. 调心式径向滑动轴承

调心式轴承又称自位轴承，其结构如图14-6a所示。这种轴承的轴瓦2与轴承盖1和轴承座3之间采用球面配合，球心位于轴线上，使得轴瓦和轴相对于轴承座可在一定范围内摆动，从而避免安装误差或轴的弯曲变形较大时，造成轴颈与轴瓦端部的局部接触所引起的剧烈偏磨和发热（见图14-6b）。由于球面加工不便，这种结构只用在轴承宽度和直径之比较大的场合。

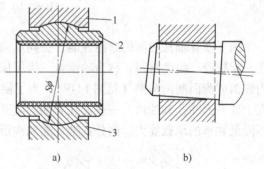

图 14-6　调心式径向滑动轴承
1—轴承盖　2—轴瓦　3—轴承座

4. 推力滑动轴承

图14-7a所示为一种推力滑动轴承。它由轴承座1、防止轴瓦转动的止转销钉2、止推轴瓦3、径向轴瓦4和轴承盖5组成。轴颈端部为空心结构，止推轴瓦与轴承座做成球面配合，起自动调位作用，以使轴承磨损均匀，径向轴瓦可承受一定的径向载荷。图14-7b所示为单环推力轴承，只能承受单向轴向载荷；图14-7c所示为单环双向推力轴承，可承受双向轴向载荷；图14-7d所示为多环推力轴承，可承受较大的单向或双向轴向载荷。

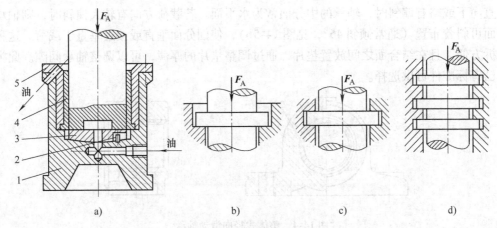

图 14-7 推力滑动轴承

1—轴承座 2—止转销钉 3—止推轴瓦 4—径向轴瓦 5—轴承盖

三、轴瓦的结构

轴瓦是轴承与轴颈直接接触的零件。采用轴瓦的目的是便于灵活地选择轴承材料以减小摩擦和磨损，同时也便于轴承磨损后的修复。轴瓦有整体式（见图 14-8a）、剖分式（见图 14-8b）和分块式（见图 14-8c）三种结构形式。整体式轴瓦又称为轴套，用于整体式轴承；剖分式轴瓦用于剖分式轴承；大型滑动轴承，为了便于运输、装配，一般采用分块式轴瓦。

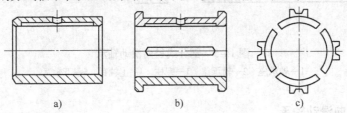

图 14-8 轴瓦结构

a）整体式 b）剖分式 c）分块式

为了改善轴瓦表面的摩擦性能，提高承载能力，对于重要的轴承，常在轴瓦内表面上浇注一层减摩、耐磨材料，称为轴承衬。为了保证轴承衬与轴瓦基体结合牢固，应在轴瓦基体内表面或侧面制出沟槽（见图 14-9）。为了使润滑油能均匀流到轴瓦的整个工作表面上，轴瓦上要开出油孔和油沟。一般油孔和油沟应开在非承载区，以便润滑油能顺利进入轴承，且不降低轴承的承载能力。剖分式轴瓦的油沟形式如图 14-10 所示。

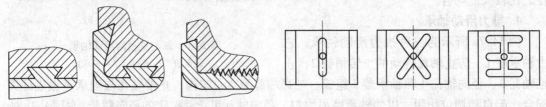

图 14-9 轴承衬浇注沟槽的形式   图 14-10 剖分式轴瓦的油沟形式

四、轴瓦和轴承衬的材料

轴承座的材料一般为铸铁，重要的轴承用钢。轴瓦和轴承衬的材料统称为轴承材料。

1. 对轴承材料的主要要求

滑动轴承的主要失效形式是轴瓦的磨损、胶合和疲劳破坏等。故轴承材料应具有良好的减摩性和耐磨性；具有良好的顺应性（与轴颈表面易紧密贴合）、嵌藏性（容纳硬屑粒的能力）和磨合性；具有足够的强度；具有良好的导热性、抗腐蚀性、工艺性和经济性等。

2. 常用的轴承材料

常用的轴承材料分为金属材料、粉末冶金材料和非金属材料三大类。

（1）轴承合金（又称巴氏合金或白合金）　它是锡、铅、锑、铜的合金，分为锡基轴承合金和铅基轴承合金两类。它们以较软的锡或铅为基体，悬浮锑锡或铜锡的硬晶粒，硬晶粒起抗磨作用，软基体增加轴承的塑性。轴承合金的减摩性、耐磨性、顺应性、嵌入性、磨合性均较好，但强度低，价格较贵，不能单独制作轴瓦，只能作为轴承衬的材料。锡基轴承合金适用于高速、重载的场合，铅基轴承合金适用于中速、中载的场合。

（2）铜合金　铜合金具有较高的强度，较好的减摩性与耐磨性。常用的有锡青铜、铅青铜和铝青铜，其中锡青铜的减摩性与耐磨性最好，应用较广。但锡青铜比轴承合金硬度高，磨合性及嵌入性差，适用于中速及重载场合。铅青铜抗粘附能力强，适用于高速、重载轴承。铝青铜的强度及硬度较高，抗粘附能力较差，适用于低速、重载轴承。

（3）铝合金　有低锡和高锡两类。铝合金强度高，耐磨性、耐腐蚀性和导热性好，但要求轴颈有较高的硬度和较小的表面粗糙度，轴承的间隙也要稍大些。此类合金价格较便宜，适用于中速中载、低速重载的场合。

（4）铸铁　灰铸铁和耐磨铸铁均可作轴承材料。灰铸铁中的游离石墨虽能起润滑作用，但铸铁硬度高且脆，磨合性差。耐磨铸铁中石墨细小而分布均匀，耐磨性较好。这类材料应用较少，仅适用于轻载、低速和不受冲击的场合。

（5）粉末冶金　常用的有铁-石墨和青铜-石墨两种。它们是利用铁或铜和石墨粉末混合，经压型、烧结、浸油而制成的多孔隙整体轴套（又称含油轴承）。其特点是组织疏松孔隙大（其孔隙约占总容积的 15% ~ 35%），孔隙能吸收润滑油。工作时，储存在孔隙中的油由于轴颈转动的抽吸和热膨胀作用（油的热胀系数比金属大），油可自动进入工作表面起润滑作用；停车时，油又被吸回孔隙中。因此，这种轴承长期不加油仍能很好地工作。这种材料价格低廉、易于制造、耐磨性好，但韧性差，宜用于轻载、低速及加油不便的场合。如排气扇、纺织机械、洗衣机及一些复杂仪器设备需经常加油但有困难的轴承。

（6）非金属材料　非金属材料主要特点是摩擦因数小，耐腐蚀，但导热性能差，易变形。常用的有塑料、橡胶和木材等。

几种常用的轴承材料和性能见表 14-1。

表 14-1　常用轴承材料的性能

材料	牌　　号		$[p]$ /MPa	$[v]$ /（m/s）	$[pv]$ /（MPa·m/s）	备　　注
锡锑轴承合金	ZSnSb11Cu6	变载	25	80	20	高速、重载重要轴承
	ZSnSb8Cu4	静载	20	60	15	

（续）

材料	牌　　号		$[p]$ /MPa	$[v]$ /（m/s）	$[pv]$ /（MPa·m/s）	备　　注
铅锑轴承合金	ZPbSb16Sn16Cu2		10	12	15	中速、中载轴承，不宜受显著冲击
	ZPbSb15Sn10		20	15	15	
锡青铜	ZCuSn10P1		15	10	15	中速、重载及变载荷的轴承
	ZCuSn5Pb5Zn5		8	3	15	中速、重载轴承
铅青铜	ZCuPb30	变载	15	8	60	中速、重载及变载荷的轴承
		静载	25	12	30	
铝青铜	ZCuAl10Fe3Mn2		20	5	15	润滑充分的低速、重载轴承
黄铜	ZCuZn16Si4		12	5	15	低速、中载轴承
	ZCuZn38Mn2Pb2		10	1	10	
铝合金	20 高锡铝合金		28～35	14	—	高速、中载的变载荷轴承
铸铁	HT150、HT 200、HT 250		2～4	0.5～1	1～4	低速、轻载不重要的轴承

五、液体摩擦滑动轴承简介

根据压力油膜形成的原理不同，液体摩擦轴承分为液体动压轴承和液体静压轴承。

1. 液体动压轴承

如图 14-11a 所示，动压向心轴承的轴颈和轴承孔之间有一定的间隙。静止时，在径向载荷 F_R 的作用下，轴在轴承孔内处于下部位置，轴颈表面与轴承孔表面形成了楔形间隙。当轴开始转动时轴颈沿轴承孔内壁向上爬行（见图 14-11b）。随着轴转速的增高，带进的油量也随之增多。因为液体不可压缩且流量恒定，故当油从楔形间隙的大口流入、从小口流出时，必将在楔形空间内"拥挤"而产生一定的压力，形成

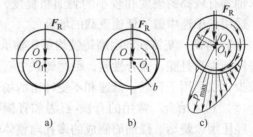

图 14-11　动压轴承的工作原理

动压油膜。随着轴转速的继续增高，楔形间隙中的压力逐渐增大，将轴径向左浮起。当达到机器的工作转速时，轴颈则处于图 14-11c 所示位置。此时油膜内各点的压力在垂直方向的合力与外载荷 F_R 平衡，其水平方向的压力，左右各自抵消，于是轴颈稳定在此平衡位置上旋转，形成稳定的液体摩擦。

由上述可知，形成这种动压油膜需具备以下条件：

1）摩擦副表面之间必须构成楔形间隙。

2）润滑油粘度要适当，供油量要充足。

3）摩擦副表面之间必须有一定的相对运动速度，其方向应带动油从大口进，小口出。

径向滑动轴承的轴颈与轴承孔为间隙配合，两者之间自然构成了楔形间隙，故具备形成动压油膜的必要条件，使用中只要工作条件合适即可形成液体摩擦。对于一些高速运转的重

要轴承，为了保证能得到液体摩擦所需要的油膜，需要进行专门的设计和计算。

液体动压轴承为无压供油，不需要液压泵和节流器等专用设备，结构简单，维护方便。但在起动和停止过程中为非液体摩擦，不能避免磨损，适用于中速、中载或旋转精度要求较高的场合。

2. 液体静压轴承

静压轴承是用泵将高压油液压入轴承的间隙中，强制形成承载油膜，保证轴承在液体摩擦状态下工作。如图 14-12 所示，在轴瓦内表面上开有四个对称的油腔，各油腔的尺寸相同，油腔四周有油台，以限制压力油很快泄出。供油总管分别通过节流器供给每个油腔压力油液，将轴承浮起。空载时，轴颈悬浮在轴承的中心位置；受载后，轴颈向下产生位移 e，此时下油腔 3 与轴颈间隙减小，流出的油量亦随之减少，根据管道内各截面上流量相等的连续性原理，流经节流器的流量也减少，节流器的压降也减小，但供油压力

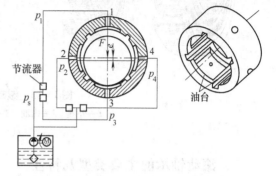

图 14-12　静压轴承工作原理

p_s 是不变的，因此，下油腔 3 处 p_3 必然增大。上油腔 1 处因间隙增大，回油畅通而 p_1 降低，上下油腔产生的压力差与外载荷平衡。所以，节流器能随外载荷的变化而自动调节各油腔内的压力，节流器选择得恰当，可使轴颈的位移 e 保持最小值，节流器是静压轴承的关键部分。

可以看出，静压轴承在机器起动、工作及制动过程中，其轴颈与轴瓦之间均不直接接触，理论上轴颈与轴瓦无磨损，寿命可很长。静压轴承对轴和轴瓦的制造精度可适当降低，对轴瓦的材料要求也不高，如果设计良好，其可以达到很高的旋转精度。但静压轴承需要附加一套可靠的给油装置，所以应用不如动压轴承普遍，一般用于低速、重载或要求高精度的机械装置中，如精密机床、重型机械等。

第二节　滚动轴承的类型、代号及选择

一、滚动轴承的基本结构和特点

如图 14-13a 所示，滚动轴承由外圈 1、内圈 2、滚动体 3 和保持架 4 组成。内圈装在轴颈上，外圈装在轴承座孔内，多数情况下内圈与轴一起转动，外圈保持不动。工作时，滚动体在内外圈滚道间滚动，保持架将滚动体均匀地隔开，以减少滚动体之间的摩擦和磨损。常用滚动体的形状如图 14-13b 所示。

滚动轴承的内、外圈和滚动体采用强度高、耐磨性好的含铬合金钢制造，热处理后硬度一般不低于 60HRC。保持架多用软钢冲压而成，也可采用铜合金或塑料保持架。

滚动轴承是标准部件。与滑动轴承相比，滚动轴承具有摩擦阻力小、起动灵敏、效率高、轴向结构紧凑、润滑方便、易于互换等优点。它的缺点是抗冲击能力差，高速时有噪声，寿命短等。滚动轴承广泛应用于各种机器中。

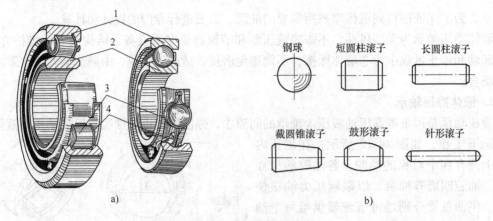

图 14-13　滚动轴承的结构
1—外圈　2—内圈　3—滚动体　4—保持架

二、滚动轴承的主要类型及特性

1. 滚动轴承的结构特性

（1）接触角　滚动体与外圈滚道接触处的公法线与轴承径向平面之间的夹角 α 称为接触角（见图 14-14）。α 越大，轴承承受轴向载荷的能力越大。

（2）角偏差　内、外圈相对摆动后，其轴线之间的夹角 θ 称为角偏差（见图 14-15）。θ 越大，轴承适应轴弯曲变形或制造误差的能力越强，调心性能越好。

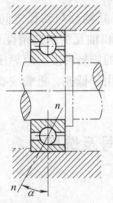

图 14-14　滚动轴承的接触角

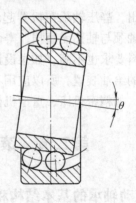

图 14-15　滚动轴承的角偏差

（3）游隙　轴承内、外圈之间沿径向或轴向的最大相对位移量，称为径向或轴向游隙。游隙对轴承的寿命、噪声及轴的旋转精度有很大影响。

2. 滚动轴承的类型

（1）按承受载荷的方向分类

1）向心轴承。主要承受或只能承受径向载荷，其接触角 $\alpha = 0 \sim 45°$。

2）推力轴承。主要承受或只能承受轴向载荷，其接触角 $\alpha = 45° \sim 90°$。

（2）按滚动体形状分类

1）球轴承。滚动体为球体，滚动体与套圈滚道为点接触，摩擦小。

2）滚子轴承。滚动体为球体以外的滚动体，滚动体与套圈滚道为线接触，相同尺寸时比球轴承承载能力大，耐冲击。

常用滚动轴承的类型及特性见表14-2。

表14-2 常用滚动轴承的类型及特性

名称及代号	结构简图及承载方向	极限转速	允许角偏差	特 性
调心球轴承 10000		中	2°~3°	主要承受径向载荷，同时也能承受少量的双向轴向载荷。外圈滚道为球面，具有自动调心性能
调心滚子轴承 20000C		低	0.5°~2°	主要承受径向载荷，同时也能承受少量的双向轴向载荷。承载能力大，具有调心性能
圆锥滚子轴承 30000		中	2′	能同时承受较大的径向载荷和轴向载荷。内外圈可分离，安装时可调整游隙，通常成对使用，对称安装
推力球轴承 50000	a) b)	低	不允许	图a只能承受单向轴向载荷，图b可承受双向轴向载荷。高速时离心力大，钢球和保持架磨损、发热严重，寿命降低，故极限转速低
深沟球轴承 60000		高	8′~16′	主要承受径向载荷，也可同时承受少量双向轴向载荷。结构简单，价格便宜，应用最广泛
角接触球轴承 70000		较高	8′~16′	能同时承受较大的径向载荷与轴向载荷，接触角有15°、25°、40°三种

（续）

名称及代号	结构简图及承载方向	极限转速	允许角偏差	特　性
推力圆柱滚子轴承 50000	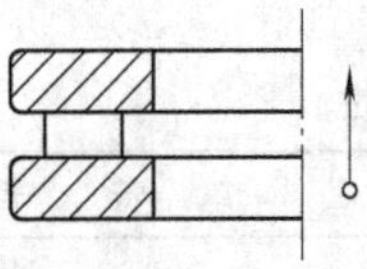	低	不允许	只能承受单向轴向载荷。承载能力大
圆柱滚子轴承 N0000	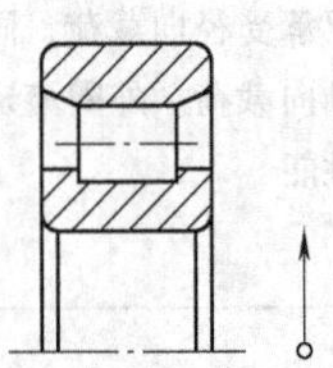	较高	2′~4′	内外圈可分离，只能承受径向载荷。承载能力大
滚针轴承 NA	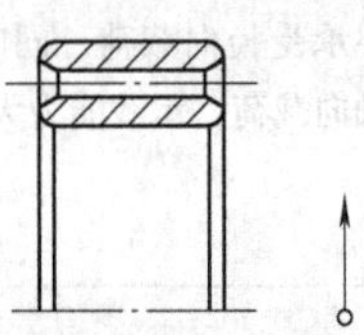	低	不允许	只能承受径向载荷，承载能力大，径向尺寸特小。一般无保持架，因滚针间有摩擦，极限转速低

三、滚动轴承的代号

由于滚动轴承已标准化，为了便于生产和使用，国家有关标准规定了滚动轴承的代号。代号的构成情况见表14-3。

表14-3　滚动轴承代号的构成

前置代号	基本代号				后置代号
	×	×	×	× ×	
轴承分部件代号	类型代号	尺寸系列代号		内径代号	内部结构代号、公差等级代号、游隙代号等
		宽度系列代号	直径系列代号		

1. 基本代号

基本代号用来表示轴承的内径、直径系列、宽度系列和类型，其中直径系列和宽度系列统称尺寸系列。

（1）内径代号　用右起第一、二位数字表示，表示方法见表14-4。

表14-4　常用轴承的内径代号

内径代号	另有规定	00	01	02	03	04~99	另有规定
轴承内径/mm	<10	10	12	15	17	数字×5	>495

（2）直径系列代号　即结构相同、内径相同的轴承在外径和宽度方面的变化系列，用右起第三位数字表示。如0系列，1系列，2系列，3系列，4系列等。各系列之间的尺寸对比如图14-16所示。

（3）宽（高）度系列　即结构、内径和直径都相等的轴承，在宽度方面的变化系列，用右起第四位数字表示。如 0 系列，1 系列，2 系列等。宽度系列为 0 系列时，在轴承代号中通常省略。各系列之间的尺寸对比如图 14-17 所示。

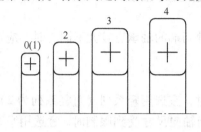

图 14-16　直径系列的对比

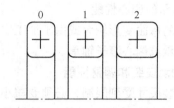

图 14-17　宽度系列的对比

（4）类型代号　轴承类型代号用数字或字母表示，见表 14-2。

2. 前置代号和后置代号

前置、后置代号是轴承在结构形式、尺寸、公差、材料、技术要求等有改变时，在其基本代号前后添加的补充代号，内容较多，下面仅介绍后置代号中几个常用代号。

（1）内部结构代号　表示同一类轴承的不同内部结构，用字母紧跟着基本代号表示。如接触角为 15°、25°、40°的角接触球轴承，分别用 C、AC、B 表示。

（2）轴承的公差等级代号　轴承的公差共分为 0 级、6x 级、6 级、5 级、4 级和 2 级 6 个级别，依次由低到高。其代号为/P0、/P6x、/P6、/P5、/P4 和/P2。公差等级中 6x 级仅适用于圆锥滚子轴承；0 级为普通级，在轴承代号中可不标出。

（3）常用轴承的径向游隙代号　轴承的游隙共分为 1 组、2 组、0 组、3 组、4 组和 5 组 6 个组别，依次由小到大。其代号为/C1、/C2、/C0、/C3、/C4、/C5。0 组为常用游隙组，在轴承代号中不标出。

例 14-1　试说明轴承代号 7315AC/P6/C3 的含义。

解　7 表示角接触球轴承；宽度系列为 0 系列，不标出；3 表示直径系列为 3 系列；15 表示轴承内径 $d = 75$mm；AC 表示接触角为 25°；P6 表示公差等级为 6 级；C3 表示为 3 组游隙。

四、滚动轴承的类型选择

滚动轴承是标准部件，设计时，一般先根据机器的工作条件和使用要求选择合适的类型，然后再选择具体型号和尺寸（下一章讨论轴承型号选择）。选择轴承类型时，应考虑以下主要因素。

1. 轴承受到的载荷

（1）载荷的方向　当轴承承受纯径向载荷时，应选用深沟球轴承、圆柱滚子轴承或滚针轴承。当承受纯轴向载荷时，应选用推力球轴承或推力滚子轴承。当同时承受径向载荷和轴向载荷，且轴向载荷较小时，可选用深沟球轴承；而当轴向载荷大时，选择角接触球轴承或圆锥滚子轴承。

（2）载荷大小　承受的载荷较大时，应选用滚子轴承，或承载大的尺寸系列。

（3）载荷性质　当载荷平稳时，可选用球轴承；有冲击和振动时，应选用滚子轴承。

2. 轴承的转速

滚动轴承在一定的载荷和润滑条件下允许的最高转速称为极限转速。球轴承比滚子轴承有更高的极限转速。高速或要求旋转精度高时，应优先选用球轴承。

3. 轴承的调心性能

当轴的弯曲变形较大或由于加工安装等原因造成轴两端的轴承有较大不同心时，应选择调心球轴承或调心滚子轴承。

4. 轴承安装和调整性能

当安装尺寸受到限制，必须要减小轴承径向尺寸时，宜选用轻系列（直径系列为2）和特轻系列（直径系列为0或1）的轴承或滚针轴承；当轴向尺寸受到限制时，宜选用窄系列的轴承；当轴承座没有剖分面而必须沿轴向安装和拆卸轴承部件时，应优先选用内外圈可分离的轴承。需要经常调整轴承游隙时可选择角接触球轴承或圆锥滚子轴承。

5. 经济性

在满足使用要求的情况下，尽量选用价格低廉的轴承，以降低成本。一般普通结构的轴承比特殊结构的轴承便宜，球轴承比滚子轴承便宜，精度低的轴承比精度高的轴承便宜。

第三节　联　轴　器

联轴器是用来连接两轴，使它们一起回转并传递转矩的部件。用联轴器连接的两轴，在运转过程中不能分离，而只有在停止运转后用拆卸的方法才能将它们分离。

一、联轴器的分类

联轴器所连接的两轴，由于制造及安装误差、承载后的变形以及温度变化等因素的影响，往往不能保证严格对中，而出现某种程度的相对位移和偏斜，如图14-18所示。其中，图14-18a所示为轴向位移；图14-18b所示为径向位移；图14-18c所示为角向位移；图14-18d所示为综合位移。

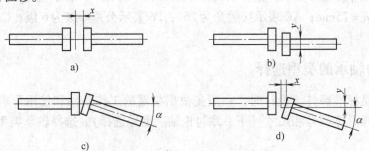

图14-18　两轴的偏移形式

根据对各种相对位移有无补偿能力，联轴器可分为刚性联轴器（无补偿能力）和挠性联轴器（有补偿能力）两大类。挠性联轴器又可按有无弹性元件而分为无弹性元件的挠性联轴器和有弹性元件的挠性联轴器两个类别。联轴器大都已经标准化，其类型很多。下面仅介绍其中几种典型形式，在实际使用和设计时可查阅机械设计手册和产品样本。

二、刚性联轴器

这种联轴器的各零件之间不能作相对运动，且零件都是刚性的，故不具有补偿两轴相对偏移的能力，也不能缓冲减振。

常用的刚性联轴器是图 14-19 所示的凸缘联轴器，它由两个半联轴器和联接螺栓等组成，有两种结构形式。图 14-19a 所示联轴器，采用铰制孔螺栓实现两半联轴器的连接和两轴的对中，靠螺栓杆承受剪切和挤压来传递转矩；图 14-19b 所示联轴器，采用普通螺栓联接，由两个半联轴器端部的凸肩和凹槽配合实现两轴对中，靠两个半联轴器端面间的摩擦力来传递运动和转矩。

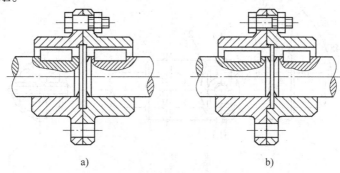

a)　　　　　　　　　　b)

图 14-19　凸缘联轴器

凸缘联轴器的材料可用铸铁或碳钢。其结构简单，制造、装拆和维修较方便，成本低、可传递较大转矩，故适用于低速、平稳、轴的刚性大、对中性较好的场合。

三、挠性联轴器

1. 无弹性元件的挠性联轴器

这种联轴器的各零件之间可以作相对运动，但零件都是刚性的，故具有补偿两轴相对偏移的能力，不能缓冲减振。常用的有以下几种：

（1）十字滑块联轴器　如图 14-20a 所示，它由两个在端面上开有凹槽的半联轴器 1、3 和一个两面带有凸牙的十字滑块 2 组成。因十字滑块可在凹槽中滑动，故可补偿较大的径向位移及较小的角位移和轴向位移（见图 14-20b）。该联轴器的材料常采用 45 钢并经热处理，且工作中需要润滑。由于十字滑块偏心转动时会产生离心力，故其适用于低速、平稳场合。

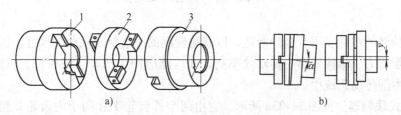

a)　　　　　　　　　　b)

图 14-20　十字滑块式联轴器图

1、3—半联轴器　2—十字滑块

（2）十字轴万向联轴器　如图 14-21a 所示为单万向联轴器，它由两个叉形接头 1、3，一个中间连接件 2 和销轴 4、5 等组成。销轴 4、5 呈十字形配置并分别把两个叉形接头与中间连接件 2 联接起来，从而构成了一个空间连杆机构。这种联轴器可允许两轴间有较大的夹角，夹角 α 最大可达 35°～45°，并且夹角在机器运转时发生改变仍可正常工作。

单万向联轴器的缺点是：当主动轴 1 以等角速度转动时，从动轴的角速度是周期性变化的，从而在传动中产生附加动载荷。为了改善这种情况，常将十字轴万向联轴器成对使用（见图 14-21b），但应注意安装时必须保证主、从动轴与中间轴之间的夹角相等，并且中间轴的两端的叉形接头应在同一平面内（见图 14-22）。此时，该联轴器称为双万向联轴器。

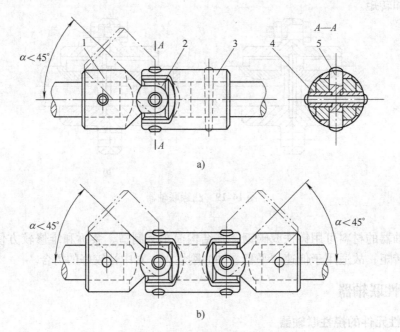

图 14-21　十字轴万向联轴器
1、3—叉形接头　2—中间连接件　4、5—销轴

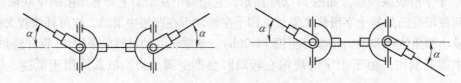

图 14-22　双十字轴万向联轴器

这类联轴器的零件多用合金钢制造，以获得较高的耐磨性及较小的尺寸。因其具有较大的角位移补偿能力、结构紧凑、传动效率高，故广泛应用于汽车、拖拉机、机床、起重机、轧钢机等机器的传动系统中。

（3）齿式联轴器　如图 14-23a 所示，它由两个外齿轮 1 和两个内齿轮 2 组成，内、外齿轮齿数相同。两个外齿轮分别用键与两轴联接，两个内齿轮用螺栓联接成一体，它依靠内外齿啮合来传递转矩。由于外齿的齿顶制成椭球面，或齿侧为鼓形（见图 14-23b），且保证与内齿啮合后具有适当的顶隙和侧隙，故在传动时，允许两轴之间有轴向、径向和角位移（见图14-23c）。为了减少磨损，应对齿轮进行润滑。齿式联轴器的材料一般为45钢或铸钢。它能传递很大的转矩，并允许有较大的综合位移，但其质量大，成本高，多用在重型机械中。

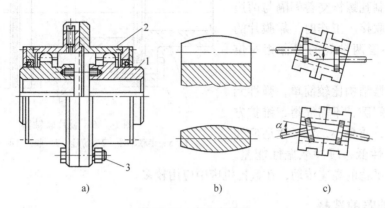

图 14-23　齿式联轴器
1—外齿轮　2—内齿轮　3—螺栓

2. 有弹性元件的挠性联轴器

由于这种联轴器装有非金属或金属弹性元件，故依靠其弹性变形，不仅可以补偿两轴间的相对位移，而且能够起到缓冲减振的作用。常用的有以下几种：

（1）弹性套柱销联轴器　如图14-24所示，这种联轴器利用带有弹性套的柱销将两半联轴器联接起来，以传递转矩。半联轴器的材料常用铸铁，有时也用钢；柱销多用钢；弹性套的材料常用耐油橡胶。这种联轴器制造容易，装拆方便，成本低，但弹性套易磨损，寿命短。它适用于载荷平稳、需正反转或起动频繁的传递中小转矩的场合。

（2）弹性柱销联轴器　如图14-25所示，这种联轴器利用尼龙柱销将两半联轴器联接起来，以传递转矩。其与弹性套柱销联轴器相似，并且可传递更大的转矩，结构更简单，制造、装拆方便，寿命长，但其缓冲减振和补偿两轴相对位移的能力稍差，适用于轴向窜动量较大，正反转和起动频繁的场合，因尼龙柱销对温度敏感，故使用温度受到一定限制。

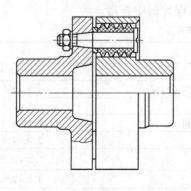

图 14-24　弹性套柱销联轴器

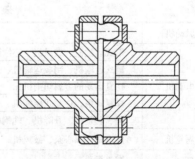

图 14-25　弹性柱销联轴器

（3）膜片联轴器　如图 14-26 所示，这种联轴器由半联轴器 1 和 5、螺栓 2、膜片 3、中间轴 4 等组成。弹性元件为一定数量的多边形或圆环形金属膜片叠合而成的膜片组，膜片上有沿圆周均布的若干个螺栓孔，用铰制孔螺栓交替间隔与两边的半联轴器相联接。工作时，靠膜片的弹性变形可补偿两轴间的综合相对位移。

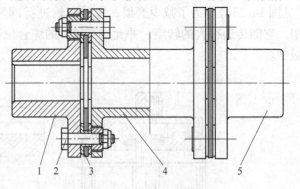

图 14-26　膜片联轴器
1、5—半联轴器　2—螺栓　3—膜片　4—中间轴

这种联轴器结构比较简单，弹性元件的连接没有间隙，不需润滑，维护方便，平衡容易，质量小，对环境适应性强。但扭转弹性低，缓冲减振性能差，主要用于载荷平稳的高速传动，在数控机床中应用较多。

四、联轴器的选择

1. 联轴器类型的选择

首先要充分了解工作载荷的大小和性质、转速高低、制造精度、工作环境等，然后再根据各类联轴器的特性、应用范围和场合，参考同类机械选用合适的联轴器类型。

一般来说，对于低速、刚性大的短轴可选用刚性联轴器；对于低速、刚性小的长轴可选用无弹性元件的挠性联轴器；对传递转矩较大的重型机械可选用齿式联轴器；对于高速、有振动和冲击的机械可选用有弹性元件的挠性联轴器；对于轴线位置有较大变动的两轴，则应选择十字轴万向联轴器。

2. 联轴器型号的选择

联轴器型号的选择应满足转矩 T、转速 n 和轴端直径 d 等要求。转矩条件是

$$T_c = KT \leqslant [T] \tag{14-1}$$

式中　T_c——计算转矩（N·m）；

K——工作情况系数，见表 14-5；

T——联轴器的工作转矩（N·m）；

$[T]$——联轴器的最大许用转矩（N·m），可从机械设计册中查得。

表 14-5　工作情况系数 K

原动机	工作机	K
电动机	带式运输机、鼓风机、连续运转的金属切削机床	1.25 ~ 1.5
	链式运输机、刮板运输机、螺旋运输机、离心泵、木工机械	1.5 ~ 2.0
	往复运动的金属切削机床	1.5 ~ 2.5
	往复式泵、往复式压缩机、球磨机、破碎机、冲剪机	2.0 ~ 3.0
	锤、起重机、升降机、轧钢机	3.0 ~ 4.0
涡轮机	发电机、离心泵、鼓风机	1.2 ~ 1.5
往复式发动机	发电机	1.5 ~ 2.0
	离心泵	3.0 ~ 4.0
	往复式工作机（压缩机、泵）	4.0 ~ 5.0

第四节　离　合　器

离合器也是用来连接两轴、使它们一起回转并传递转矩的部件。用离合器连接的两轴，可在运转过程中，根据工作的需要随时接合和分离。对离合器的基本要求是：接合平稳，分离迅速而彻底；耐磨性、散热性好；操纵方便省力；调节维修方便。离合器的类型很多，按其工作原理可分为牙嵌式和摩擦式两大类。

一、牙嵌离合器

如图 14-27a 所示，牙嵌离合器由两个端面上有牙的半离合器 1、2 组成。半离合器 1 固定在主动轴上；另一半离合器 2 用导向平键 3 与从动轴联接，并可由操纵机构驱动，随滑环 4 作轴向移动，以实现离合器的接合或分离；为使两轴能够对中，在半离合器 1 上固定了一个对中环 5，从动轴可在对中环中自由转动。牙嵌离合器是靠牙的相互嵌合来传递运动和转矩的。

牙嵌离合器常用牙形如图 14-27b ~ e 所示，矩形牙（见图 14-27b）无轴向分力，但不便于结合和分离，磨损后间隙无法补偿，故使用较少；三角形牙（见图 14-27c）用于传递小转矩的低速离合器；梯形牙（见图 14-27d）的强度高，能传递较大的转矩，能自动补偿牙磨损后的间隙，从而减小冲击，故应用较广；锯齿牙（见图 14-27e）强度高，只能传递单向转矩，用于特定的工作条件下。

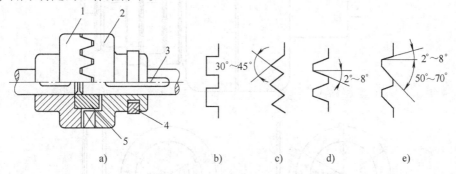

图 14-27　牙嵌离合器及其牙形
1、2—半离合器　3—导向平键　4—滑环　5—对中环

牙嵌离合器的特点是：结构简单、尺寸紧凑、工作可靠、承载能力大、传动准确。为防止牙齿受冲击而断裂，必须在两轴转速差很小或停转时进行接合。材料常用低碳钢渗碳淬火或中碳钢表面淬火。

二、摩擦离合器

摩擦离合器的形式很多，其中以圆盘摩擦离合器应用最广泛，它分为单片式和多片式。

如图 14-28 所示，单片摩擦离合器由摩擦盘 1、2 和操纵环 3 组成。摩擦盘 1 固定在主动轴上，摩擦盘 2 用导向键与从动轴联接。接合时，驱动操纵环 3 使从动盘 2 向左移动，并以一定的压力压紧在主动盘 1 上，工作时靠接合面上的摩擦力传递转矩；操纵环向右移动则可实现分离。这种离合器结构简单，散热性好，易于分离，但只能传递较小的转矩，且径向尺寸大。

图 14-29a 所示为多片摩擦离合器，主动轴 1 与外壳 2、从动轴 10 与套筒 9 均用键联接。外壳大端的内孔上开有花键槽，与外摩擦片 4（见图 14-29b）的花键相联接，因此外摩擦片与主动轴一起转动。内摩擦片 5（见图 14-29c）与套筒 9 也是花键联接，故内摩擦片与从动轴 3 一起转动。内外摩擦片相间安装。当滑环 7 向左移动到图示位置时，曲臂压杆 8 经压板 3 将所有内外摩擦片压紧在调压螺母 6 上，从而实现接合；当滑环向右移动时，则实现分离。多片摩擦离合器传递转矩的大小，随摩擦片接合面数量的增加而增加，但考虑到离合的灵活性和受载的均匀性，摩擦片数量不宜过多，内、外摩擦片总数一般不超过 12 ~ 15 片。

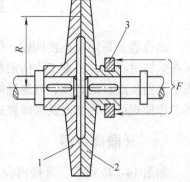

图 14-28　单片摩擦离合器
1、2—摩擦盘　3—操纵环

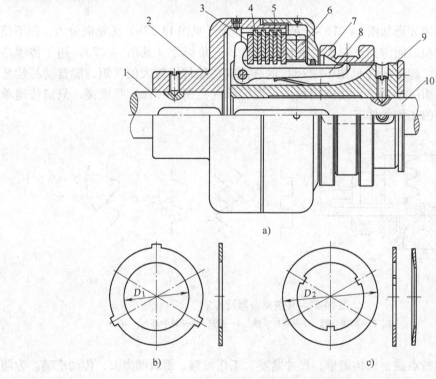

a)

b)　　　　　　　c)

图 14-29　多片摩擦离合器
1—主动轴　2—外壳　3—从动轴　4—外摩擦片　5—内摩擦片
6—调压螺母　7—滑环　8—曲臂压杆　9—套筒　10—从动轴

与牙嵌离合器相比，摩擦离合器有下列优点：不论转速高低，两轴都可以接合或分离；接合平稳，冲击、振动较小；从动轴的加速时间和所传递的转矩可以调节；过载时，可发生打滑，以免重要零件发生损坏。其缺点为外廓尺寸较大；在离合过程中要产生滑动摩擦，故发热大，磨损大。根据是否浸油散热，摩擦离合器有干式和湿式两种；其操纵方法有机械的、电磁的、气动的和液压的等数种，具体可参阅有关资料。

三、超越离合器

超越离合器的类型较多，图 14-30 所示为滚柱式超越离合器。它由星轮 1、外环 2、滚

柱 3 和弹簧 4 组成。当星轮 1 主动并作顺时针方向转动时，滚柱 3 受弹簧 4 推力和摩擦力作用滚向楔形空间的小端，将星轮与套筒楔紧，于是套筒 2 随星轮一起顺时针方向转动，离合器处于接合状态；当星轮逆时针方向转动时，滚柱滚向楔形间隙的大端，星轮与套筒间是放松的，星轮不能使套筒转动，离合器处于分离状态。可见，它只能传递单向转矩，故也称为定向离合器。

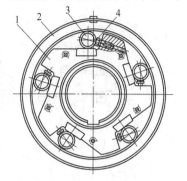

图 14-30　滚柱超越离合器
1—星轮　2—外环　3—滚柱　4—弹簧

当星轮和外环同时作为主动件，且都沿顺时针方向转动时，若外环转速小于星轮转速，则离合器处于接合状态；反之，若外环转速大于星轮转速，即外环超越星轮转动，则离合器处于分离状态，因此称其为超越离合器。

这种离合器的定向及超越作用，使其广泛应用于车辆、飞机、机床及轻工机械中。

四、磁粉离合器

图 14-31 所示为电磁粉末离合器的原理图。金属外筒 1 为从动件，嵌有环形励磁线圈 3 的电磁铁 4 与主动轴连接，金属外筒与电磁铁间留有少量间隙，内装适量的铁和石墨粉末 2。当励磁线圈中无电流时，散砂似的粉末不阻碍主、从动件之间的相对运动，离合器处于分离状态；当通入电流时，电磁粉末即在磁场作用下被吸引而聚集，从而将主、从动件连接起来，离合器即接合。

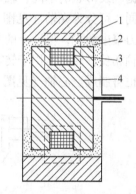

图 14-31　电磁粉末离合器
1—金属外筒　2—铁和石墨粉末
3—励磁线圈　4—电磁铁

这种离合器的特点是：励磁电流与转矩间呈线性关系，故转矩控制方便、精度高，调节范围宽；过载时磁粉层打滑，可以起到过载保护作用；可用作制动器。

第五节　轴的分类和材料

轴是组成机器的主要零件之一，其主要功用是支承回转零件（如齿轮、带轮、链轮等），并传递运动和动力。轴是非标准零件，轴的设计主要包括结构设计和强度计算两部分内容。本节仅介绍轴的类型和材料，其他内容将在下一章介绍。

一、轴的分类

根据承受载荷的不同，轴可分为转轴、心轴和传动轴三类。工作中既承受弯矩又承受转

矩的轴称为转轴，如减速器中的轴（见图14-32a），这类轴在机器中最为常见。只承受弯矩，不承受转矩的轴称为心轴。按工作时轴是否转动，心轴又分为转动心轴（见图14-32b所示滑轮轴）和固定心轴（见图14-32c所示滑轮轴）两种。主要承受转矩，不承受弯矩或弯矩很小的轴称为传动轴，如汽车的传动轴（见图14-32d）。

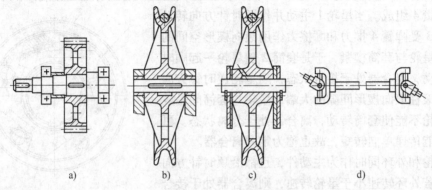

图14-32　轴按受载分类

根据轴线形状的不同，轴可分为直轴（见图14-32）和曲轴（见图14-33）。直轴根据外形的不同，可分为光轴（见图14-32d）和阶梯轴（见图14-32a）。光轴形状简单，容易加工，应力集中源少，但轴上的零件不易装拆及定位，故主要用于传动轴和心轴。阶梯轴则刚好与光轴相反，因此常用于转轴。直轴一般都制成实心的，但有时为了减轻重量或满足工作要求，也可制成空心轴（见图14-34）。

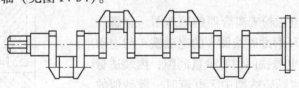

图14-33　曲轴

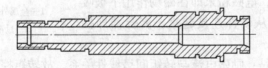

图14-34　空心轴

二、轴的材料

轴的工作应力多为变应力，故其主要失效形式为疲劳破坏。轴的材料应具有足够的疲劳强度，且对应力集中的敏感性低，同时要具有良好的工艺性和经济性。

轴的材料主要是碳钢和合金钢。钢轴的毛坯多用轧制圆钢或锻件。

碳钢比合金钢价廉，对应力集中的敏感性较低，同时也可以用热处理或化学热处理的办法提高其耐磨性和抗疲劳强度，故应用广泛，其中最常用的是45钢。

合金钢比碳钢具有更高的力学性能和更好的淬火性能。所以对于重要的、承载能力要求高的、具有耐磨性及防腐蚀等要求，或要求重量轻的轴，可采用合金钢。但应注意，合金钢对应力集中敏感，且价格较贵。在一般工作温度下（低于200℃），各种碳钢和合金钢的弹性模量均相差不多，因此选用合金钢代替碳钢并不能达到提高轴的刚度的目的。

高强度铸铁和球墨铸铁容易制造成复杂的形状，且具有价廉、良好的吸振性和耐磨性、对应力集中敏感性较低等优点，可用于制造外形复杂的轴。

轴的常用材料及其主要力学性能见表14-6。

表 14-6　轴的常用材料及其主要力学性能

材料及 热处理	毛坯直径 /mm	硬度/HBW	强度极限 σ_b	屈服极限 σ_s	许用弯曲应力 $[\sigma_{-1}]$	备　注
				/MPa		
Q235—A	≤100		400	225	40	用于不重要及受载荷不大的轴
45 正火	≤100	170～217	590	295	55	应用最广泛
45 调质	≤200	217～255	640	355	60	
40Cr 调质	≤100	241～286	735	540	70	用于载荷较大，而无很大冲击的重要轴
	>100～300		685	490		
40CrNi 调质	≤100	270～300	900	735	75	用于很重要的轴
	>100～300	240～270	785	570		
38SiMnMo 调质	≤100	229～286	735	590	70	用于重要的轴,性能近于40CrNi
	>100～300	217～269	685	540		
38CrMoAlA 调质	≤60	293～321	930	785	75	用于要求高耐磨性、高强度且热处理变形很小的轴
	>60～100	277～302	835	685		
	>100～160	241～277	785	590		
20Cr 渗碳 淬火回火	≤60	渗碳 56～ 62HRC	640	390	60	用于要求强度及韧性均较高的轴

【案例分析】

问题回顾　试初步选择图 14-1 所示斜齿轮减速器中两轴系轴承的类型、轴的结构类型和材料、联轴器的型号。已知输入轴功率 $P_1 = 3.55kW$，转速 $n_1 = 343r/min$，转矩 $T_1 = 98.84N \cdot m$；输出轴功率 $P_2 = 3.41kW$，转速 $n_2 = 78r/min$，转矩 $T_2 = 418N \cdot m$，轴端直径 $d = 40mm$；单向工作，载荷平稳。

解　（1）选择两轴上轴承的类型　减速器属于通用部件，其工作情况一般，故选择互换性好的滚动轴承。输入轴上安装有带轮和斜齿轮，输出轴上安装有斜齿轮和联轴器，因斜齿轮传动有圆周力、径向力和轴向力三个分力，故两轴的轴承同时承受径向载荷和轴向载荷的作用。因此，均可选用一对深沟球轴承或角接触球轴承或圆锥滚子轴承。考虑到斜齿轮的轴向力不大，可优先采用深沟球轴承。

（2）选择两轴的结构形式及材料　该两轴上均安装有传动零件，它们是既受弯矩又受转矩的转轴。为了使轴上零件固定和装拆方便，均采用阶梯轴。两轴的材料均采用 45 钢调质。

（3）选择输出轴上的联轴器 考虑到输出轴转速较低，转矩较大，带式输送机单向工作、载荷平稳、制造精度一般，故选择无弹性元件的挠性联轴器。参照同类机械和机械设计手册，选用十字滑块联轴器或滚子链联轴器。下面按滚子链联轴器选择型号。查表 14-5 得到载荷系数 $K = 1.3$，则由式（14-1）可确定联轴器的计算转矩为

$$T_c = KT_2 = 1.3 \times 418 \text{N} \cdot \text{m} = 543.4 \text{N} \cdot \text{m}$$

根据输出轴的转速、轴端直径和上述计算转矩查机械设计手册，最后选择型号为 GL7F 的滚子链联轴器，标记为：GL7F 联轴器 $J_1 40 \times 84$。该型号联轴器的许用转矩 $[T] = 630 \text{N} \cdot \text{m}$，许用转速 $[n] = 2500 \text{r/min}$，轴孔直径 $d = 40 \text{mm}$，轴孔长度 $L = 84 \text{mm}$，联轴器带有防尘罩。

实训与练习

14-1　轴系零件的感性认识

在实验室参观轴系零件陈列柜，认识滑动轴承、滚动轴承、联轴器、离合器和轴的类型及结构特点，建立对其的感性认识。

14-2　带式输送机传动装置设计（续）

沿用第六章实训与练习 6-3 中的传动方案及设计数据，参照本章设计案例，试初步选择减速器中各轴系轴承的类型、轴的结构类型及材料、联轴器的型号。

第十五章　轴系的结构设计及强度计算

【案例导入】

在图 15-1 所示带式运输机减速器 3 中，已知：①输入轴功率 $P = 3.55\text{kW}$，转速 $n = 343\text{r/min}$，转矩 $T = 98.84\text{N} \cdot \text{m}$；②大带轮轮缘宽 $B = 50\text{mm}$，带的压轴力 $F_p = 1161\text{N}$；③斜齿轮分度圆直径 $d_1 = 59.108\text{mm}$，齿顶圆直径 $d_{a1} = 61.108\text{mm}$，齿根圆直径 $d_{f1} = 54.108\text{mm}$，齿宽 $b_1 = 70\text{mm}$，圆周速度 $v = 1.06\text{m/s}$，圆周力 $F_{t1} = 3344\text{N}$，径向力 $F_{r1} = 1240\text{N}$，轴向力 $F_{a1} = 657\text{N}$；④由减速器轴承旁螺栓装拆空间决定的轴承座孔长度为 $L = 52\text{mm}$；⑤两班制工作，载荷较平稳，环境温度 35℃，使用期限 10 年，四年一次大修。

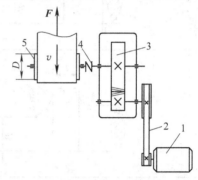

图 15-1　带式运输机
1—电动机　2—带传动　3—减速器
4—联轴器　5—滚筒

试进行减速器输入轴系的结构设计，并校核轴和轴承的强度。

【初步分析】

如前所述，轴系是以轴为中心，由传动零件、轴、轴承、机座及其他相关零件组成的独立系统。轴系设计的主要任务是根据轴系在机器中的位置、轴上传动件的基本尺寸、工作能力要求、工艺性要求等，拟定轴系的结构方案，确定轴系主要零件的结构尺寸。本章主要介绍轴系结构设计的基本知识、轴和轴承强度计算的方法。

第一节　轴系的结构方案设计

轴系结构方案设计的主要内容是：确定轴的结构形状、确定轴承类型及支承方式、确定轴上零件的装配方案及与轴的固定方法等。

轴系的结构主要取决于以下因素：轴在机器中的安装位置及形式；轴上安装的零件的类型、尺寸、数量以及和轴连接的方法；载荷的性质、大小、方向及分布情况；轴的回转精度要求；轴的加工工艺等。轴系结构应满足：轴和装在轴上的零件要有准确的工作位置；轴系零件应便于装拆和调整；轴应具有良好的制造工艺性等。下面讨论轴系结构设计中要解决的几个主要问题。

一、轴上零件在轴上的固定

为了防止轴上零件受力时相对轴发生轴向或周向运动，轴上零件除了有游动或空转的要求外，都必须进行轴向和周向固定，以保证其准确的工作位置。

1. 轴上零件的轴向固定

轴上零件轴向固定的常用方法见表15-1。

表 **15-1** 轴上零件的轴向固定方法

方法	简　　图	特点及应用
轴肩	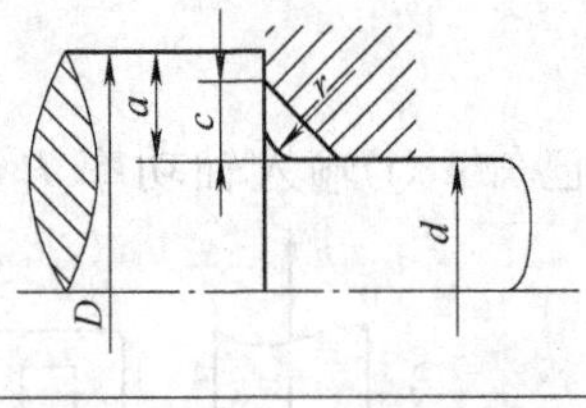	结构简单，定位可靠，可承受较大的轴向力。但会使轴径增大，阶梯处有应力集中。为保证可靠的定位，相关尺寸为 $$r < c$$ $$a = (0.07 \sim 0.1)d$$
轴环	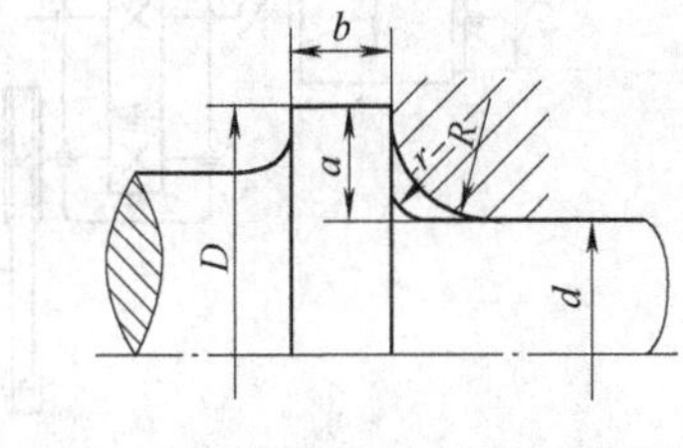	特点及应用同上 $$r < R$$ $$a = (0.07 \sim 0.1)d$$ $$b \approx 1.4a$$
套筒	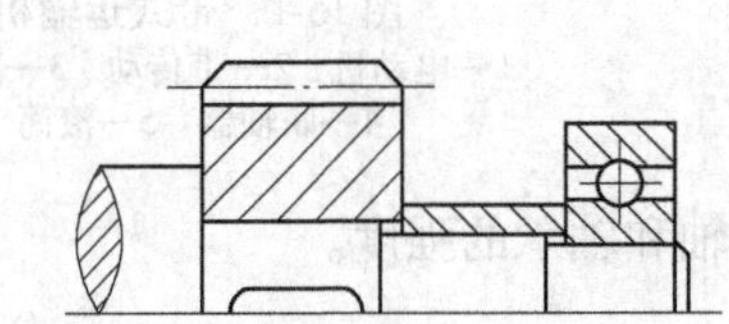	结构简单，定位可靠，一般用于零件间距离较小的场合，以免套筒过长。因套筒与轴的配合较松，故不宜用于高速场合
圆螺母	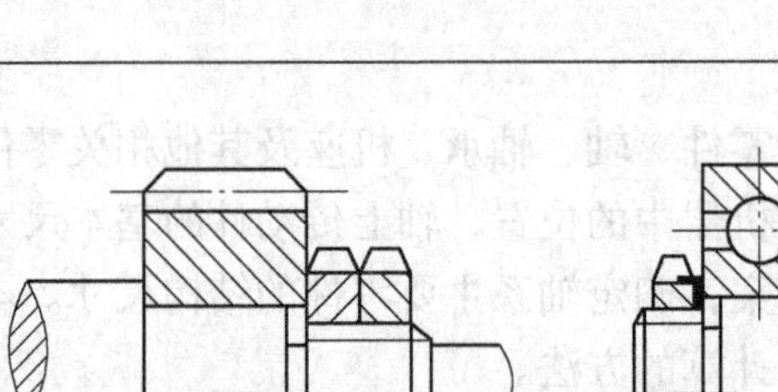	装拆方便，固定可靠，能承受较大的轴向力。但轴上螺纹处有较大的应力集中，会降低轴的疲劳强度，故一般用于固定轴端的零件或轴上两零件间距离较大不宜使用套筒定位的场合。常采用双螺母或加止动垫圈防松
轴端挡圈	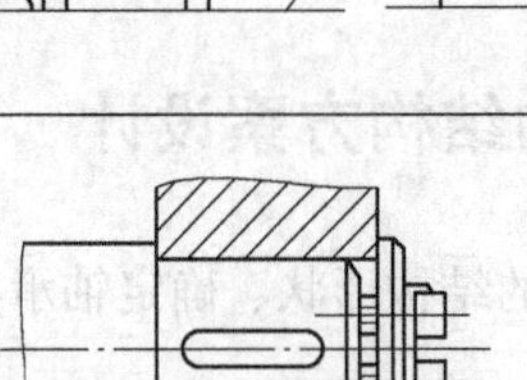	定位可靠，可承受较大的轴向力，用于轴端零件的固定。常采用双螺钉加止动垫圈等方法防松
圆锥面	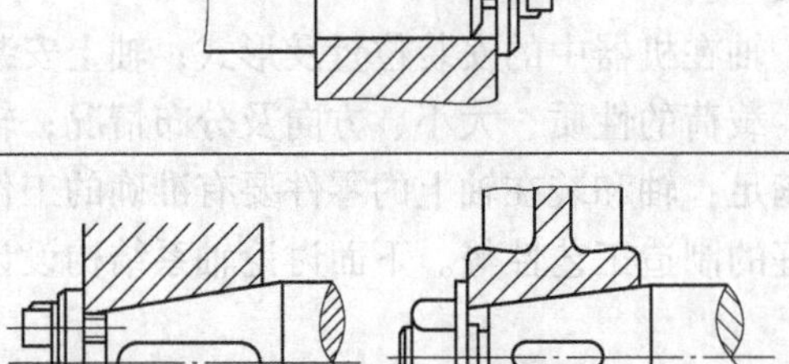	能消除轴与轮毂之间的间隙，定心性好，装拆较方便，且可兼作周向固定。宜用于高速、冲击及定心性要求较高的场合。常与轴端挡圈或压板联合使用，实现零件的双向轴向固定

（续）

方法	简　图	特点及应用
弹性挡圈	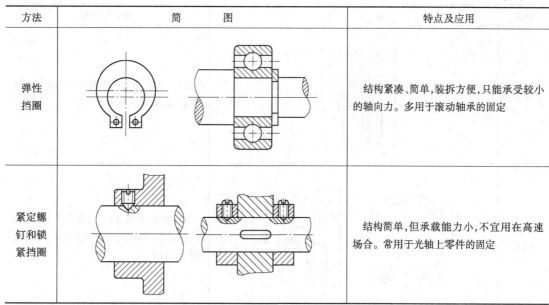	结构紧凑、简单,装拆方便,只能承受较小的轴向力。多用于滚动轴承的固定
紧定螺钉和锁紧挡圈		结构简单,但承载能力小,不宜用在高速场合。常用于光轴上零件的固定

2. 轴上零件的周向固定

轴上零件常用的周向固定方法有键、花键、型面联接、胀套、销、过盈配合和紧定螺钉联接等。滚动轴承内圈与轴颈的周向固定常采用过盈配合连接。

二、轴在机座上的轴向固定

通常一根轴需要两个支点,每个支点由一个或两个轴承组成。轴在机座上的固定是通过轴承来实现的。轴的支承结构应保证轴在机器中的正确位置,使轴能够绕轴线自由转动。轴在机座上的轴向固定,既要防止轴受力后轴向窜动,又要保证轴能自由地热胀冷缩,以免将轴承顶死不能转动。

1. 滚动轴承内圈的轴向固定

滚动轴承内圈在轴上轴向固定的常用方法有:轴肩、套筒、圆螺母、轴端挡圈、弹性挡圈等,具体见表15-1。

2. 滚动轴承外圈的轴向固定

滚动轴承外圈在机座上轴向固定的常用方法见表15-2。

表 15-2　滚动轴承外圈的轴向固定方法

方法	简　图	特点及应用
轴承端盖		有凸缘式和嵌入式两种,简单可靠。用于高速及很大轴向力时的各类向心、推力和向心推力轴承

（续）

方法	简　图	特点及应用
孔肩	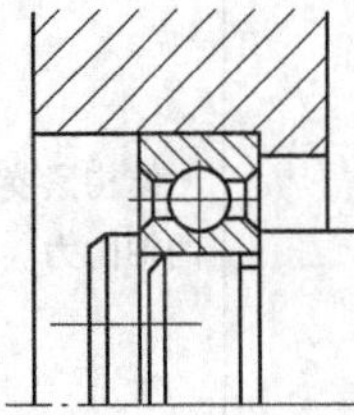	简单、方便、可靠。但机座上的两轴承孔不能一次镗出，其同轴度较低
弹簧挡圈	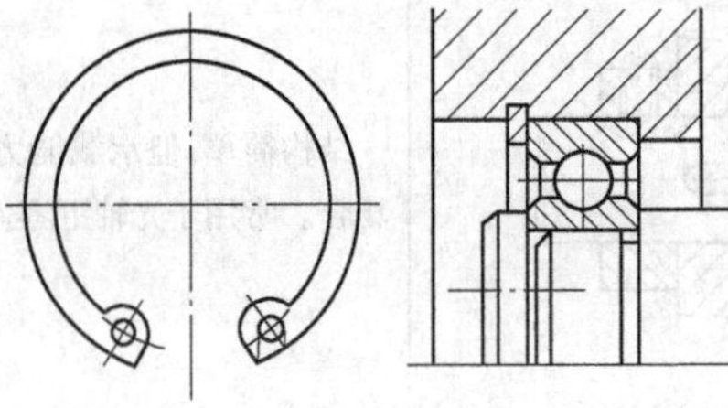	结构简单，装拆方便，轴向尺寸小。适用于转速不高、轴向力不大且需要减少轴承装置的尺寸时
止动卡环	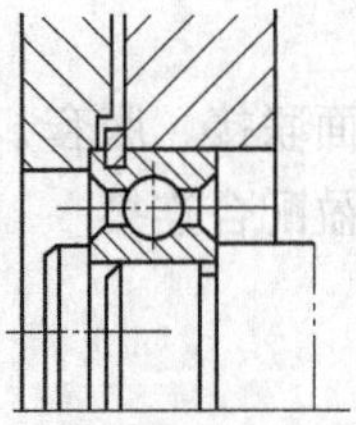	用止动环嵌入轴承外圈的止动槽内紧固。用于带有止动槽的深沟球轴承、当外壳不便设凸肩且外壳为剖分式结构的情况
螺纹环	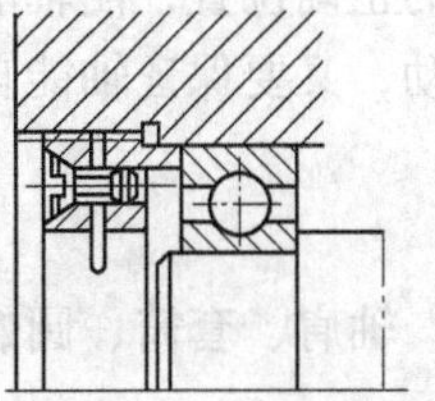	用于转速高、轴向载荷大而不适于使用轴承端盖紧固的情况

3. 轴的支承形式

（1）双支点各单向固定（双固式）　两个支点各限制轴在一个方向的轴向移动，合起来限制轴的双向移动。双固式常采用一对深沟球轴承（见图 15-2a），或一对角接触球轴承（见图 15-3）或一对圆锥滚子轴承（见图 15-4）。当两角接触球轴承或圆锥滚子轴承外圈的薄端相对时，称为正装（见图 15-3）；厚端相对时，则称为反装（见图 15-4）。

为了补偿轴的受热伸长，对于深沟球轴承，可在轴承与端盖间留很小的补偿间隙 C（见图 15-2b，$C = 0.2 \sim 0.3\text{mm}$）；对于角接触球轴承或圆锥滚子轴承，在装配时可在轴承内部留有适当的间隙。由于轴向间隙不能太大，因此，双固式适用于轴的两支点跨距较小（一般小于 300mm）及工作温度不高的场合。

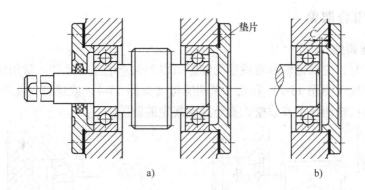

图 15-2　双支点各单向固定一

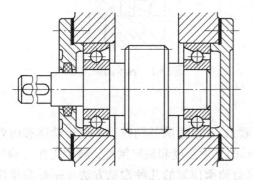

图 15-3　双支点各单向固定二

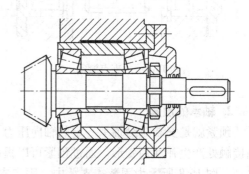

图 15-4　双支点各单向固定三

（2）一支点双向固定，另一支点游动（固游式）　如图 15-5 所示，一个支点限制轴双向的轴向移动（固定支点），另一支点可让轴自由地游动（游动支点）。其中，图 15-5a 中右轴承随轴一起在轴承孔中游动；图 15-5b 中，轴承内圈随轴一起相对外圈游动。固游式既可准确固定轴的位置，又能适应轴的热伸长，因此，它适用于轴的两支点跨距较大（大于300mm）及工作温度较高的场合。

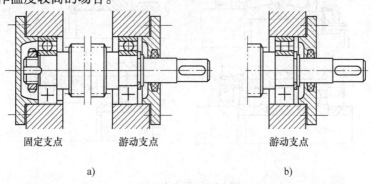

固定支点　　　游动支点　　　　　　游动支点

a)　　　　　　　　　　　　　b)

图 15-5　一支点双向固定，一支点游动

（3）两支点游动　如图 15-6 所示，因两支点采用了一对内外圈可分离的圆柱滚子轴承，故均可以让轴自由地游动。此时，轴依靠两人字齿轮间的啮合进行轴向限位。

三、轴承组合调整

1. 轴承游隙调整

在装配轴系时，应保证轴承有适当的游隙，以利轴承的正常运转。常用的调整方法是通过改变垫片的厚度（见图 15-2）和松、紧圆螺母（见图 15-4）或螺钉（见图 15-7）等，使轴承内外圈之间在轴向压紧或放松，直至达到规定的游隙。

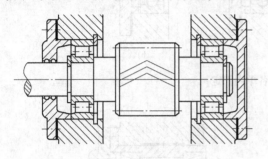

图 15-6 两支点游动

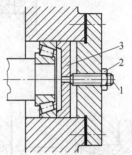

图 15-7 轴承间隙调整

2. 轴承的预紧

预紧就是安装时给轴承一定的轴向压力（预紧力），以消除其间隙，并使滚动体和内外圈接触处产生弹性预变形。通过预紧可以提高轴承的支承刚度和旋转精度，减少工作时轴的振动。图 15-8 所示为固游式支承中，固定支点滚动轴承预紧的几种常见方法：一对圆锥滚子轴承正装，通过夹紧外圈来预紧（见图 15-8a）；一对角接触球轴承正装，通过夹紧已磨窄了的外圈来预紧（见图 15-8b）；一对角接触球轴承正装，在内、外圈之间分别放置长、短套筒，通过夹紧外圈来预紧（见图 15-8c）；靠弹簧来预紧（见图 15-8d）。

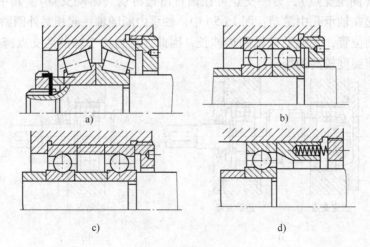

a)   b)

c)   d)

图 15-8 轴承的预紧

3. 轴上零件位置调整

轴上零件位置调整的目的是使轴上零件（如齿轮、蜗轮等）具有准确的工作位置。如锥齿轮传动，要求两个节锥顶点要重合；蜗杆传动，要求蜗轮的中截面通过蜗杆的轴线等。

图 15-9 所示为锥齿轮轴系支承结构，套杯和机座之间的垫片 1 用来调整锥齿轮的轴向位置，而垫片 2 则用来调整轴承游隙。

四、滚动轴承的配合与装拆

1. 滚动轴承的配合

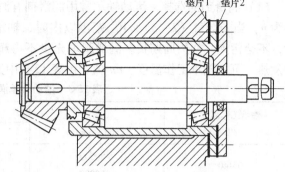

图 15-9　轴承组合位置调整

滚动轴承的配合是指其内圈与轴颈及外圈与轴承座孔之间的配合。轴承配合的松紧将直接影响轴的定位精度、旋转精度和轴承寿命。配合过紧，会造成轴承转动不灵活，配合过松又会引起擦伤、磨损和旋转精度降低。因而轴承内外圈都要规定适当的配合。由于滚动轴承是标准件，轴承内圈与轴颈的配合采用基孔制，轴承外圈与轴承座孔的配合采用基轴制。轴承配合种类应根据载荷的大小、方向和性质，及轴承的类型、转速和使用条件来决定。一般来说，轴承内圈随轴一起转动，多采用过盈配合；轴承外圈相对轴承座孔静止不动，多采用过渡配合。轴承配合的具体选择可参照机械设计手册。

2. 轴承的装拆

轴承内圈与轴颈配合较紧，安装时可用压力机在内圈上施加压力，将轴承压套在轴颈上。对于中、小型轴承也可用锤子将轴承内圈轻轻打入。大尺寸的轴承，可将轴承放入油中加热至 80°～120°后进行热装。

拆卸轴承需用专用的拆卸工具，如图 15-10a 所示。为使拆卸工具的钩头能钩住内圈，轴肩的高度应低于内圈的厚度。对于外圈的拆卸要求也是如此，应留出拆卸高度 h_1（见图 15-10b、c）或在轴承座上制出拆卸螺孔（见图 15-10d）。

值得注意的是，装拆轴承时，不得通过滚动体来传递装拆力，否则将可能使滚道和滚动体受损，降低轴承的精度和使用寿命。

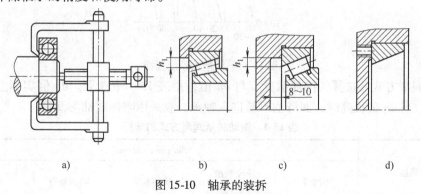

a)　　　　　　　　b)　　　　　　c)　　　　　　d)

图 15-10　轴承的装拆

五、滚动轴承的润滑与密封

1. 滚动轴承的润滑

润滑对于滚动轴承具有重要意义，不仅可以减少摩擦和磨损，提高效率，延长轴承使用寿命,还起着散热,减小接触应力,吸收振动,防止锈蚀等作用。

(1) 润滑剂的选择 滚动轴承常用润滑剂有润滑油和润滑脂两种。设轴承内径为 d,转速为 n,当 dn 值在 $(2 \sim 3) \times 10^5$ 范围以内时,轴承采用脂润滑。润滑脂不易流失,便于密封,不会污染,使用周期长。润滑脂填充量不得超过轴承空隙的 $1/3 \sim 1/2$,过多则引起轴承发热。可按轴承工作温度、dn 值,由表 15-3 中选用合适的润滑脂。

表 15-3 滚动轴承润滑脂选择

轴承工作温度 /℃	dn /(mm·r/min)	使用环境	
		干 燥	潮 湿
0 ~ 40	>80000	2 号钙基脂,2 号钠基脂	2 号钙基脂
	<80000	3 号钙基脂,3 号钠基脂	3 号钙基脂
40 ~ 80	>80000	2 号钠基脂	3 号钡基脂
	<80000	3 号钠基脂	3 号锂基脂

当 dn 值过高或具备润滑油源的装置(如变速箱、减速器),可采用润滑油。按 dn 值及工作温度,由图 15-11 中选润滑油粘度牌号。

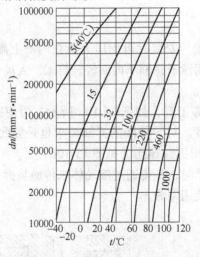

图 15-11 润滑油粘度选择

(2) 润滑方式的选择 按轴承类型与 dn 值,由表 15-4 中选取。dn 值实际上反映轴的圆周速度,当 dn 值很高时,润滑油不易进入轴承,故采用喷油或油雾润滑。

表 15-4 滚动轴承润滑方式的选择

轴承类型	dn/(mm·r/min)				
	脂润滑	浸油润滑 飞溅润滑	滴油润滑	喷油润滑	油雾润滑
深沟球轴承 角接触球轴承 圆柱滚子轴承	≤ $(2 \sim 3) \times 10^5$	2.5×10^5	4×10^5	6×10^5	> 6×10^5
圆锥滚子轴承		1.6×10^5	2.3×10^5	3×10^5	—
推力轴承		0.6×10^5	1.2×10^5	1.5×10^5	—

2. 滚动轴承的密封

轴承的密封装置是为了防止灰尘、水、酸气和其他杂物进入轴承，并阻止润滑剂流失而设置的。轴承的密封方法很多，通常可分为接触式、非接触式和组合式密封三大类。

（1）接触式密封　毡圈密封（见图15-12a）用于轴颈速度 $v < 5m/s$ 的脂润滑和低速油润滑，工作温度小于60℃，密封性一般。唇形密封圈密封（见图15-12b）用于 $v < 10m/s$ 的油润滑或脂润滑，工作温度可在 $-40 \sim 100℃$ 之间，工作可靠。

（2）非接触式密封　油沟密封（见图15-12c），在轴承盖中开有数条油沟，且与轴间留有 $0.1 \sim 0.3mm$ 的半径间隙，使用时在油沟中填满润滑脂，用于脂润滑和低速油润滑。迷宫式密封（见图15-12d）的缝隙一般为 $0.2 \sim 0.5mm$，缝隙中填入润滑脂，密封性好，用于 $v < 30m/s$ 的油润滑或脂润滑。

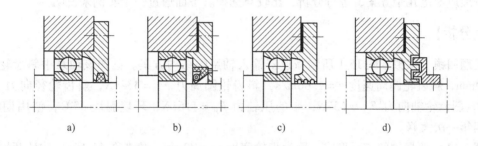

a)　　　　　b)　　　　　c)　　　　　d)

图15-12　滚动轴承的密封

（3）组合式密封　将上述两种密封形式组合起来使用，增强密封性。

轴承密封件多已标准化，故密封结构的形状和尺寸可参考机械设计手册来确定。

六、轴的结构工艺性

轴的结构工艺性是指轴的结构形状应便于轴的加工和轴上零件的装拆，且成本低。从加工工艺性考虑，轴的形状应力求简单，阶梯数尽可能少；需要磨削加工的轴段，应留有砂轮越程槽（见图15-13a）；需要切制螺纹的轴段，应留有螺纹退刀槽（见图15-13b）；轴上各处的圆角半径、倒角宽度、切槽宽度等尺寸应尽可能相同；轴上不同轴段的键槽应布置在同一母线上（见图15-9）；加工精度和表面粗糙度规定得要适度。

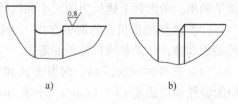

a)　　　　　b)

图15-13　越程槽和退刀槽

从装配工艺性方面考虑，采用阶梯轴，便于轴上零件的装拆和固定；轴上零件与轴的配合选择要适当，满足使用要求即可，避免过紧；轴端应有倒角，以便于导向和避免擦伤零件的配合表面。

此外，从提高轴的疲劳强度方面考虑，轴截面尺寸的突变应尽可能地少，以减少应力集中源；在截面尺寸变化处应采用圆角过渡，以减小应力集中；降低轴表面的粗糙度；对轴的表面进行化学强化处理，如表面渗碳、氰化、氮化等，或机械强化处理，如辗压、喷丸等。

七、拟定轴系结构方案的步骤

拟定轴系的结构方案没有固定的程序，可参考以下步骤：

1）估计两轴承之间的跨距和工作温度等，选择轴的支承形式。

2）根据轴承受力和转速等使用要求，选择轴承类型。

3）根据轴承类型和使用要求，选择轴承组合的调整方式。

4）根据工作环境和轴承的速度，选择轴承的润滑剂、润滑方式和密封方式。

5）根据工艺性和使用要求，确定机座的结构形式是整体机座还是剖分机座。

6）根据工艺性和强度等，确定轴的结构形式是光轴、阶梯轴或齿轮轴等。

7）确定轴系零件的装配顺序。

8）确定轴上零件及轴承的固定方法。

一般应拟定几个方案，进行分析、比较与选择。下面通过一个实例来说明。

【案例分析】

问题回顾 试拟定图 15-1 所示减速器输入轴系的结构方案。已知该轴系中斜齿轮齿宽 $b_1 = 70\text{mm}$，斜齿轮圆周速度 $v = 1.06\text{m/s}$，斜齿轮圆周力 $F_{t1} = 3344\text{N}$，斜齿轮径向力 $F_{r1} = 1240\text{N}$，斜齿轮轴向力 $F_{a1} = 657\text{N}$；带的压轴力 $F_P = 1161\text{N}$；环境温度 35℃，使用期限 10 年，四年一次大修。

解 （1）选择轴的支承形式 因为齿轮宽度 $b_1 = 70\text{mm}$，参考图 15-14a，估计两轴承的跨距不会超过 300mm；又因工作环境温度为 35℃，圆柱齿轮减速器的机械效率较高，故轴系工作温度不会很高；该减速器为一般装置，对轴的定位精度要求一般。综合考虑上述原因，选择轴的支承形式为双支点各单向固定。

（2）选择轴承类型 该轴上安装的传动零件为斜齿轮和 V 带轮。因斜齿轮的作用分力有圆周力、径向力和轴向力，带轮的作用力为压轴力（也是径向力），故两支点将受到径向力和轴向力的作用，且靠近带轮的那个支点的受力可能要大些。由此可知，轴承应具有承受径向力和轴向力的能力。根据滚动轴承特性，可选择一对深沟球轴承、角接触球轴承和圆锥滚子轴承。考虑到上述外力的大小和机器的预期寿命，最后初选一对深沟球轴承。

（3）选择轴承组合的调整方式 选择凸缘式轴承盖，并在端盖与轴承间放置垫片来调整轴承间隙，并满足轴热伸长的需要。

（4）选择轴承润滑剂、润滑方式和密封方式 减速器内装有润滑油，用于润滑齿轮。但因齿轮圆周速度 $v = 1.06\text{m/s}$，小于 3m/s，油溅不起来，故无法用齿轮箱中的油来润滑轴承。另外，因轴的转速比较低，估计轴承的 dn 值小于 $(2 \sim 3) \times 10^5$，故选用润滑脂润滑。由齿轮的圆周速度可推断，轴承透盖内密封处轴的圆周速度 $v < 5\text{m/s}$，故选用毛毡圈密封。另外，为防止润滑脂流失，需在轴承与齿轮之间靠近轴承处安装挡油环。

（5）确定机座的结构形式 为使减速器装拆方便，机座采用剖分结构。

（6）确定轴的结构形式 因小齿轮直径较小，齿轮与轴一体或分开都有可能；但为了轴上零件装拆和定位方便，均采用阶梯轴。

（7）绘制轴系的结构方案 按齿轮轴拟定的轴系结构方案如图 15-14b 所示；按独立阶梯轴拟定的轴系结构方案如图 15-14c、d 所示。其中，图 15-14c 所示方案齿轮从轴的右端装入；图 15-14d 所示方案齿轮从轴的左端装入。考虑到齿轮的直径比较小，齿轮与轴作成一体的可能性较大，故最后选择图 15-14b 所示轴系结构方案。

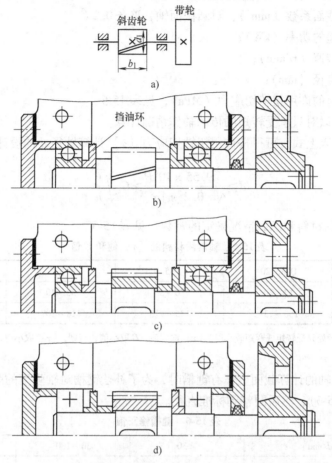

图 15-14 减速器输入轴轴系结构方案

第二节 轴的结构尺寸设计

轴系结构方案确定后，轴及有关零件的形状便大体确定。而轴各段所需直径的大小与其截面上应力的大小有关。此时，因尚不知道支反力的作用点，故不能求出支反力和绘制弯矩图，也就不能通过弯曲强度来确定各段轴的直径。但在进行轴的结构设计前，通常已求得轴所受的扭矩，因此，可先按扭转强度或类比同类机器，初步估算出轴的最小直径，再根据最小直径按结构定出轴其余段的直径。

一、估算轴的最小直径

由材料力学可知，圆轴扭转时的强度条件为

$$\tau = \frac{T}{W_{\mathrm{T}}} = \frac{9.55 \times 10^6 P}{0.2 d^3 n} \leqslant [\tau] \tag{15-1}$$

式中　τ——轴的扭转切应力（MPa）；

　　　T——轴的转矩（N·mm）；

　　W_T——抗扭截面系数（mm³），对圆截面轴，$W_T \approx 0.2d^3$；

　　　P——轴传递的功率（kW）；

　　　n——轴的转速（r/min）；

　　　d——轴的直径（mm）；

$[\tau]$——轴材料的许用扭转切应力（MPa），见表15-5。

用这种方法可以对只承受转矩的传动轴作精确计算。

将许用应力代入上式，可得按许用扭转切应力 $[\tau]$ 计算轴径 d 的设计公式为

$$d \geqslant \sqrt[3]{\frac{9.55 \times 10^6 P}{0.2[\tau]n}} \geqslant C\sqrt[3]{\frac{P}{n}} \tag{15-2}$$

式中　C——由轴的材料和承载情况确定的常数，见表15-5。

表 15-5　轴常用材料的 $[\tau]$ 值和 C 值

轴的材料	Q235,20	35	45	40Cr,35SiMn
$[\tau]$/MPa	12 ~ 20	20 ~ 30	30 ~ 40	40 ~ 52
C	160 ~ 135	135 ~ 118	118 ~ 107	107 ~ 98

注：当轴上最小直径处只受转矩或弯矩较小时，$[\tau]$ 取大值，C 取小值；否则，$[\tau]$ 取小值，C 取大值。

应当注意，当轴的计算截面上开有键槽时，为了补偿键槽对轴强度的削弱，应把算得的直径增大（见表15-6），然后圆整到标准直径。

表 15-6　键槽修正值

轴的直径 d/mm	< 30	30 ~ 100	> 100
有一个键槽时的增加值(%)	7	5	3
有两个相隔180°键槽时的增加值(%)	15	10	7

此外，也可采用经验公式来估算轴的直径。一般在减速器中，高速输入轴的直径可按与其相联的电动机轴的直径 D 估算，$d = (0.8 \sim 1.2)D$；各级低速轴的轴径可按同级齿轮中心距 a 估算，$d = (0.3 \sim 0.4)a$。

二、确定各段轴的直径

用式（15-2）初步估算出轴的最小直径，然后根据轴中每个阶梯的作用来确定其他轴径的大小。一般定位轴肩的高度取 $a = (0.07 \sim 0.1)d$，d 为与零件相配处轴的直径。非定位轴肩是为了加工和装配方便而设置的，其高度一般取为 1 ~ 2mm。

考虑到轴承的装拆问题，滚动轴承的定位轴肩高度必须低于轴承内圈端面的高度，以便拆卸轴承，轴肩的高度可查手册中轴承的安装尺寸。

有配合要求的轴段，应尽量采用标准直径。安装标准件（如滚动轴承、联轴器、密封圈等）及切制螺纹部位的轴径，应取为相应的标准值及所选配合的公差。

三、确定各段轴的长度

确定各段轴长度时，尽可能使结构紧凑，同时还要保证零件所需的装配或调整空间。轴的各段长度主要是根据各零件与轴配合部分的轴向尺寸和相邻零件间必要的空隙来确定的。为了保证轴向定位可靠，与齿轮和联轴器等零件相配合部分的轴段长度一般应比轮毂长度短 δ，δ = 2 ~ 3mm（见图15-15）。

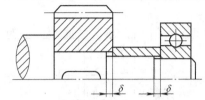

四、确定其他零件的尺寸

图 15-15　轴段与轮毂长度的关系

当轴的尺寸确定后，轴系中其他零件的主要尺寸也就相应确定。对联轴器、轴承、键、密封圈、圆螺母、螺钉等标准件的具体尺寸，可查阅相应的标准。对齿轮、带轮、轴、机座、轴承盖、套筒、调整垫片等非标准件的具体尺寸，可参照教材或机械设计手册中相关的经验公式确定。

【案例分析（续）】

问题回顾　试进行图 15-4b（即图 15-1）所示减速器输入轴系的结构尺寸设计。已知：输入轴功率 $P = 3.55$kW，转速 $n = 343$r/min，大带轮轮缘宽 $B = 50$mm，斜齿轮分度圆直径 $d_1 = 59.108$mm，齿顶圆直径 $d_{a1} = 61.108$mm，齿根圆直径 $d_{f1} = 54.108$mm，齿轮齿宽 $b_1 = 70$mm，由减速器轴承旁螺栓装拆空间决定的轴承座孔长度为 $L = 52$mm。

解　（1）初步确定轴的最小直径　按式（15-2）估算轴的最小直径。选取轴的材料为 45 钢，调质处理。根据表 15-5，取 $C = 115$，于是得

$$d_{min} = C\sqrt[3]{\frac{P}{n}} = 115\sqrt[3]{\frac{3.55}{343}}\text{mm} = 25.06\text{mm}$$

该轴的最小直径显然是安装带轮轴段①的直径 d_1（见图 15-16）。为了补偿键槽对轴强度的削弱，查表 15-6 将该直径放大 7%，即 $d_1 = (1 + 7\%)25.06\text{mm} = 26.8\text{mm}$，圆整为标准值，$d_1 = 28\text{mm}$。

（2）确定其余各段轴的直径

1）轴段②的直径。轴段①、②间的轴肩为定位轴肩，轴肩高度 $a = (0.07 \sim 0.1)d_1$，取 $a = 2.5\text{mm}$，则 $d_2 = d_1 + 2a = 33\text{mm}$。为了使所选的轴径与密封圈内径相适应，故需同时选取密封圈的型号。

按 $d_2 = 33\text{mm}$ 查手册，选用毡圈 35 型密封圈，要求轴的直径 $d_2 = 35\text{mm}$。

2）轴段③、⑦的直径。该两段轴的直径相同。轴段②、③间的轴肩为非定位轴肩，轴肩高度 $a = 1 \sim 2\text{mm}$ 即可，取 $d_3 = 37\text{mm}$。但为了使所选直径与滚动轴承内径相适应，故需同时选取滚动轴承的型号。

按 $d_3 = 37\text{mm}$ 查手册，考虑到该轴上既有齿轮又有带轮，轴承受力较大，故选用深沟球轴承 6308，其尺寸为 $d \times D \times B = 40\text{mm} \times 90\text{mm} \times 23\text{mm}$，故 $d_3 = d_7 = 40\text{mm}$。

3）轴段④、⑥的直径。该两段轴的直径相同。轴段③、④间的轴肩为定位轴肩，轴肩高度 $a = (0.07 \sim 0.1)d_3$，取 $a = 4\text{mm}$，则 $d_4 = d_3 + 2a = 48\text{mm}$。因为该轴肩间接给轴承内圈定位，故也可由手册查轴承的安装尺寸，得 $d_{4min} = 49\text{mm}$。综合考虑取 $d_4 = d_6 = 50\text{mm}$。

4）轴段⑤的直径。轴段⑤为齿轮，分度圆直径 $d_1 = 59.108$mm，齿顶圆直径 $d_{a1} = 61.108$mm，齿根圆直径 $d_{f1} = 54.108$mm。可以看出，若将小齿轮与轴分开制造，其轮毂孔的直径将接近齿根圆，开键槽后，轮毂孔和齿根圆就连通了。所以，选择齿轮轴方案是正确的。

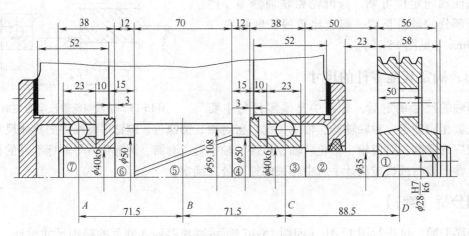

图 15-16　减速器输入轴轴系结构尺寸

（3）确定各段轴的长度　如图 15-16 所示，已知齿轮宽度 $b_1 = 70$mm；由减速器轴承旁螺栓装拆空间决定的轴承座孔长度为 $L = 52$mm。为保证齿轮自由转动，齿轮两端面与机座两内壁之间分别留 15mm 的间隙。同理，在带轮左端面与右轴承盖之间留 23mm 的间隙。为了能挡住飞溅过来的润滑油，并将其甩在箱体内，挡油环和轴承应按图 15-17 所示布置。这里取 $\Delta_3 = 10$mm，挡油环伸出内壁线 3mm。估计轴承端盖凸缘厚度为 10mm。由此可推算出各轴段的长度。

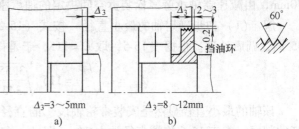

图 15-17　轴承在箱体中的位置
a）油润滑轴承　b）脂润滑轴承

1）轴段①的长度。根据图 7-4，带轮轮毂宽度 $L_1 = (1.5 \sim 2)d_1 = 42 \sim 56$mm。考虑到此处装有键，带轮材料比较弱，为使键能长些，以保证键联接的挤压强度，取 $L_1 = 58$mm。为保证轴端挡圈可靠的压在带轮轮毂的端面上，而不是压在轴的端面上，取轴段①的长度 $l_1 = 56$mm。查手册选取键的尺寸为 $b \times h \times L = 10$mm $\times 7$mm $\times 50$mm；轴端挡圈的型号为 B40。

2）轴段②的长度。从图中可推出 $l_2 = 50$mm

3）轴段③、⑦的长度。该两段轴的长度相同，从图中可推出 $l_3 = l_7 = 38$mm。

4）轴段④、⑥的长度。该两段轴的长度相同，从图中可推出 $l_4 = l_6 = 12$mm。

5）轴段⑤的长度。即为齿轮宽度，$l_5 = 70$mm。

最后，作出齿轮、带轮轮缘、轴承各自宽度的中截面与轴线的交点 A、B、C、D，它们为轴所受外力和支反力的作用点，并标出其间的跨距，以备下面校核轴的强度用。

第三节　轴的强度计算

一、弯扭组合强度计算公式

对于同时承受弯矩 M 和转矩 T 的一般钢制轴来说，可用材料力学中第三强度理论求出危险截面的当量应力 σ_e，其强度条件为

$$\sigma_e = \frac{\sqrt{M^2 + (\alpha T)^2}}{W} \leqslant [\sigma_{-1}] \tag{15-3}$$

式中　W——轴的抗弯截面系数（mm^3），对实心圆轴 $W \approx 0.1d^3$；

　　　α——考虑由弯矩产生的弯曲应力 σ 和由转矩产生的扭转切应力 τ 循环特性不同而引入的校正系数（σ 一般为对称循环变应力，而 τ 常常不是对称循环变应力），当扭转切应力为静应力时，取 $\alpha \approx 0.3$；当扭转切应力为脉动循环变应力时，取 $\alpha \approx 0.6$；当扭转切应力为对称循环变应力时，则取 $\alpha = 1$。若扭转切应力变化规律不清楚时，一般按脉动循环处理；

　　$[\sigma_{-1}]$——轴的许用对称循环弯曲应力，其值按表 14-6 选用。

二、弯扭组合强度计算步骤

1）作出轴的受力计算简图。

2）求作用在轴上的外力。

3）求轴的支反力，作轴的弯矩图。包括水平面弯矩图、铅垂面弯矩图和合成弯矩图。

4）作轴的扭矩图。

5）校核轴危险截面的强度。

当轴的强度不满足要求时，应重新进行设计。

【案例分析（续）】

问题回顾　试按弯扭组合强度条件校核图 15-1 所示减速器输入轴的强度。已知：输入轴转矩 $T = 98.84 \mathrm{N \cdot m}$；带的压轴力 $F_P = 1161 \mathrm{N}$；齿轮分度圆直径 $d_1 = 59.108 \mathrm{mm}$，齿根圆直径 $d_{f1} = 54.108 \mathrm{mm}$，圆周力 $F_{t1} = 3344 \mathrm{N}$，径向力 $F_{r1} = 1240 \mathrm{N}$，轴向力 $F_{a1} = 657 \mathrm{N}$；轴的材料为 45 钢调质处理，$\sigma_b = 650 \mathrm{MPa}$，各段轴的直径如图 15-16 所示。

解　（1）作出轴的受力计算简图　根据图 15-16 所示轴系结构图作出轴的受力计算简图，如图 15-18a 所示。带的压轴力方向暂不确定，因为仅从图 15-1 所示带式输送机的传动简图上无法确定压轴力与齿轮作用力的空间关系。为了确保安全，以下先将齿轮作用力与带的压轴力单独考虑，然后按受力最不利的情况将它们产生的弯矩进行叠加，最后按此弯矩校核轴的强度。

（2）求作用在轴上的外力　轴所受的外力为带的压轴力和齿轮的作用力，它们的大小均已给出。

（3）求轴的支反力，作轴的弯矩图

1）仅考虑齿轮作用力时作水平面的弯矩图。如图 15-18b 所示，水平面上两支点的径向

反力为

$$F_{RH1} = F_{RH2} = \frac{1}{2}F_{t1} = \frac{1}{2} \times 3344\text{N} = 1672\text{N}$$

水平面上截面 B 处的弯矩为

$$M_{BH} = F_{RH1} \times 71.5 = 1672 \times 71.5\text{N} \cdot \text{mm} = 119548\text{N} \cdot \text{mm}$$

2）仅考虑齿轮作用力时作铅垂面的弯矩图。如图 15-18c 所示，铅垂面上两支点的径向反力为

$$F_{RV1} = \frac{F_{r1} \times 71.5 - F_{a1} \times \dfrac{d_1}{2}}{2 \times 71.5} = \frac{1240 \times 71.5 - 657 \times \dfrac{59.108}{2}}{2 \times 71.5}\text{N} = 484\text{N}$$

$$F_{RV2} = F_{r1} - F_{RV1} = (1240 - 484)\text{N} = 756\text{N}$$

铅垂面上支点 2（即右支点）的轴向反力为

$$F_{A2} = F_{a1} = 657\text{N}$$

铅垂面上截面 B 左侧处的弯矩为

$$M_{BV}^{-} = F_{RV1} \times 71.5 = 484 \times 71.5\text{N} \cdot \text{mm} = 34606\text{N} \cdot \text{mm}$$

铅垂面上截面 B 右侧处的弯矩为

$$M_{BV}^{+} = F_{RV2} \times 71.5 = 756 \times 71.5\text{N} \cdot \text{mm} = 54054\text{N} \cdot \text{mm}$$

3）仅考虑齿轮作用力时作合成弯矩图。如图 15-18d 所示，轴上截面 B 左侧处的合成弯矩为

$$M_{BHV}^{-} = \sqrt{M_{BH}^{2} + M_{BV}^{-2}} = \sqrt{119548^{2} + 34606^{2}}\text{N} \cdot \text{mm} = 124744\text{N} \cdot \text{mm}$$

轴上截面 B 右侧处的合成弯矩为

$$M_{BHV}^{+} = \sqrt{M_{BH}^{2} + M_{BV}^{+2}} = \sqrt{119548^{2} + 54054^{2}}\text{N} \cdot \text{mm} = 131474\text{N} \cdot \text{mm}$$

4）仅考虑带压轴力时作轴的弯矩图。如图 15-18e 所示，此时轴两支点的径向反力为

$$F_{RP1} = \frac{F_{P} \times 88.5}{2 \times 71.5} = \frac{1161 \times 88.5}{2 \times 71.5}\text{N} = 719\text{N}$$

$$F_{RP2} = F_{P} + F_{RP1} = (1161 + 719)\text{N} = 1880\text{N}$$

轴上截面 B 处的弯矩为

$$M_{BP} = F_{RP1} \times 71.5 = 719 \times 71.5\text{N} \cdot \text{mm} = 51409\text{N} \cdot \text{mm}$$

轴上截面 C 处的弯矩为

$$M_{CP} = F_{P} \times 88.5 = 1161 \times 88.5\text{N} \cdot \text{mm} = 102749\text{N} \cdot \text{mm}$$

5）作总弯矩图。按最不利的情况考虑，假设图 15-18c 所示的合成弯矩与图 15-18e 所示带压轴力引起的弯矩共面且同向，将两者直接相加，则得到轴的总弯矩图如图 15-18f 所示。

轴上截面 B 左侧处的总弯矩为

$$M_{B}^{-} = M_{BHV}^{-} + M_{BP} = (124744 + 51409)\text{N} \cdot \text{mm} = 176153\text{N} \cdot \text{mm}$$

轴上截面 B 右侧处的总弯矩为

$$M_{B}^{+} = M_{BHV}^{+} + M_{BP} = (131474 + 51409)\text{N} \cdot \text{mm} = 182883\text{N} \cdot \text{mm}$$

轴上截面 C 处的总弯矩为

$$M_{C} = M_{CP} = 102749\text{N} \cdot \text{mm}$$

（4）作轴的扭矩图　如图 15-18g 所示，$T = 98840N \cdot mm$。

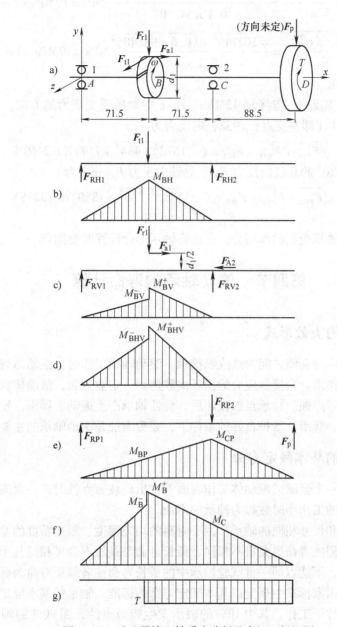

图 15-18　减速器输入轴受力分析及弯矩、扭矩图

（5）校核轴危险截面的强度　从总弯矩图和扭矩图看，齿轮的中截面 B 右侧处的弯矩最大，且有扭矩，应该是一个危险截面。从图 18-16 所示轴系结构图看，轴右边的轴颈中截面 C 处也可能比较危险，因此处直径较小，且弯矩比较大。下边按式（15-3）分别校核轴上 B、C 截面的强度。

按 45 钢由表 14-6 查得 $[\sigma_{-1}] = 60MPa$，取扭剪应力折算系数 $\alpha = 0.6$，分别将轴 B 截面齿根圆直径 $d_{f1} = 54.108mm$、C 截面的直径 $d = 40mm$ 代入式（15-3）有

$$\sigma_{Be} = \frac{\sqrt{M_B^{+2} + (\alpha T)^2}}{W} = \frac{\sqrt{182883^2 + (0.6 \times 98840)^2}}{0.1 \times 54.108^3} \text{MPa} = 12\text{MPa} < [\sigma_{-1}]$$

$$\sigma_{Ce} = \frac{\sqrt{M_C^2 + (\alpha T)^2}}{W} = \frac{\sqrt{102749^2 + (0.6 \times 98840)^2}}{0.1 \times 40^3} \text{MPa} = 19\text{MPa} < [\sigma_{-1}]$$

所以轴的强度满足要求。

（6）计算轴的总支反力　参考图 15-18b、c、e 中轴所受支反力的方向，按照受力最不利的情况考虑，支点 1（即左支点）的总径向反力为

$$F_{R1} = \sqrt{F_{RH1}^2 + F_{RV1}^2} + F_{RP1} = (\sqrt{1672^2 + 484^2} + 719)\text{N} = 2460\text{N}$$

支点 2（即右支点）的总径向反力 F_{R2}、总轴向反力 F_{A2} 分别为

$$F_{R2} = \sqrt{F_{RH2}^2 + F_{RV2}^2} + F_{RP2} = (\sqrt{1672^2 + 756^2} + 1880)\text{N} = 3715\text{N}$$

$$F_{A2} = F_{a1} = 657\text{N}$$

轴的支反力即为轴承受到的作用力，在进行轴承寿命计算时要用到。

第四节　滚动轴承的寿命计算

一、滚动轴承的失效形式

滚动轴承的滚动体与套圈之间为点或线接触。滚动轴承工作时，滚动体与滚道接触表面承受变化的接触应力作用。当接触应力的循环次数达到一定数值后，滚动体或内、外圈滚道工作面上就会出现疲劳点蚀。轴承点蚀破坏后，会使轴承产生振动、噪声，发热增加，旋转精度下降等。在安装、润滑、维护良好的条件下，疲劳点蚀是滚动轴承的主要失效形式。

二、滚动轴承的基本额定寿命

单个轴承，其中一个套圈或滚动体工作表面首次出现疲劳点蚀时，一套圈相对另一套圈的转数或某一转速下的工作小时数称为轴承的寿命。

一批材料、类型和尺寸相同的轴承，由于材料的均匀程度、制造精度的差异，即使在相同的条件下工作，它们的寿命也会极不相同，最长寿命与最短寿命可相差几十倍。

衡量轴承的寿命，不能以同一批试验轴承中的最长寿命或者最短寿命为标准。为了保证轴承工作的可靠性，国家标准中规定以基本额定寿命为标准。轴承的基本额定寿命是指一批相同的轴承在相同条件下工作，其中 10% 的轴承发生疲劳点蚀，而 90% 的轴承不发生疲劳点蚀时的转数，以 L_{10} 表示。轴承的基本额定寿命是一种统计寿命，在机械设计中，轴承的寿命均指基本额定寿命。

三、滚动轴承的基本额定动载荷

轴承的基本额定寿命与所受载荷的大小有关，工作载荷越大，轴承的寿命越短。轴承的基本额定动载荷是指，使轴承基本额定寿命恰好为 10^6r（转）时轴承所能承受的最大载荷，用 C 表示。这个基本额定动载荷，对向心轴承，指的是纯径向载荷，并称为径向基本额定动载荷，常用 C_r 表示；对推力轴承，指的是纯轴向载荷，并称为轴向基本额定动载荷，常

用 C_a 表示；对角接触球轴承或圆锥滚子轴承，指的是使套圈间产生纯径向位移的载荷的径向分量，也用 C_r 表示。

　　轴承的基本额定动载荷值是在大量的试验研究的基础上，通过理论分析而得出来的。不同型号的轴承有不同的基本额定动载荷值，它表征了不同型号轴承的承载特性，需用时可查轴承手册。

四、滚动轴承的当量动载荷

　　如上所述，轴承的额定动载荷 C 是在规定的受载方向下试验得到的，而轴承实际受到的载荷往往与试验载荷方向不同。因此，必须将实际载荷换算为与试验条件相同的载荷后，才能和基本额定动载荷相互比较进行计算。换算后的载荷是一个假想的载荷，称为当量动载荷，用符号 P 表示。在该载荷的作用下，轴承的寿命与实际载荷作用下的寿命相同。

　　滚动轴承当量动载荷 P 的计算公式为

$$P = XF_R + YF_A \tag{15-4}$$

式中　F_R——轴承所受的径向载荷；

　　　F_A——轴承所受的轴向载荷；

X、Y——分别为径向载荷系数和轴向载荷系数，由轴承手册查得。

五、滚动轴承寿命的计算公式

　　大量试验证明，相同型号的滚动轴承在不同载荷 P 的作用下，其与寿命 L 之间的关系如图 15-19 所示。此曲线的公式表示为

$$L = \left(\frac{C}{P}\right)^{\varepsilon} \tag{15-5}$$

式中，L 的单位为 10^6r；ε 为轴承的寿命指数，对于球轴承 $\varepsilon = 3$，对于滚子轴承 $\varepsilon = 10/3$。

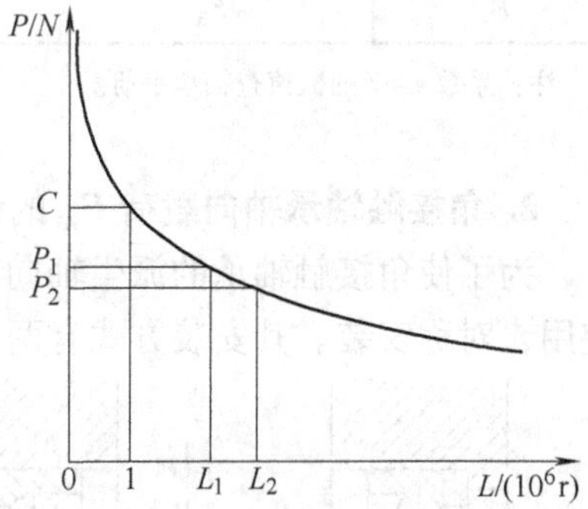

　　设轴承的转速为 n（r/min），则以小时数表示的轴承寿命 L_h 为

$$L_h = \frac{10^6}{60n}\left(\frac{C}{P}\right)^{\varepsilon} \tag{15-6}$$

图 15-19　轴承寿命曲线

　　当轴承在高温下工作时，会使轴承表面软化而降低轴承承载能力，故引入温度修正系数 f_t 对 C 予以修正，f_t 可查表 15-7。当工作中存在冲击和振动时，将使轴承实际载荷加大，因此又引入载荷修正系数 f_P 对 P 加以修正，f_P 可查表 15-8。

表 15-7　温度系数 f_t

工作温度/℃	≤120	125	150	175	200	225	250	300	350
f_t	1	0.95	0.90	0.85	0.80	0.75	0.70	0.60	0.5

表 15-8　载荷系数 f_P

载荷性质	无冲击或轻微冲击	中等冲击	强烈冲击
f_P	1.0 ~ 1.2	1.2 ~ 1.8	1.8 ~ 3.0

作了上述修正后，轴承寿命计算公式可写为

$$L_{\mathrm{h}} = \frac{10^6}{60n}\left(\frac{f_{\mathrm{t}}C}{f_{\mathrm{p}}P}\right)^{\varepsilon} \tag{15-7}$$

若载荷 P 和转速 n 已知，并取轴承预期寿命为 L'_{h}，则所选轴承应具有的基本额定动载荷 C 可由式（15-7）求出

$$C \geqslant \frac{f_{\mathrm{p}}P}{f_{\mathrm{t}}}\left(\frac{60nL'_{\mathrm{h}}}{10^6}\right)^{\frac{1}{\varepsilon}} \tag{15-8}$$

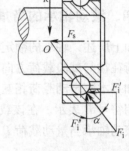

六、角接触轴承轴向载荷 F_{A} 的计算

1. 角接触轴承的派生轴向力 F_{s}

角接触球轴承和圆锥滚子轴承的滚动体与滚道接触处存在着接触角 α，故称为角接触轴承。如图 15-20 所示，这种轴承受到径向载荷 F_{R} 作用时，作用在承载区内第 i 个滚动体上的法向力 F_{i} 可分解为径向分力 F''_{i} 和轴向分力 F'_{i}。各滚动体上所受轴向分力的总和即为轴承的派生轴向力 F_{s}。F_{s} 可按表 15-9 中的公式计算。

图 15-20　角接触轴承的派生轴向力

表 15-9　角接触轴承的派生轴向力 F_{s}

轴承类型	角接触球轴承			圆锥滚子轴承
	$\alpha = 15°$	$\alpha = 25°$	$\alpha = 40°$	
F_{s}	eF_{R}	$0.68F_{\mathrm{R}}$	$1.14F_{\mathrm{R}}$	$F_{\mathrm{R}}/2Y$

注：系数 e、Y 的数值查轴承手册。

2. 角接触轴承轴向载荷 F_{A} 的计算

为了使角接触轴承的派生轴向力 F_{s} 得到平衡，以免轴向窜动，通常这种轴承都要成对使用，对称安装。其安装方式有两种：图 15-21a 所示为两外圈薄端相对，称为正装；图 15-

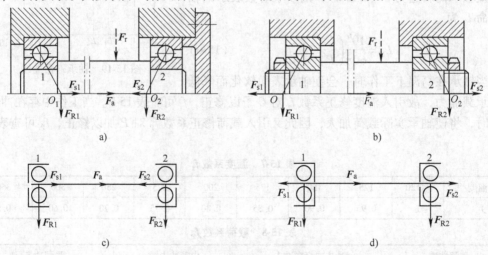

图 15-21　角接触轴承的安装
a）、c）正装　b）、d）反装

21b 所示为两外圈厚端相对，称为反装。图 15-21 中 F_a 为轴向外载荷。计算角接触轴承的轴向载荷 F_A 时，还需将由径向载荷产生的派生轴向力 F_s 考虑进去。图 15-21 中 O_1、O_2 分别为轴承 1 和轴承 2 的压力中心，即支反力的作用点。但为了计算简单，通常可认为支反力作用在轴承宽度的中点上，图 15-21c、d 所示为受力简图。

如图 15-21 所示，F_{s1}、F_{s2} 分别为轴承 1 和轴承 2 的派生轴向力。以图 15-21a、c 正装为例分析计算轴承所受的轴向载荷。为确定各轴承所受轴向载荷，把轴和内圈视为一体，并以它为分离体来考虑轴系的轴向平衡。其受力分析如下：

1）若 $F_a + F_{s1} > F_{s2}$，则轴有向右移动的趋势，轴承 2 被压紧，由力的平衡条件得轴承 2（压紧端）承受的轴向载荷 $F_{A2} = F_a + F_{s1}$，此时轴承 1（放松端）承受的轴向载荷仅为其本身的派生轴向力，即 $F_{A1} = F_{s1}$。

2）若 $F_a + F_{s1} < F_{s2}$，则轴有向左移动的趋势，轴承 1 被压紧，由力的平衡条件得轴承 1（压紧端）承受的轴向载荷为 $F_{A1} = F_{s2} - F_a$，此时轴承 2（放松端）所受的轴向载荷仅为其本身的派生轴向力，即 $F_{A2} = F_{s2}$。

由上述分析可将角接触轴承轴向载荷的计算方法归纳如下：

1）分析轴上全部轴向力（包括外载荷和派生轴向力）的合力指向，判断压紧端和放松端轴承。

2）"压紧端"轴承的轴向力等于除本身的派生轴向力外其余轴向力的代数和。

3）"放松端"轴承的轴向力等于它本身的派生轴向力。

七、滚动轴承的静强度计算

对于低速转动、缓慢摆动或不转动的滚动轴承，其主要失效形式为轴承元件接触面上过大的塑性变形。标准规定，使受载最大的滚动体与滚道接触中心处引起的接触应力达到一定值的载荷作为轴承的基本额定静载荷，用 C_0 表示。只有轴承受到的载荷不超过 C_0，就不会影响其正常工作。按静载荷选择和验算轴承的公式为

$$C_0 \geqslant S_0 P_0 \tag{15-9}$$

式中　S_0——轴承的静强度安全系数，其值可查机械设计手册；

P_0——轴承的当量静载荷，其计算公式与当量动载荷 P 类似，具体可查轴承手册。

【案例分析（续）】

问题回顾　试校核图 15-16 所示减速器输入轴轴承的寿命。已知：两支点的轴承为深沟球轴承 6308，支点 1（即左轴承）受到的径向力为 $F_{R1} = 2460\text{N}$，支点 2（即右轴承）受到的径向力为 $F_{R2} = 3715\text{N}$，轴所受轴向外载荷为 $F_a = 657\text{N}$；输入轴转速 $n = 343\text{r/min}$；两班制工作，载荷较平稳，环境温度 35℃，使用期限 10 年，4 年一次大修。若将深沟球轴承 6308 改换成角接触球轴承 7308AC，且正装，重新校核轴承寿命。

解　（1）按深沟球轴承计算

1）计算轴承 1、2 的轴向载荷。参考图 15-18 作出轴的轴向力受力图，如图 15-22a 所示。由于深沟球轴承的公称接触角 $\alpha = 0$，故其承受径向载荷时不产生派生轴向力。此时，两轴承的轴向载荷分别为

$$F_{A1} = 0, F_{A2} = F_a = 657\text{N}$$

2）计算轴承 1、2 的当量动载荷。根据深沟球轴承 6308 查轴承手册，得到轴承的径向基本额定静载荷 $C_{0r} = 24000\text{N}$，径向基本额定动载荷 $C_r = 40800\text{N}$。因轴承 1 只承受径向载荷，故其当量动载荷为

$$P_1 = F_{R1} = 2460\text{N}$$

按手册中的公式作计算 $F_{A2}/C_{0r} = 657/24000 = 0.027$，查得判别系数 $e = 0.22$。而

$$\frac{F_{A2}}{F_{R2}} = \frac{657}{3715} = 0.177 < e$$

故　　　　　　　　　　　　　　　$$P_2 = F_{R2} = 3715\text{N}$$

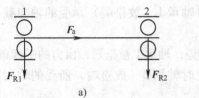 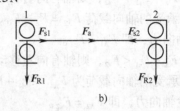

a)　　　　　　　　　　　　　　　　　　b)

图 15-22　减速器输入轴轴承的轴向载荷计算

a）深沟球轴承　b）角接触球轴承（正装）

3）计算轴承 1、2 的寿命。按式（15-7）计算轴承寿命。因两轴承相同，但 $P_2 > P_1$，故以 P_2 为计算依据。因工作温度正常，查表 15-8 得 $f_t = 1$；又因工作载荷较平稳，查表 15-9 得 $f_P = 1.2$；球轴承，取 $\varepsilon = 3$。所以有

$$L_{h2} = \frac{10^6}{60n}\left(\frac{f_t C}{f_P P_2}\right)^{\varepsilon} = \frac{10^6}{60 \times 343}\left(\frac{40800}{1.2 \times 3715}\right)^3 \text{h} = 37249\text{h}$$

按每天两班制工作，每年按 300 天计算，则 L_{h2} 折算为以年为单位时为

$$L_{y2} = \frac{L_{h2}}{2 \times 8 \times 300} = \frac{37249}{2 \times 8 \times 300}\text{年} = 7.76\text{年}$$

已知该输送机的使用期限为 10 年，四年一次大修。轴承属易损件，其寿命已超过了大修期，故满足使用要求。

（2）按角接触球轴承计算

1）计算轴承 1、2 的轴向载荷。此时轴的轴向力受力图如图 15-22b 所示。因 7308AC 轴承的接触角 $\alpha = 25°$，故由表 15-10 查得其派生轴向力计算公式为 $F_s = 0.68 F_R$。则有

$$F_{s1} = 0.68 F_{R1} = 0.68 \times 2460\text{N} = 1673\text{N}$$

$$F_{s2} = 0.68 F_{R2} = 0.68 \times 3715\text{N} = 2526\text{N}$$

因　　　　　　　　$$F_{s1} + F_a = (1673 + 657)\text{N} = 2330\text{N} < F_{s2}$$

故轴有向左移动的趋势，轴承 1 为压紧端，轴承 2 为放松端，则有

$$F_{A1} = F_{s2} - F_a = (2526 - 657)\text{N} = 1869\text{N}$$

$$F_{A2} = F_{s2} = 2526\text{N}$$

2）计算轴承 1、2 的当量动载荷。按轴承手册中的公式作计算

$$\frac{F_{A1}}{F_{R1}} = \frac{1869}{2460} = 0.76 > 0.68$$

$$P_1 = 0.41 F_{R1} + 0.87 F_{A1} = (0.41 \times 2460 + 0.87 \times 1869)\text{N} = 2635\text{N}$$

$$\frac{F_{A2}}{F_{R2}} = \frac{2526}{3715} = 0.68$$

$$P_2 = F_{R2} = 3715N$$

3）计算轴承 1、2 的寿命。根据角接触球轴承 7308AC 查轴承手册，得到轴承的径向基本额定动载荷 $C_r = 38500kN$。仍取 $f_t = 1$；$f_P = 1.2$；$\varepsilon = 3$。则

$$L_{h2} = \frac{10^6}{60n}\left(\frac{f_t C}{f_P P_2}\right)^{\varepsilon} = \frac{10^6}{60 \times 343}\left(\frac{38500}{1.2 \times 3715}\right)^3 h = 31298h$$

$$L_{y2} = \frac{L_{h2}}{2 \times 8 \times 300} = \frac{31298}{2 \times 8 \times 300}年 = 6.52 \, 年$$

轴承寿命也满足使用要求。

实训与练习

15-1　减速器装拆实验

在实验室分组装拆各种减速器，认识轴的组成及各零件的功用，分析轴的支承方式，轴系零件的固定、装拆、调整、润滑及密封方法。

15-2　带式输送机传动装置设计（续）

沿用第六章实训与练习 6-3 中的传动方案及设计数据，参照本章设计案例，完成其中减速器低速轴（或高速轴或中间轴）轴系结构设计，校核该轴系中轴、轴承和键的强度。要求提交设计报告，并绘制所设计轴系结构草图。建议设计步骤如下：

1）拟定轴系结构的初步方案，绘出装配草图。

2）在实验室利用轴系结构实验箱提供的零件，组装、验证、修改所拟初步方案。

3）进行轴的结构尺寸设计。

4）校核轴、轴承和键的强度，并对设计作出相应修改。

15-3　轴系结构改错

图 15-23 所示为一斜齿轮轴系结构装配图。若齿轮用稀油润滑，轴承用脂润滑。试从轴系零件的固定、装拆、调整、润滑、密封、工艺性、热膨胀补偿等方面，指出其中存在的错误和不合理之处，并说明原因。

**15-4　**一农用水泵，轴颈 $d = 35mm$，转速 $n = 2900r/min$，轴承的径向载荷 $F_R = 1810N$，轴向载荷 $F_A = 740N$，要求轴承寿命 $L'_h = 6000h$。拟选用深沟球轴承，试选择轴承型号。

**15-5　**已知图 15-24 所示蜗轮上作用的圆周力 $F_{t2} = 7950N$，径向力 $F_{t2} = 2950N$，轴向力 $F_{a2} = 1220N$，蜗轮的分度圆直径 $d_2 = 360mm$，蜗轮转速 $n = 54rpm$，跨距 $L = 320mm$，要求轴承预期寿命 $L'_h = 24000h$。根据轴的尺寸，初步选用两个 30207 轴承，试校核该轴承的寿命。

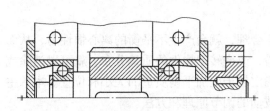

图 15-23　斜齿轮轴系结构装配图

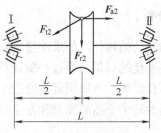

图 15-24　蜗轮轴受力简图

第六篇　机械的平衡与调速

【教学目标】

1) 了解刚性转子不平衡的原因及平衡方法。
2) 了解机械速度波动的原因及调节方法。
3) 能够对简单的转子进行静、动平衡计算。

第十六章　机械的平衡与调速

【案例导入】

如图 16-1 所示，高速水泵凸轮轴由三个互相错开 120°的偏心轮组成。每个偏心轮质量为 0.4kg，其偏心距为 15mm。试问：该凸轮轴在静态（重力作用下）是否平衡？该凸轮轴在动态（离心惯性力作用下）是否平衡？若该凸轮轴不平衡，设所加平衡质量的偏心距为 10mm，试确定在 T'、T'' 面应增加的平衡质量的大小和方位。

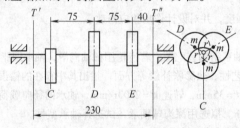

图 16-1　凸轮轴

【初步分析】

定轴转动的构件，如果质量相对转轴分布不合理，就会产生不平衡的离心惯性力，从而引起一些不良的后果。通过平衡计算和平衡试验，改变转动构件的质量分布，就可以消除或减轻其不良影响。本案例旨在通过平衡计算来确定转子应加平衡质量的大小和位置。本章主要介绍刚性转子平衡的原理和方法、机械速度波动的调节原理和方法。

第一节　刚性转子的平衡

在机械中绕定轴转动的构件常称为转子。其中，工作转速较低，刚性较大，离心惯性力引起的挠曲变形可忽略不计的转子，称为刚性转子；否则，称为挠性转子。本节主要讨论刚性转子（以下简称转子）的平衡问题。

一、转子不平衡的原因

如图 16-2 所示，若转子以角速度 ω（rad/s）等速回转，其上矢径为 r_i（m）、质量为 m_i（kg）的质点所产生的离心惯性力为 $F_i = m_i\omega^2 r_i$（N），各质点产生的离心惯性力构成一空间力系。将该力系向转轴上一点进行简化，若其惯性主矢和惯性主矩同时为零，则离心惯性力系平衡；否则，离心惯性力系不平衡。所谓转子的平衡，就是专指其离心惯性力系自身的平衡。

由理论力学知道，任何一个结构形状和质量分布确定的转子，必定至少存在这样一个轴线，转子绕此轴线转动时其离心惯性力系平衡，该轴线称为中心惯性主轴。常见的匀质几何回转体，如圆柱体、圆锥体、球体等的中心惯性主轴就是它们的几何轴线。

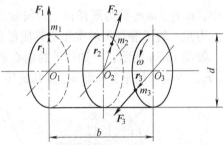

图 16-2　离心惯性力系

机械中的转子，由于结构上的不对称、材质的不均匀、制造和装配中的偏差以及工作中的磨损和变形等，都会导致其中心惯性主轴和实际转轴不重合，使转子在回转时产生离心惯性力和离心惯性力偶矩而不平衡。

转子产生的离心惯性力和离心惯性力偶矩，会在运动副中产生附加动载荷，增大运动副中的摩擦，降低机械效率及使用寿命，引起机械振动（甚至共振）和噪声。除了某些需要利用振动来进行工作的机器之外，如打夯机、按摩机、振实机等，一般的转子、特别是高速及精密转子都必须将这类离心惯性力和惯性力偶矩予以平衡，以消除或减轻它所引起的不良后果。

对于转子的平衡，首先在设计阶段就应根据转子的结构及质量分布的实际情况进行平衡计算，使转子在理论上达到平衡。至于因材质不均匀和制造、装配偏差等原因引起的不平衡，只能在转子制造出来后，采取试验的方法加以平衡。转子平衡的基本方法，是通过增加或减少一部分质量来改变转子的质量分布，使其中心惯性主轴和实际转轴相重合，从而达到平衡。所以，转子平衡计算和平衡试验的目的在于确定所需平衡质量的大小和位置。

二、转子的静平衡

设转子的轴向尺寸为 b，直径为 d（见图 16-2）。对于轴向尺寸较小的转子（$b/d < 0.2$），如齿轮、带轮、盘形凸轮、砂轮等，其质量可近似地看作分布在同一回转平面内。此时，各质点所产生的离心惯性力组成一平面汇交力系。该力系简化后仅有惯性主矢，若其不为零，则转子不平衡。

由转子的离心惯性力公式（$F = m\omega^2 r$）可知，这类转子的不平衡是其质心不在转轴上造成的（即 $r \neq 0$）。所以，只要使转子在静态（重力作用下）达到平衡，其动态（离心惯性力作用下）必然平衡。这类平衡称为转子的静平衡。

1. 静平衡计算

因转子的静平衡属于平面汇交力系的平衡，故转子的静平衡条件是：平衡质量和原有各偏心质量所产生的离心惯性力的矢量和等于零，即

$$F_b + \sum F_i = 0 \tag{16-1}$$

式中，F_b 和 $\sum F_i$ 分别为平衡质量的离心惯性力和原有各偏心质量的离心惯性力的合力。设平衡质量 m_b 的矢径为 r_b，第 i 个偏心质量 m_i 的矢径为 r_i，则有

$$m_b \omega^2 r_b + \sum m_i \omega^2 r_i = 0$$

消去共同因子 ω^2 后

$$m_b r_b + \sum m_i r_i = 0 \tag{16-2}$$

式中，$m_b r_b$、$m_i r_i$ 称为质径积，为矢量，表示各质量所产生的离心惯性力的相对大小和方向。可见，转子静平衡的实质是其质径积的平衡。

如图 16-3a 所示，已知转子的偏心质量 m_1、m_2、m_3 分布在同一回转面内，其矢径为 r_1、r_2、r_3，求应加的平衡质量 m_b 及其矢径 r_b。

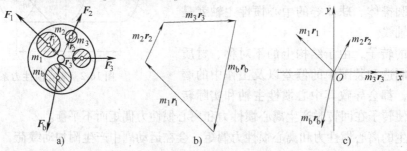

图 16-3 静平衡计算

由式（16-2）得

$$m_b r_b + m_1 r_1 + m_2 r_2 + m_3 r_3 = 0$$

式中，只有 $m_b r_b$ 为未知，故可用作图法或解析法求解。图 16-3b 为按矢量加法所作的质径积矢量多边形。求出 $m_b r_b$ 后，根据转子结构特点选定 r_b 的大小，即可确定平衡质量 m_b。平衡质量的安装方向即为矢量图上 $m_b r_b$ 所指的方向。

图 16-2c 为解析法求解图，将各质径积向坐标轴投影，其平衡方程为

$$\left. \begin{array}{l} (m_b r_b)_x + \sum (m_i r_i)_x = 0 \\ (m_b r_b)_y + \sum (m_i r_i)_y = 0 \end{array} \right\} \tag{16-3}$$

从上式中求出 $(m_b r_b)_x$ 和 $(m_b r_b)_y$，并选定 r_b 后，即可求出平衡质量 m_b 的大小及其安装的方位角 α_b

$$\left. \begin{array}{l} m_b = \dfrac{\sqrt{(m_b r_b)_x^2 + (m_b r_b)_y^2}}{r_b} \\[3mm] \alpha_b = \arctan\left(\dfrac{(m_b r_b)_y}{(m_b r_b)_x} \right) \end{array} \right\} \tag{16-4}$$

在静平衡中，为了减小所加平衡质量，在结构允许的情况下，应尽量选择较大的 r_b。如果结构允许，也可在平衡质径积 $m_b r_b$ 的反方向 r_b 处减少相应的质量 m_b。

由以上分析可知，一个静不平衡的转子，无论其含有多少个偏心质量，都只需要在同一个平面内增加或减少一个适当的平衡质量，即可获得平衡。故静平衡又称为单面平衡。

2. 静平衡试验

图16-4所示是静平衡试验的示意图。试验时，先将转子的轴放置在两水平平行导轨上。如果转子存在偏心质量，且其质心 S 不在最低位置时，则由于重力对转轴的力矩作用，转子将在导轨上滚动。待其静止时，便可判定其质心必位于轴心的正下方位置处，此时可在轴心的正上方加装一平衡质量。然后再重复上述试验，继续调整平衡质量的

图16-4　静平衡试验

大小和偏心距，直到转子能在任何位置都能保持静止为止，即说明此时转子质心已落在回转轴线上，转子达到静平衡。

三、转子的动平衡

对于轴向尺寸较大的转子（ $b/d \geqslant 0.2$ ），如多缸发动机曲轴、电动机转子、汽轮机转子、机床主轴等，其质量分布在不同的平行回转平面内。此时，各质点所产生的离心惯性力组成一空间力系。该力系简化的结果一般为一惯性主矢和一惯性主矩，若其不同时为零，转子则不平衡。图16-5所示的转子，其两偏心质量位于同一轴平面内，呈中心对称分布，质心 C 位于转轴上，故静平衡；但因两偏心质量产生的离心惯性力形成一力偶，故动不平衡。

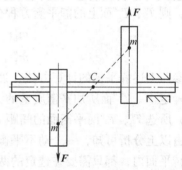

图16-5　静平衡但动不平衡的转子

由于这类转子只有在动态下平衡才能达到真正的平衡，故把这类平衡称为转子的动平衡。

1. 动平衡计算

因转子的动平衡属于空间力系的平衡，故转子的动平衡条件是：平衡质量和原各偏心质量所产生的离心惯性力的矢量和以及这些惯性力所构成的惯性力偶矩的矢量和都等于零，即

$$\left.\begin{array}{l} \boldsymbol{F}_{\mathrm{b}} + \sum \boldsymbol{F}_i = 0 \\ \boldsymbol{M}_{\mathrm{b}} + \sum \boldsymbol{M}_i = 0 \end{array}\right\} \qquad (16\text{-}5)$$

由于动不平衡的转子一般既存在离心惯性力，又存在离心惯性力偶，所以只有在两个及以上的回转面内同时增加或减少质量，才能产生平衡离心惯性力和力偶，从而使转子达到动平衡。动平衡既可以按一般空间力系的平衡方程进行计算，也可以将动平衡问题转化为静平衡问题，再按静平衡的计算方法进行计算。下面主要介绍后一种方法。

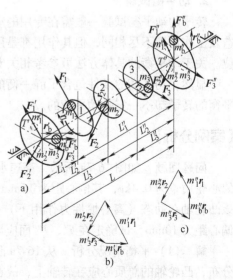

图16-6　动平衡计算

如图 16-6a 所示，转子的偏心质量 m_1、m_2、m_3 依次分布在 1、2、3 三个回转面内，其矢径各为 r_1、r_2、r_3，其产生的离心惯性力 F_1、F_2、F_3 组成一空间力系。今选定两个平行的回转面 T'、T'' 作为平衡面。若保持各矢径不变，将上述三个离心惯性力（或质径积）按力的平行分解原理向 T'、T'' 面上进行分解，简化后得到各偏心质量的分量 m_1'、m_2'、m_3'（T' 面上）和 m_1''、m_2''、m_3''（T'' 面上）。它们的大小分别为

$$m_1' = \frac{L_1''}{L}m_1, \quad m_1'' = \frac{L_1'}{L}m_1$$

$$m_2' = \frac{L_2''}{L}m_2, \quad m_1'' = \frac{L_2'}{L}m_2$$

$$m_3' = \frac{L_3''}{L}m_3, \quad m_3'' = \frac{L_3'}{L}m_3$$

此时，所得到的 T' 面上的平面汇交力系（F_1'、F_2'、F_3'）和 T'' 面上的平面汇交力系（F_1''、F_2''、F_3''）与原空间力系（F_1、F_2、F_3）等效。这样就把一个动平衡问题转化为了两个静平衡问题。

设在 T' 面上所加平衡质量为 m_b'，其矢径为 r_b'；在 T'' 面上所加平衡质量为 m_b''，其矢径为 r_b''，则 T'、T'' 面上的静平衡方程分别为

$$\left. \begin{array}{l} m_b'r_b + m_1'r_1 + m_2'r_2 + m_3'r_3 = 0 \\ m_b''r_b + m_1''r_1 + m_2''r_2 + m_3''r_3 = 0 \end{array} \right\}$$

参照上述静平衡的计算方法，通过作质径积矢量多边形（见图 16-6b、c）或用解析法就可确定 T'、T'' 面所加平衡质量的大小和方位。为了减小所加平衡质量，在结构允许的情况下，所选 T'、T'' 两平衡面的间距 L 和平衡矢径 r_b 应大一些。

由以上分析可知，一个动不平衡的转子，无论其含有多少个偏心质量，以及分布于多少个回转平面内，都只需要在选定的两个回转面内分别各加上或减少一个适当的平衡质量，即可得到平衡。故动平衡又称为双面平衡。

2. 动平衡试验

转子的动平衡试验一般需在专用的动平衡机上进行。动平衡机有各种不同的形式，其构造及工作原理不尽相同，但其作用都是用来确定加于两个平衡平面上的平衡质量的大小及方位。关于动平衡的具体方法可参考相关专业资料。

显然，动平衡的条件包含了静平衡的条件，故动平衡的转子也一定是静平衡的；但是静平衡的转子却不一定是动平衡的。

【案例分析】

问题回顾 如图 16-7a 所示，高速水泵凸轮轴由三个互相错开 120° 的偏心轮组成。每个偏心轮质量为 0.4kg，其偏心距为 15mm。试问：该凸轮轴在静态（重力作用下）是否平衡？该凸轮轴在动态（离心惯性力作用下）是否平衡？若该凸轮轴不平衡，设所加平衡质量的偏心距为 10mm，试确定在 T'、T'' 面应增加的平衡质量的大小和方位。

解 （1）平衡情况分析 从 16-7a 凸轮轴的左视图可以看出，三个偏心轮相对转轴均匀分布，凸轮轴的总质心应在转轴上，故在重力作用下它是平衡的。当该轴转动时，三个偏心轮各自产生一个离心惯性力，它们的大小相等，分别作用在 C、D、E 三个平面内，组成一

空间力系。若将该力系向 D 回转面轴心简化，显然，惯性主矢为零，惯性主矩不为零。所以，该凸轮轴动态将不平衡，需要进行动平衡计算和试验。

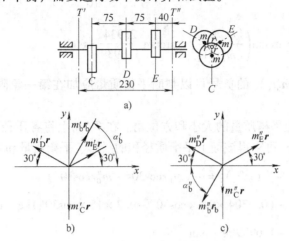

图 16-7　凸轮轴的动平衡计算

（2）动平衡计算

1）偏心质量分解。设 C、D、E 三个偏心轮的质量分别为 m_C、m_D、m_E，根据题意 $m_C = m_D = m_E = m = 0.4\text{kg}$。将该三个偏心质量按力的平行分解原理分解到两个平衡平面 T'、T'' 上去，在 T' 面上得到 m_C'、m_D'、m_E'（见图 16-7b），在 T'' 面上得到 m_C''、m_D''、m_E''（见图 16-7c）。其大小分别为

$$m_C' = m_E'' = \frac{190}{230}m = \frac{190}{230} \times 0.4\text{kg} = 0.3304\text{kg}$$

$$m_C'' = m_E' = \frac{40}{230}m = \frac{40}{230} \times 0.4\text{kg} = 0.0696\text{kg}$$

$$m_D' = m_D'' = \frac{115}{230}m = \frac{115}{230} \times 0.4\text{kg} = 0.2\text{kg}$$

2）求平衡面 T' 上平衡质量的大小和方位角。设偏心轮的偏心距 $r = 15\text{mm}$，平衡质量的偏心距 $r_b = 10\text{mm}$。在 T' 面上将各质径积向坐标轴投影，按式（16-3）、式（16-4）可求得该面上平衡质径积的投影、平衡质量和方位角的大小分别为

$$(m_b' r_b)_x = -\sum (m_i' r_i)_x = -(m_E' r\cos30° - m_D' r\cos30°)$$

$$= -(0.0696 \times 15 \times \cos30° - 0.2 \times 15 \times \cos30°)\text{kg} \cdot \text{mm}$$

$$= 1.6939\text{kg} \cdot \text{mm}$$

$$(m_b' r_b)_y = -\sum (m_i' r_i)_y = -(m_E' r\sin30° + m_D' r\sin30° - m_C' r)$$

$$= -(0.0696 \times 15 \times \sin30° + 0.2 \times 15 \times \sin30° - 0.3304 \times 15)\text{kg} \cdot \text{mm}$$

$$= 2.934\text{kg} \cdot \text{mm}$$

$$m_b' = \frac{\sqrt{(m_b'r_b)_x^2 + (m_b'r_b)_y^2}}{r_b} = \frac{\sqrt{1.6939^2 + 2.934^2}}{10}\text{kg} = 0.3388\text{kg}$$

$$\alpha_b' = \arctan\left(\frac{(m_b'r_b)_y}{(m_b'r_b)_x}\right) = \arctan\frac{2.934}{1.6939} = 60°$$

根据 $(m_b'r_b)_x$、$(m_b'r_b)_y$ 的负号可以判断平衡质量应加在第一象限，具体方位如图 16-7b 所示。

3）求平衡面 T'' 上平衡质量的大小和方位角。在 T'' 面上将各质径积向坐标轴投影，按式（16-3）、式（16-4）可求得该面上平衡质径积的投影、平衡质量和方位角的大小分别为

$$(m_b''r_b)_x = -\sum(m_i''r_i)_x = -(m_E''r\cos30° - m_D''r\cos30°)$$

$$= -(0.3304 \times 15 \times \cos30° - 0.2 \times 15 \times \cos30°)\text{kg} \cdot \text{mm}$$

$$= -1.6939\text{kg} \cdot \text{mm}$$

$$(m_b''r_b)_y = -\sum(m_i''r_i)_y = -(m_E''r\sin30° + m_D''r\sin30° - m_C''r)$$

$$= -(0.3304 \times 15 \times \sin30° + 0.2 \times 15 \times \sin30° - 0.0696 \times 15)\text{kg} \cdot \text{mm}$$

$$= -2.934\text{kg} \cdot \text{mm}$$

$$m_b'' = \frac{\sqrt{(m_b''r_b)_x^2 + (m_b''r_b)_y^2}}{r_b} = \frac{\sqrt{(-1.6939)^2 + (-2.934)^2}}{10}\text{kg} = 0.3388\text{kg}$$

$$\alpha_b'' = \arctan\left(\frac{(m_b''r_b)_y}{(m_b''r_b)_x}\right) = \arctan\frac{-2.934}{-1.6939} = 60°$$

根据 $(m_b''r_b)_x$、$(m_b''r_b)_y$ 的负号可以判断平衡质量应加在第三象限，具体方位如图 16-7c 所示。

比较 T'、T'' 两平衡面上所加平衡质量的大小和方位，不难发现，两平衡质量产生的两个离心惯性力平行、反向、等值，在空间形成一力偶。这说明原离心惯性力系简化的结果为一惯性力偶矩，从而印证了前面的判断。

第二节　机械的速度波动及其调节

一、机械速度波动的原因

机械是在驱动力和阻抗力的作用下运转的。少数机械（如水泵、风机等）的驱动力和阻抗力近似不变，多数机械的驱动力和阻抗力都是变化的。由动能定理（$\Delta W = \Delta E$）可知，若驱动功时时等于阻抗功，机械的动能保持不变，机械作等速运转。反之，当驱动功大于阻抗功时，机械出现盈功，其动能增加，速度就会上升；当驱动功小于阻抗功时，机械出现亏功，其动能减少，速度就会下降；若机械交替出现盈功和亏功，其速度就会发生波动。所以，机械的驱动力和阻抗力的变化不相适应是引起其速度波动的根本原因。

机械运转的速度波动会导致在运动副中产生附加动压力，并引起机械振动，降低机械的寿命，影响机械效率和工作质量。因此，除了改善原动机和工作机的动力特性之外，必须对机械运转的速度波动进行调节，将它限制在许可范围之内。

二、周期性速度波动的调节

机械的运转可等效为其主轴的运转。如果主轴受到的等效合外力矩随其转角周期性变化时，主轴的角速度就会发生周期性的波动（见图16-8）。

1. 平均角速度和速度不均匀系数

工程上一般都以主轴的最大角速度 ω_{max} 和最小角速度 ω_{min} 的算术平均值作为机械的平均角速度 ω_m，即

$$\omega_m = \frac{\omega_{max} + \omega_{min}}{2} \tag{16-6}$$

机械速度波动的程度常采用速度不均匀系数 δ 来表示，定义式为

$$\delta = \frac{\omega_{max} - \omega_{min}}{\omega_m} \tag{16-7}$$

2. 转动构件的动能

如图16-9所示，构件绕定轴 O 转动，某瞬时的角速度为 ω。构件上任一质点的质量为 m_i，其距转轴的距离为 r_i，则该点的速度为 $v_i = \omega r_i$。故构件在该瞬时的动能 E 为

$$E = \sum \frac{1}{2} m_i v_i^2 = \sum \frac{1}{2} m_i \omega^2 r_i^2 = \frac{1}{2} \left(\sum m_i r_i^2 \right) \omega^2 = \frac{1}{2} J \omega^2 \tag{16-8}$$

式中，$J = \sum m_i r_i^2$，称为构件的转动惯量（$kg \cdot m^2$），它是构件转动惯性的量度。显然，质量越大，且距转轴分布越远，则其转动惯量就越大。

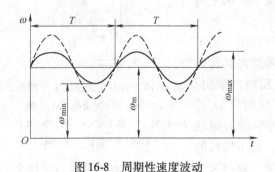

图16-8　周期性速度波动　　　　　　　　图16-9　转动构件的动能

3. 飞轮调速的原理

对于机械运转的周期性速度波动，可通过在主轴上安装一个具有很大转动惯量的回转构件，即飞轮来调节。

设主轴原来具有的等效转动惯量为 J，飞轮的转动惯量为 J_F。由图16-8可见，在最小速度和最大速度之间将出现最大盈亏功 ΔW_{max}，即驱动功与阻抗功之差最大，由动能定理有

$$\Delta W_{max} = \frac{1}{2} (J + J_F)(\omega_{max}^2 - \omega_{min}^2) = (J + J_F) \omega_m^2 \delta$$

或
$$\delta = \frac{\Delta W_{max}}{(J + J_F)\omega_m^2} \qquad (16\text{-}9)$$

上式说明在其他条件不变的情况下，飞轮的转动惯量 J_F 越大，速度不均匀系数 δ 将越小，机械运转越平稳。如图 16-8 所示，虚线是安装飞轮前的速度波动图，实线是安装飞轮后的速度波动图。

飞轮之所以能起调速作用，关键是它具有很大的转动惯量。这样，当机械出现盈亏功时，飞轮的角速度变化就很小。飞轮本质上是一个储能器，当机械出现盈功时，它吸收能量，速度升高；当机械出现亏功时，它又释放能量，速度下降。一些机械（如锻压机械）在一个工作周期中，工作时间很短，而峰值载荷很大，安装飞轮后，除调速外，利用其在非工作时间所储存的能量来帮助克服其尖峰载荷，还可以选用较小功率的原动机，从而减小了投资和能耗。

三、非周期性速度波动的调节

机械在运转中，如果主轴受到的等效合外力矩非周期性变化，则主轴的角速度就会发生非周期性的波动。若长时间内等效合外力矩持续增加，主轴将越转越快，甚至出现"飞车"现象，从而使机械遭到破坏；反之，合外力矩持续减小，主轴又会越转越慢，最后将停止不动。

关于机械非周期性速度波动的调节，对于选用电动机为原动机的机械，其本身就具有自调性。这是因为当机械的阻抗力矩增大而使电动机降速时，其驱动力矩会自动增大，以与阻抗力矩相适应；反之当机械的阻抗力矩减小而使电动机升速时，其驱动力矩又会自动减小，从而使驱动力矩和阻抗力矩达到新的平衡。

但是，若机械的原动机为蒸汽机、汽轮机或内燃机时，就必须用调速器来调节。调速器的种类很多，现举一例来简要地说明其工作原理。

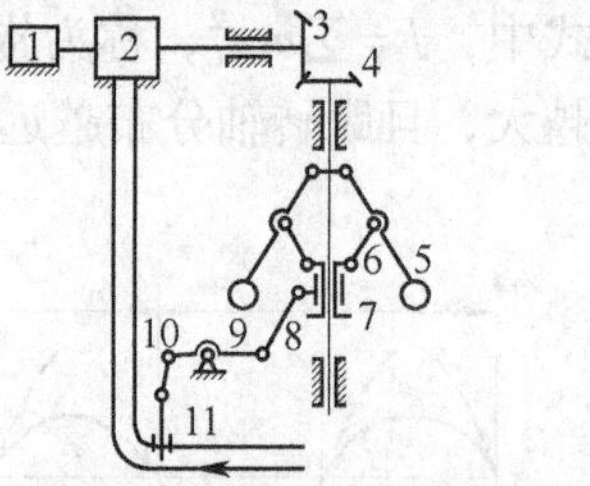

图 16-10 所示为一离心式调速器的工作原理简图。当工作机 1 上的负载减小时，发动机 2 的主轴 3 及调速器的转轴 4 的转速上升，这时离心球 5 将因离心力增大而向外摆出，通过连杆 6、套筒 7、连杆 8、摇杆 9、连杆 10 使阀门 11 关小，输送给发动机的油量减小，因此发动机的驱动力矩减小，转速下降，机械重新归于稳定运转；反之，当工作机的

图 16-10 离心式调速器工作原理
1—工作机 2—发动机 3—主轴
4—转轴 5—离心球 6、8、10—连杆
7—套筒 9—摇杆 11—阀门

负载增大时，发动机主轴转速下降，离心球摆回，阀门开大，供油量增加，驱动力矩加大，发动机转速上升，机械又恢复新的稳定运转。

实训与练习

16-1 转子的静平衡和动平衡实验

在静平衡架和动平衡机上，分别进行静平衡和动平衡实验，观察不平衡现象，认识不平衡的危害，理解静平衡和动平衡的原理。

16-2 如图 16-11 所示，转子的同一回转平面内存在四个偏心质点。已知 $m_1 = 10kg$，$m_2 = 15kg$，$m_3 = 15kg$，$m_4 = 10kg$；$r_1 = 50mm$，$r_2 = 100mm$，$r_3 = 75mm$，$r_4 = 50mm$。试确定平衡质径积的大小和方位。

16-3 图 16-12 所示为一厚度 $B = 10\text{mm}$ 的钢制凸轮，质量为 $m = 0.8\text{kg}$，质心 S 离轴心的偏距 $e = 2\text{mm}$。为了平衡此凸轮，拟在 $R = 30\text{mm}$ 的圆周上钻 3 个直径相同且相互错开 60° 的孔。试求应钻孔的直径 d（已知钢材密度 $\rho = 7.8 \times 10^{-6}\text{kg/mm}^3$）。

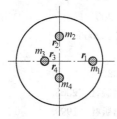

图 16-11　盘类转子

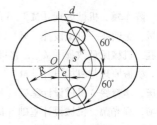

图 16-12　钢制凸轮

16-4 如图 16-13 所示，有一圆盘质量为 m，经试验测定质心偏距为 r，方向垂直向下，只能在 Ⅰ、Ⅱ 截面上加装平衡质量来校正。已知 $m = 10\text{kg}$，$r = 5\text{mm}$，$a = 20\text{mm}$，$b = 40\text{mm}$。试确定在 Ⅰ、Ⅱ 截面上应加的平衡质径积的大小和方向。

16-5 图 16-14 所示为一滚筒轴。滚筒上有两个偏心质量 $m_1 = m_2 = 0.4\text{kg}$，其偏心距为 $r_1 = r_2 = 100\text{mm}$，具体分布情况如图 6-14 所示。试确定应在 T'、T'' 平衡面上所加平衡质量的大小和方位。

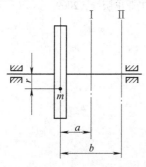

图 16-13　圆盘轴结构

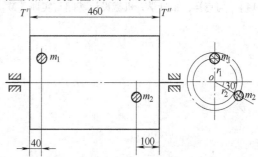

图 16-14　滚筒轴

参 考 文 献

[1] 孙桓，陈作模. 机械原理 [M]. 6 版. 北京：高等教育出版社，2001.

[2] 濮良贵，纪明刚. 机械设计 [M]. 8 版. 北京：高等教育出版社，2006.

[3] 申永胜. 机械原理教程 [M]. 北京：清华大学出版社，2000.

[4] 张策. 机械原理与机械设计 [M]. 北京：机械工业出版社，2008.

[5] 李继庆，李育锡. 机械设计基础 [M]. 2 版. 北京：高等教育出版社，2008.

[6] 杨可桢，程光蕴. 机械设计基础 [M]. 4 版. 北京：高等教育出版社，1999.

[7] 张久成. 机械设计基础 [M]. 2 版. 北京：机械工业出版社，2006.

[8] 陈立德. 机械设计基础 [M]. 2 版. 北京：高等教育出版社，2006.

[9] 徐灏. 机械设计手册 [M]. 北京：机械工业出版社，1991.

[10] 黄继昌，徐巧鱼，张海贵. 实用机构图册 [M]. 北京：机械工业出版社，2008.

[11] 封立耀，肖尧先. 机械设计基础实用教程 [M]. 北京：北京航空航天大学出版社，2007.

[12] 丁步温，张丽. 机械设计基础 [M]. 北京：中国劳动社会保障出版社，2008.

[13] 朱凤芹，周志平. 机械设计基础 [M]. 北京：北京大学出版社，2008.

[14] 何克祥，张景学. 机械设计基础与实训 [M]. 北京：电子工业出版社，2009.